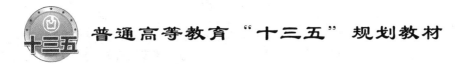

普通高等教育"十三五"规划教材

钢铁生产概论

主　编　孙斌煜
副主编　张芳萍　杨小容

北　京

冶　金　工　业　出　版　社

2024

内 容 简 介

本书按照钢铁大生产工艺流程分三大模块系统地描述了炼铁生产、炼钢生产和轧钢生产的全流程。在炼铁生产模块中主要涉及炼铁技术发展概况、铁矿粉造矿、高炉炼铁和炼铁新技术;在炼钢生产模块中主要涉及炼钢技术发展概况、炼钢任务、炼钢基本原理、氧气转炉炼钢、电弧炉炼钢、炉外精炼、连铸和炼钢新技术;在轧钢生产模块中主要涉及轧钢生产概述、轧制原理、管板型线生产和轧钢新技术。

本书适合高等学校非冶金专业的学生教学用书,也可作为冶金工程专业的学生进行普及钢铁冶金基本知识的教学用书。对从事冶金行业的管理人员也是一本实用的专业参考书。

图书在版编目(CIP)数据

钢铁生产概论/孙斌煜主编 .—北京: 冶金工业出版社, 2017.9
(2024.8 重印)
普通高等教育 "十三五" 规划教材
ISBN 978-7-5024-7596-3

Ⅰ.①钢…　Ⅱ.①孙…　Ⅲ.①炼钢—高等学校—教材　Ⅳ.①TF7

中国版本图书馆 CIP 数据核字 (2017) 第 233288 号

钢铁生产概论

出版发行	冶金工业出版社	电　话	(010)64027926
地　　址	北京市东城区嵩祝院北巷 39 号	邮　编	100009
网　　址	www.mip1953.com	电子信箱	service@ mip1953.com

责任编辑　李培禄　美术编辑　彭子赫　版式设计　禹　蕊
责任校对　禹　蕊　责任印制　禹　蕊
三河市双峰印刷装订有限公司印刷
2017 年 9 月第 1 版, 2024 年 8 月第 9 次印刷
787mm×1092mm　1/16; 13.5 印张; 327 千字; 201 页
定价 36.00 元

投稿电话　(010)64027932　投稿信箱　tougao@cnmip.com.cn
营销中心电话　(010)64044283
冶金工业出版社天猫旗舰店　yjgycbs.tmall.com
(本书如有印装质量问题, 本社营销中心负责退换)

前　言

　　本书是按照高等学校冶金工程专业学科目录和冶金工程概论教学大纲编写的普通高等教育"十三五"规划教材。与国内外同类书比较其主要特点有：(1) 系统地介绍钢铁生产的现状、最新前沿研究热点问题，利用最新、最充分的数据及事例介绍钢铁工业当前发展概况和今后的发展趋势；(2) 采用了最新有关冶金工艺与设备国家标准术语，规范了冶金工程对某一事物的客观描述；(3) 增加了每一章的学习要点、本章小结和复习思考题，有利于学生自学与复习，巩固所学内容；(4) 深入浅出地引出有关钢铁冶金基本原理、冶金生产工艺流程、特点以及相关的知识以及冶金专业的知识架构等内容；(5) 在轧钢生产环节内容有所增强，更加详细、全面、系统。

　　本书共分炼铁生产、炼钢生产和轧钢生产三大模块，分别介绍了炼铁技术发展概况、铁矿粉造矿、高炉炼铁、炼铁新技术、炼钢技术发展概况、炼钢任务、炼钢基本原理、氧气转炉炼钢、电弧炉炼钢、炉外精炼、连铸、炼钢新技术、轧钢生产概述、轧制原理、管材生产、板材生产、型材和线材生产的工艺与设备、轧钢新技术等有关专业知识。

　　本书适合作为高等学校非冶金专业（工科、理科、经管、文法、体育）的学生进行普及钢铁冶金基本知识教学用书，也可作为冶金工程专业的学生入门普及有关知识教学用书，对从事冶金行业的管理人员也是一本实用的专业参考书。

　　本书由太原科技大学孙斌煜教授主编，张芳萍和杨小容副主编。第14章、16~19章由孙斌煜编写，第8~10章、15章由张芳萍编写，第5~7章由杨小容编写，第3、4章由赵爱春编写，第11~13章由李海斌编写，第1、2章由李怡宏编写。在编写过程中，研究生范超、乔东洋、汪宇等同学在图形处理等方面做了大量工作；任志峰博士在复校第8~10章、第15章时提出许多宝贵意见，在此一并表示由衷的感谢。

　　本书在编写和出版过程中，得到了太原重型机械协同创新中心的经费资助，得到太原科技大学重点教研项目（项目编号：201502）和太原科技大学材料科学与工程学院 2015 年重点教研项目资助，在此表示衷心的感谢。此外，本书在编写过程中还参考了国内外公开发表的文献资料，编者向有关作者和出版社表示诚挚的谢意。责任编辑常国平在本书编辑和出版过程中付出了辛勤的劳动，在此一并表示衷心的感谢。

由于编者水平所限，书中难免有不妥之处，敬请广大读者批评、指正。

编　者

2017 年 6 月

目　　录

第一篇　炼铁生产

第二篇　炼钢生产

第三篇　轧钢生产

第一篇

炼 铁 生 产

1 炼铁技术的发展概况

本章学习要点

本章主要学习炼铁工业的生产现状以及发展动向，近年来中国炼铁的先进技术等。要求熟悉炼铁工业的发展史，了解我国炼铁工业存在哪些挑战，知道我国炼铁工业与世界先进水平之间的差距，掌握炼铁过程的技术经济指标。

1.1 炼铁工业发展史及生产工艺现状

1.1.1 炼铁工业发展史

从1949年中华人民共和国成立到20世纪80年代初，是中国炼铁工业奠定基础的阶段。新中国成立前的旧中国，钢铁工业十分落后，1949年新中国成立时，中国钢年产量只有15.8万吨，生铁年产量仅为25万吨。经过3年的生产恢复，1952年中国的钢、铁、材产量都创造了新纪录。

20世纪50年代中期以前，中国炼铁主要学习前苏联技术，其间扩建了鞍钢，新建了武钢、包钢。在"大跃进"年代，本钢总结出高炉高产经验，提出了"以原料为基础，以风为纲，提高冶炼强度与降低焦比并举"的操作方针，中国炼铁技术开始进入探索进程。

60年代初的国民经济调整期，大批高炉停产，生产中的高炉则维持低冶炼强度操作。1963~1966年，中国自主开发了高炉喷吹煤粉、重油以及钒钛磁铁矿冶炼等技术，技术经济指标达到新中国建立以来的最好水平。"文革"时期中国钢铁工业受到沉重打击，出现"10年徘徊"的局面。经过改革开放约30年的曲折发展，中国初步奠定了钢铁工业的基础，1980年中国生铁产量达到3802万吨。

以1985年投产的宝钢一期工程为标志，20世纪80年代起中国炼铁进入学习国外先进技术阶段。"文革"结束后，党的十一届三中全会拨乱反正，以经济建设为中心，实施改革开放政策，引进国际先进技术，使中国钢铁工业进入发展新阶段。以宝钢建设为契机，消化吸收宝钢引进的炼铁技术并移植推广，对促进中国炼铁系统的技术进步起了很好的示范和推动作用。

20世纪80～90年代，中国钢铁企业进行了大规模的扩建和技术改造，采用先进的技术装备，在原燃料质量改进和高炉操作方面也有很大进步，高炉技术经济指标有很大改善。1994年，中国生铁产量达到9741万吨，成为世界第一产铁大国。

1996年以来，中国钢铁产量一直保持世界首位。进入21世纪，中国炼铁技术发展进入自主创新阶段。近十几年来，中国钢铁工业以更高的速度发展。

2013年，中国粗钢产量为7.79亿吨，占世界粗钢产量的48.5%；生铁产量为7.0897亿吨，占世界生铁总产量的61.1%。这一时期，以中国自主创新设计建设的京唐5500m³高炉为标志，中国炼铁技术进入自主创新阶段。

至2016年，世界粗钢产量为16.285亿吨，其中，中国大陆为8.08亿吨，占世界粗钢产量份额从2015年49.4%提高至2016年49.6%。

图1-1所示为1949年以来中国生铁产量的变化，曲线的斜率明显反映了上述3个阶段的差别。炼铁技术的发展和生铁产量的变化是同步的，分别经历了三个阶段：（1）从1949年到70年代末，是中国炼铁工业奠定基础阶段；"文革"结束后，党的十一届三中全会拨乱反正，明确了以经济建设为中心，实施改革开放政策，由此，中国钢铁工业进入发展的新阶段。（2）80年代初中国已陆续引进了欧美和日本的当代先进工艺技术。1985年建成投产的宝钢1号高炉是中国炼铁进入学习国外先进技术阶段的重要标志。（3）进入21世纪以来，中国钢铁产量以更高的速度增长。2016年，中国生铁产量达到7.07亿吨，已占世界总产量的60.95%，进入了自主创新阶段。

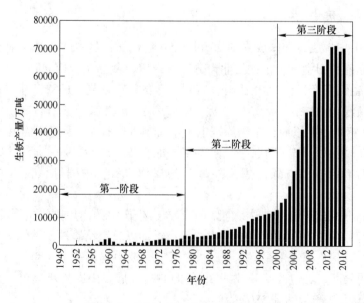

图1-1　1949～2016年中国生铁产量

1.1.2　炼铁工业现状

1.1.2.1　生产工艺

中国炼铁生产几乎全部是高炉生产流程。虽然一直在努力进行各种直接还原和熔融还原工艺的开发，但高炉工艺因其成熟和高效的优势，一直保持着垄断地位。

1.1.2.2　生产状况

A　高炉生产

在过去的十几年中，中国生铁产量实现了大幅增长，见图1-2。2016年，生铁产量为7.07亿吨，全球生铁产量为11.6亿吨，占世界总产量的60.95%。

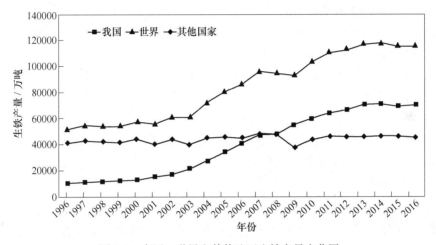

图1-2　中国、世界和其他地区生铁产量变化图

高炉的操作指标不断改善，主要体现在高炉风温的提高、煤气利用率的提高、燃料比的降低及高炉寿命的延长。特别是在严酷的经济形势下，各炼铁厂采取各种措施，使生铁加工成本不断下降。

B　烧结矿及球团生产

为支撑中国巨大的高炉炼铁生产，中国的烧结矿和球团生产保持同步增加。估算烧结矿产量达到7.9亿吨，球团产量达到2亿吨。高炉的炉料结构得到明显改善（图1-3），球

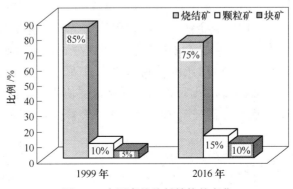

图1-3　中国高炉炉料结构的变化

团矿的比例显著增加。同时，在铁矿原料质量变差及供应稳定性严重恶化的情况下，通过采取厚料层烧结及链算机-回转窑等先进工艺和技术，实现了优质低成本烧结矿和球团矿的生产，保证了高炉炼铁良好的指标。

C　焦炭生产

中国焦炭生产很好满足了高炉炼铁的需要，2016 年全年焦炭产量为 4.48 亿吨。随着焦炉大型化、干熄焦、煤调湿以及顶装焦技术的应用，焦炭质量得到保证。

1.1.2.3　生产设备

近年来，中国建设了大批中大型高炉。其中，4000m³ 以上高炉 17 座、1000m³ 以上 300 余座。高炉的大型化取得显著进步，估算高炉产能达到 9 亿吨。中国高炉总体装备和控制水平处于世界领先水平。

中国的烧结机大型化进步显著，除了有 660m² 世界最大的烧结机外，大于 100m² 烧结机数量约 264 台，占总烧结面积的 70%以上。

中国的球团生产设备得到优化，先进的链算机-回转窑工艺装备所产球团量已占总产量的 55%以上。年产 400 万吨的带式机装置已稳定运行 3 年多。落后的竖炉工艺正在被淘汰。

焦炉的大型化发展迅速。新建的顶装焦炉均为 6m 以上，捣鼓焦炉在 5.5m 以上。

总体评价，中国的炼铁设备已基本实现大型化和现代化，无需再进行大规模改造。

1.1.2.4　环保状况

中国的炼铁厂遍及除西藏和海南的全国各地，而且许多是在城市的边缘。近年来，炼铁的环保改造取得显著进步，一些企业的清洁生产程度达到世界领先水平。然而，许多炼铁厂的污染物排放控制水平还很低，包括出铁场的粉尘未得到有效控制、烧结烟气的污染物处理不理想、缺乏有效的污染物排放监控手段，尤其是对炼铁工序 PM2.5 的排放状况缺乏认识，更未采取有针对性的控制措施。在国家采取各种措施大力解决日益严重的大气雾霾天气的过程中，炼铁厂处境相当被动。

1.2　炼铁技术经济指标的发展情况

1.2.1　高炉利用系数和作业率

进入 21 世纪以来，我国重点企业高炉的利用系数呈现快速升高到逐渐下降的趋势，见图 1-4。这主要是因为 2007 年之前我国市场对钢铁材料需求旺盛，2007 年以后出现了钢铁产量供大于求的局面，2007 年成为钢铁工业发展形势的一个分水岭。高炉的作业率同样也受世界经济危机的影响出现波动，但这也促使我国炼铁技术的发展从传统的"追求高产"转向"追求稳产、低耗"的方向，这一转移是我国高炉炼铁生产良性发展的转移。

1.2.2　焦比、煤比和燃料比

随着国家对钢铁工业节能环保要求的提高和企业本身提高市场竞争力的需求，21 世

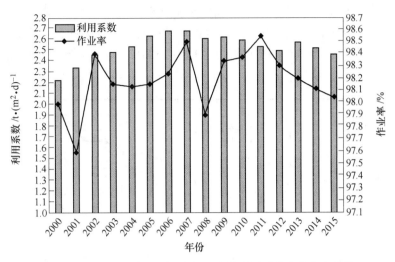

图 1-4　21 世纪以来我国重点企业高炉利用系数和作业率走势

纪以来我国重点钢铁企业高炉的燃料消耗"一高二低"的走势十分明显，即煤比提高、焦比和燃料比降低，见图 1-5。

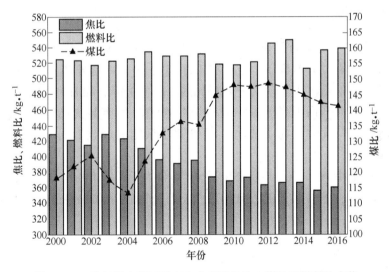

图 1-5　21 世纪以来我国重点企业高炉焦比、煤比和燃料比走势

一些先进的大型高炉燃料比已经低于 490kg/t，焦比（含小块焦）接近 300kg/t，而高炉的煤比更注重煤粉的置换比，即控制在经济喷煤量的限度内。由于煤粉和焦炭之间存在着较大的差价，因此喷煤又是炼铁降本增效的挖潜重点之一，这是近年来煤比提高的内在动力。

1.2.3　热风温度

高炉节能降耗的捷径之一就是不断提高热风温度，但仅仅从这一需求出发，没有技术的支撑还是远远做不到的。这些年我国的热风炉技术获得显著的发展，热风炉的型式从内燃式到外燃式进而发展到顶燃式。燃料煤气从低热值的高炉煤气到富化一部分高热值煤气，再到全烧高炉煤气、助燃空气和煤气双预热，促成了重点钢铁企业高炉风温连年提升（图1-6）。如我国京唐5500m³高炉风温已经达到1300℃，首次超越世界最高风温。

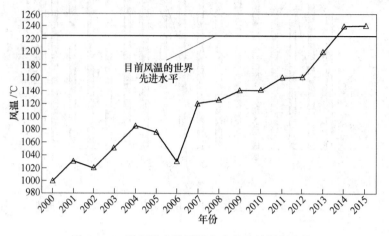

图1-6　21世纪以来我国重点企业高炉风温走势

1.2.4　炼铁工序能耗

尽管2005年由于电能折算系数因计算方法的改变，人为地虚降了工序能耗10kg标煤/t左右（1kg标煤=29.27MJ），但高炉工序能耗呈下降趋势却是不争的事实（图1-7）。工序能耗不仅仅是由于上述高炉燃料比的下降而下降，而且也是由于高炉余能、余压回收利用水平的提升而下降。近年来高炉配置TRT发电装置已普及，而且高炉煤气干法除尘技术的推广大大提高了节水力度和TRT余能的回收能力，炼铁工序能耗的下降也就顺理成章了。

总之，21世纪特别是2007年以来在钢铁产量供大于求的市场压力下，我国的炼铁技术发展正在向节能降耗、降本增效的方向转型，这是一种良性发展的转型，成效较为明显。

图1-7　21世纪以来我国重点企业高炉工序能耗走势

1.3 炼铁工业中的先进技术

1.3.1 高炉煤气的全干法除尘

1987年太钢1200m³高炉引进了日本住友的高炉煤气干法除尘技术，是我国第一次在较大的高炉上采用此项技术，但是因为同时需要湿法除尘作为备用，所以没有在我国炼铁界推广。

我国高炉煤气全干法除尘是从小高炉起步的，特别是地处干旱地区的钢铁厂，如山东莱芜钢厂难以承担煤气湿法除尘的大量水耗，在2002年开始在2座750m³的小高炉上首先使用了全干法除尘技术，经过22个月稳定运行，取得了十分理想的效果。2004年8月，中国钢协组织现场会进行推广，逐渐向大型高炉推广，先后在数座1000~2500m³高炉上实现了干法脉冲除尘。2009年，京唐5500m³高炉的全干法除尘获得成功（图1-8），解决了高炉开炉、长期休风和炉况失常时煤气的处理问题，表明了这一技术已经完全趋于成熟，大有淘汰湿法除尘的发展势头。

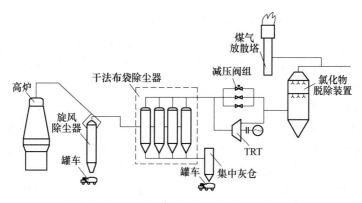

图1-8 京唐5500m³高炉干法除尘流程示意图

据莱芜钢厂介绍，全干法煤气除尘与湿法除尘相比有不少优点：（1）煤气清洗的节水率达到99%~100%；（2）投资低，是湿法除尘投资额的50%~70%；（3）占地面积仅是湿法除尘的50%左右；（4）干法除尘TRT（blast furnace top gas recovery turbine unit）发电量要比湿法多约30%，而自身的耗电量又比湿法低得多；（5）由于煤气含水量低，可提高热风炉的风温约50℃。目前，我国的干法除尘存在的缺点是煤气中氯离子浓度高于湿法，所以对煤气管道和阀门以及TRT设备有较大的腐蚀作用，现在采取了防腐和脱氯双管齐下的办法缓解这一问题的影响。

1.3.2 具有我国知识产权的顶燃式热风炉

在很长的一段时间里，我国的热风炉一直是以高铝砖的内燃式热风炉占绝对主导地位，所以风温一直徘徊在不足1100℃水平。20世纪70年代末首钢首先开发了顶燃式热风炉，虽然风温一度达到过1180℃，但由于一些技术还没有完全突破，因而没有在国内实现普遍推广。

　　80 年代初，宝钢引进了新日铁外燃式热风炉，以硅砖拱顶和 COG（chip-on-glass）富化烧炉，一举使风温达到 1250℃ 水平，但由于投资和占地面积都较大，对我国老厂改造而言还是属于"奢侈品"。老厂改造把内燃式改造成顶燃式应该是最佳的选择，2002 年我国山东莱芜钢厂 750m³ 高炉首先引进了俄罗斯的卡卢金顶燃式热风炉，接下来几年山东济钢、河北首秦钢厂和天钢相继引进这一技术，应用高炉的炉容也由 1750m³ 逐渐扩展到 3200m³，直到 2009 年京唐 5500m³ 高炉采用以卡卢金热风炉专利技术为基础并含有自主知识产权的 BSK（Beijing Shougang Kalugin）顶燃式热风炉获得成功，以全烧高炉煤气、采用煤气和助燃空气双预热技术，2010 年 3 月月均风温达到 1300℃，这一骄人的业绩证明了顶燃式热风炉与其他各种型式的热风炉相比具有明显的优势。

1.3.3　高炉大型化和流程优化

　　1978 年我国最大的高炉容积是 2580m³，全国大于 2000m³ 的高炉也仅有 4 座。宝钢建设 4063m³ 高炉是我国高炉大型化的一次飞跃。尽管有新日铁技术人员指导，但由于缺乏特大型高炉的操作经验，宝钢 1 号高炉投产后出现炉下部不活性问题，经历了 13 个月才实现产量达标。

　　从 1987 年建设宝钢 1 号高炉 4063m³（2008 年扩容到 4966m³）起，我国才算真正意义上开始自主设计、制造、集成、操作特大型高炉。经过十几年的发展，已建成容积 3000m³ 以上高炉共 45 座，其中 4000m³ 以上高炉 23 座（不包括防城港项目）。特别是 2009 年京唐和沙钢相继建成投产的 5500m³ 和 5860m³ 特大型高炉，标志着我国大型高炉的设计、设备制造、操作和管理技术达到了世界一流水平。

　　高炉大型化是炼铁技术发展的重要标志，大型高炉使炼铁生产更加节能、环保、高效。2011 年全国重点钢铁企业不同容积高炉焦比、煤比和燃料比比较见图 1-9。由图可见，4000m³ 以上高炉的焦比和燃料比分别比 1000m³ 以下的高炉低 71kg/t 和 51kg/t。这对于像我国这样大钢铁产能的国家来讲，大型高炉对钢铁工业的节能减排的贡献是显而易见的。

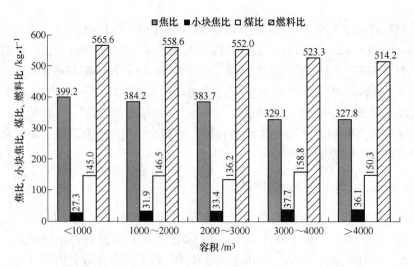

图 1-9　不同容积高炉焦比、煤比和燃料比的比较

为了进一步实现钢铁工业节能环保的目标，京唐公司除了高炉大型化以外还力求整个钢铁生产流程实现物质流和能源流的优化，布局紧凑合理、短捷顺畅，成为我国钢铁流程优化的样板（图1-10）。

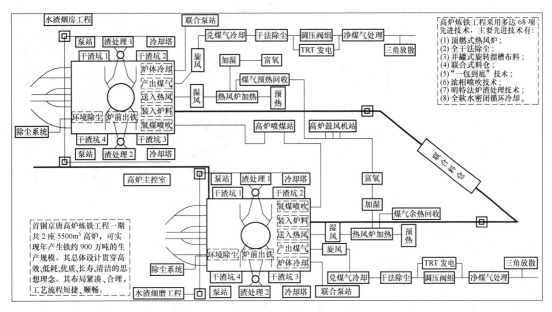

图1-10　首钢京唐公司炼铁分厂高炉炼铁工艺流程总览

1.3.4　高炉薄壁炉衬

随着国外薄壁炉衬技术的发展，2000年我国一些钢铁企业如本钢、武钢首先采用这一技术，以后的十多年里薄壁炉衬技术在我国得到快速发展。我国近几年建成的最大高炉如宝钢1号高炉4966m³、京唐2座5500m³高炉和沙钢5860m³高炉都采用了薄壁炉衬技术。

根据高炉炉衬的侵蚀规律，越来越认识到再好的耐火材料也难以经受高炉内严酷的物理和化学的侵蚀，最好的耐火材料就是冷却后形成自我保护的渣皮。这一理念已经被生产实践所证明，比如宝钢3号高炉在更换冷却壁时发现炉内早就没有了耐火材料，只依靠冷却壁的冷却和渣皮进行生产而且依然保持着顺行与高产。

1.3.5　高炉检测新技术

1.3.5.1　高炉炉顶可视装置

高炉炉顶可视装置可以直观地观察到高炉料面上中心和边缘的煤气流，为高炉操作者提供煤气流分布的实时信息，作为操控高炉的调剂依据。目前我国数以百计的高炉都安装了这种炉顶可视装置，成为操作人员判断炉况的有力助手。炉顶可视装置包括料面摄像仪和热像仪，前者是利用近红外线成像，后者是利用远红外线成像，适合不同炉顶温度的高炉炉顶。图1-11是安装在涟钢2200m³和3200m³高炉炉顶的红外摄像装置安装位置示意图。这一技术也已经应用于我国一些特大型高炉，并出口到其他国家。

1.3.5.2　用激光技术测量炉料落下轨迹

高炉投产前测定炉料落下轨迹是必须要做的技术准备工作，是制定装料制度不可或缺的重要依据。过去依靠人工测量费时、费力，获得数据量较少，用激光技术（图1-12）来测定炉料落下轨迹可以取得事半功倍的效果。它的优点是测量简便快捷、数据量大、数据准确程度高，已经被较多的厂家认同。

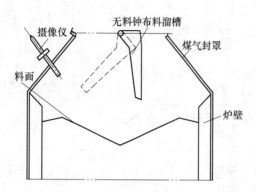

图 1-11　涟钢两座高炉炉顶红外摄像装置安装示意图　　　图 1-12　激光测定炉料落下轨迹效果图

随着近年来检测技术的发展，还有一些技术，如风口摄像仪和图像信息处理系统也在一些大型高炉的生产中成功应用，有效地监视风口的喷煤状况，减轻了现场操作人员的劳动强度。

总之，这些检测技术提升了我国高炉的控制精度，越来越成为炼铁工艺技术发展必不可少的助手。

1.4　炼铁工业的发展动向

1.4.1　炼铁生产工艺

我国非高炉炼铁工艺仍在开发应用过程中，如宝钢 Corex 装置的搬迁以及 Finex 工艺的应用尝试。然而，考虑到高炉炼铁工艺的成熟性、高效性，特别是现已处于炼铁产能严重过剩阶段，加之我国的资源特点，使各种非高炉炼铁工艺难以获得足够的发展空间。而高炉工艺仍将长期占据垄断地位。

1.4.2　炼铁生产规模

在产能过剩的情况下，未来炼铁产量的变化是备受行业内外关注的。影响未来炼铁生产规模变化的因素主要是钢产量需求和铁钢比变化。

1.4.2.1　未来钢产量的变化

长期以来，我国每年的铁产量一直保持着与钢产量一致的水平，即产多少钢就需要多少铁，见图1-13。近年来，虽然两者之间有所差距，但钢产量仍将是决定铁产量的最主要因素。未来的钢产量取决于我国的钢材消费量变化、进口钢材量变化及出口钢材量的变化。

从 2003 年开始，我国钢材消费量逐年增加（图1-14），人均钢材消费已达 545kg，处于世界先进水平。工信部公布，2016 年我国的钢材实际消费量为 6.73 亿吨，同比增长

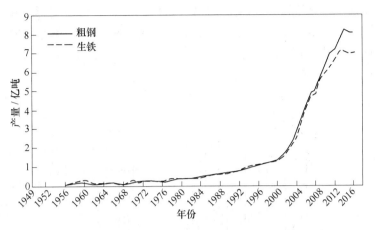

图 1-13　建国以来我国粗钢产量和生铁产量的变化走向

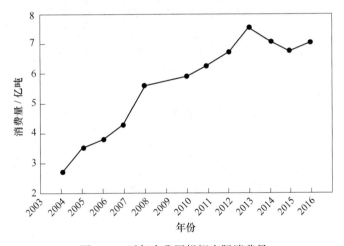

图 1-14　近年来我国粗钢实际消费量

1.3%。这是自 1995 年以来我国钢材消费量出现下降的第二个年头。而未来 15 年内，这一状况仍会持续，预计 2030 年中国钢材需求将下滑至不超过 5 亿吨。

我国进口钢材量已从最高的 3600 万吨（2003 年）逐步降低到 2016 年的 1321 万吨，我国的钢材市场占有率（自给率）在不断提高，已达到 98% 以上，未来的进口钢材量仍将保持缓慢下降的趋势。因此，如果未来我国的钢材消费达到 8 亿吨/a，即使以目前的市场占有率不变估算，需要粗钢产量达 8.3 亿吨左右。

驱动我国钢产量增加的另一因素是钢材出口，自 2009 年达到低谷以来，钢材出口量逐年快速增加。2016 年钢材出口量达到 10843 万吨，同比下降 3.5%。虽然钢材出口面临着出口国的不同贸易壁垒，但从总的趋势来看，由于我国钢材供应的量大、面广、低价，所以在世界市场具有强大的竞争力。

1.4.2.2　未来铁钢比的变化

从目前的状态来看，随着我国钢产量的增加，铁产量也必将同步增加。然而，一个不可忽视的因素是未来铁钢比的变化，它将影响着我国铁产量的增长速度，甚至会导致铁产量的下降。

铁钢比下降是一个必然趋势。钢作为最好材料的原因之一是其可循环使用。随着社会钢的积蓄量的增加，废钢的供应量也不断增加，使用废钢通过电炉炼钢的比例会不断增加。统计国外铁钢产量可见，两者之间的差距在不断扩大（图 1-15）。目前，国外铁钢比已降至 0.55 左右（图 1-16）。

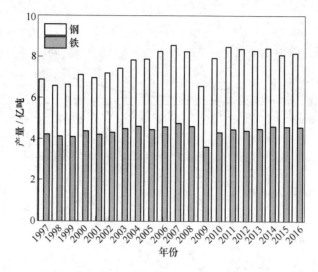

图 1-15　国外铁钢产量变化（除我国以外）

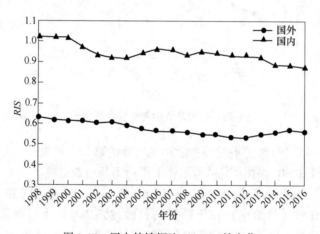

图 1-16　国内外铁钢比（*RIS*）的变化

1.5　未来炼铁生产面临的挑战

原料供应：随着我国炼铁生产的产能过剩，铁矿石的消耗量逐渐降低。随着国外几大铁矿公司的产能扩张，铁矿的供应量也已进入供大于求的态势。2016 年我国进口铁矿石 10.24 亿吨，增长 7.5%，对外依存度达 90%。我国炼焦行业的产能也处于过剩阶段，未来焦炭生产的不确定因素主要是焦煤的供应问题。针对目前的炼铁生产规模，在短期内我国焦炭的供应在数量和价格上应当是有保障的。

生产成本的控制：在产能严重过剩的情况下，炼铁生产成本的控制将成为各钢铁厂生存的关键。面对种类繁多的原燃料供应渠道和已从年合同交易转为现货交易的采购机制，各企业势必以成本最小化为目标来不断调整采购的原燃料品种和数量，由此必然带来高炉入炉原燃料品种和质量的频繁波动。这对于强调以稳定运行来实现低成本为核心的高炉炼铁工艺无疑是最大的挑战。

环保生产问题：当前，我国炼铁生产面临的最大社会压力是环境污染问题。在全国范围，特别是京津冀地区的严重雾霾天气已使包括钢铁生产在内的高能耗、高排放行业成为众矢之的。虽然，目前还没有充分的证据定量地将钢铁生产，特别是炼铁生产的污染物排放与整体的大气污染联系起来，但不可否认的是我国存在着大量污染严重的钢铁企业，尤其体现在炼铁生产过程。因此，未来钢铁企业获得生存与发展权利的基本条件是满足越来越严格的环保要求。

———————— 本 章 小 结 ————————

本章主要概述了炼铁工业的发展史以及发展至今的工业现状。具体针对发展过程中高炉炼铁技术经济指标的情况和发展至今涌现出来的炼铁工业中的先进技术进行阐述。最后对炼铁工业的未来发展动向进行了介绍，并总结了未来我国炼铁工业面临的挑战。

复习思考题

1-1 我国炼铁工业与世界先进水平之间存在哪些差距？

1-2 我国炼铁工业存在哪些挑战？

1-3 我国炼铁工业中有哪些先进技术？

参 考 文 献

[1] 张寿荣，于仲洁. 中国炼铁技术 60 年的发展 [J]. 钢铁，2014，49 (7)：8~14.

[2] 沙永志. 中国炼铁发展前景及面临的挑战 [J]. 鞍钢技术，2015 (2)：1~8.

[3] 李维国. 中国炼铁技术的发展和当前值得探讨的技术问题 [J]. 宝钢技术，2014 (2)：1~17.

铁矿粉造矿

本章学习要点

　　本章在系统学习铁矿粉造块理论的基础上，将详细学习烧结、球团工艺过程及相关技术，成品矿的质量检验方法及冶金性能。要求熟悉铁矿粉造块的基础理论和造块要求，熟悉烧结和球团的工艺流程和成品矿的质量要求。

　　由矿石到钢材的生产可分为两个流程：即高炉—转炉—轧机流程和直接还原或熔融还原—电炉—轧机流程。前者被称为长流程，后者则被称为短流程。目前在我国长流程是主要流程，其必须使用块状原料，需要配用质量好的炼焦煤在焦炉内炼成性能好的冶金焦，粉矿和精矿粉要制成烧结矿和球团矿。钢铁生产流程如图2-1所示。

2.1　铁矿粉造块的意义和目的

　　铁矿粉的造块过程中也可以脱除某些杂质，主要是脱硫，在某些条件下可部分或大部分脱除锌、砷、磷、钾、钠等。归纳起来，粉矿造块的作用和目的是：

　　（1）通过造块可以有效地利用铁矿资源，如对低品位铁矿进行加工，分离矿石和脉石、富集有用成分、去除有害杂质、提高矿石品位。

　　（2）通过造块，可以消化冶金企业产生的大量粉尘、烟尘和轧钢产生的氧化铁皮，起到综合利用和保护环境的作用。

　　（3）通过造块，高炉使用烧结矿和球团矿有利于炼铁生产工序达到优质、低耗、长寿的目的；有利于强化冶炼、提高产量、降低焦比、提高生铁质量。

　　（4）将粉状料制成具有一定高温强度的块状料，以适应高炉冶炼、直接还原的要求。

　　（5）通过造块改善铁矿石的冶金性能，使高炉冶炼指标得到改善。

　　随着铁矿石造块工业的发展，高炉入炉矿石的熟料率有大幅度提高。据统计，高炉入炉矿石熟料率目前美国为90%、日本为92%、俄罗斯为96%。2011年我国重点统计钢铁企业熟料达92.21%，它使高炉冶炼的各项技术经济指标得到大幅度的提高。

2.2　铁矿粉造块的要求

　　在采矿和矿石处理过程中要产生大量的粉末（40%~50%），由于粉末不能直接入炉，因此，通过烧结和球团的方法把它们造块是非常必要的。对烧结矿和球团矿的基本要求是应具有较好的还原性和足够的强度，以承受处理过程中的破损和高炉内的冲击、摩擦和挤压。

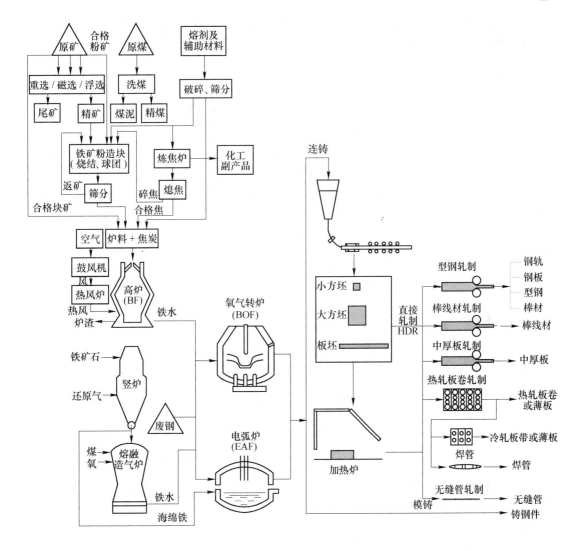

图 2-1　钢铁生产流程

2.2.1　烧结矿

烧结造块是靠热量将矿石粉末变成大块的强度好、多孔的炉料。能够形成这样的矿块的主要原因是：（1）矿石颗粒接触表面的局部熔融而使颗粒黏结在一起；（2）通过赤铁矿和磁铁矿的再结晶和晶粒长大而形成靠扩散生成的结合键，从而使颗粒不经熔化而结合在一起。

通过与湿矿粉均匀混合的细焦粉的燃烧就可实现上述两种黏结。由于炭素完全燃烧，很容易达到 1300～1400℃。烧结过程可在带式烧结机上进行，混合料的厚度可达 40～50cm。料层表面的焦粉靠燃油或天然气点火器来点燃，然后靠下部造成负压不断将空气从料层上部吸入料层来保证燃料的持续燃烧。在向烧结机链条上铺混合料之前，用 8～10mm的不含焦炭的返矿铺 4～5cm 厚作为底料，防止混合料从箅缝漏出和烧结末期烧坏箅条。

为了利用工业废料，烧结混合料通常还含有炉尘、返矿、石灰石或白云石等。烧结机上料层的垂直断面如图 2-2 所示。

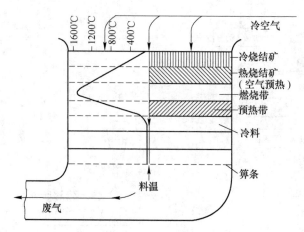

图 2-2　烧结机上料层的垂直断面

典型烧结混合料的粒度分布见表 2-1。

表 2-1　适合于烧结和球团的矿粉粒度

粒度/mm	粒度分布/%	
	烧结矿	球团矿
+10.00	4.1	—
+8.00	2.3	—
+3.00	11.7	—
+1.00	7.0	—
+0.50	27.1	—
+0.30	18.2	—
+0.15	20.3	0.4
+0.09	2.1	11.6
+0.075	4.1	—
+0.06	3.1	11.3
-0.06	—	76.7

2.2.2　球团矿

在采矿和矿石处理过程中，特别是为了湿选矿石需要磨得很细，会产生大量粒度小于 0.05mm 的粉末，由于透气性差不宜进行烧结，可将其造成 8~20mm 或更大粒度的球，接着要在 1200~1350℃ 的温度下进行焙烧或固结以使其硬化。

适合于造球的典型的矿石粒度分布见表 2-1。为了充分发挥毛细作用，精矿必须充分磨细，使小于 0.1mm 的粒度占 95%~100%、小于 0.05mm 的粒度占 60%~90%。

2.3　粉矿造矿的工艺

2.3.1　烧结法造矿

2.3.1.1　烧结法造块工艺流程

烧结法生产烧结矿就是将各种粉状含铁原料配入适量的燃料和熔剂，加适量的水，经混合后在烧结设备上进行烧结的过程。借助燃料燃烧产生的高温，物料发生一系列的物理化学变化，并产生一定数量的液相，当冷却时，液相将矿粉颗粒黏结成块，即烧结矿。

目前生产上广泛采用带式抽风烧结机生产烧结矿，其他还有回转烧结、悬浮烧结、抽风或鼓风盘式烧结等。烧结生产的工艺流程包括烧结料的准备、配料与混合、烧结和产品处理等工序，如图 2-3 所示。

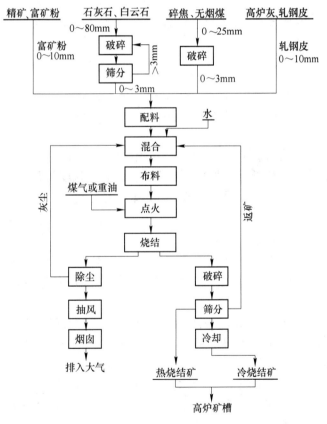

图 2-3　烧结生产工艺流程示意图

2.3.1.2　烧结过程

A　烧结过程料层变化

整个烧结过程是在 9.8～16kPa 负压抽风下，沿料层高度自上而下逐渐进行的。在烧结机上取某一断面，可见料层有明显的分层，依次出现烧结矿层、燃烧层、预热层、干燥层和过湿层（图 2-4），然后又相继消失，最后剩下烧结矿层。

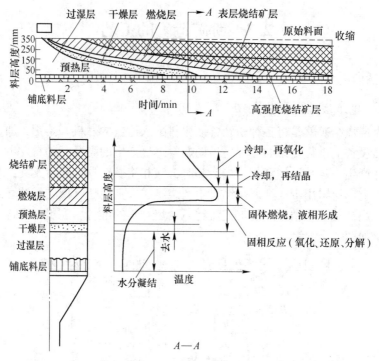

图 2-4　烧结过程 5 个层的温度分布及主要理化反应

（1）烧结矿层。烧结矿层即成矿层，主要变化是液相凝固，析出新矿物，预热空气。表层冷空气剧冷作用，温度低，矿物来不及析晶，故表层强度较差。下层烧结矿由于高温保持时间较长，冷却速度慢，结晶较完善，烧结矿强度较好。

（2）燃烧层。燃烧层位于烧结矿层下面，燃烧温度可达 1100~1600℃。混合层软化、熔融及形成液相，此层厚度为 15~50mm。

（3）预热层。在这一层中水分已全部蒸发（>150℃）并被加热到固体燃料开始燃烧的着火温度（700℃左右）。由于干燥的混合料热容量低、温度升高较快，因而预热层厚度仅 3~10mm。

（4）干燥层。这一层湿的混合料被热废气加热到"露点"温度（一般为 65~70℃）以上时，湿料中水分开始蒸发直至蒸发完毕（一般为 150℃），其厚度一般为 10~25mm。干燥层中主要反应是水分蒸发。

（5）过湿层。由干燥层吹来的含有水蒸气的热废气被下部烧结料冷却到"露点"温度以下时，废气中的水蒸气冷凝成水又进入混合料，使混合料的水分超过混合料的原始含量。过湿层的主要反应是水蒸气的冷凝，其厚度一般为 20~40mm。

表层混合料中的固体燃料经点燃后，逐渐往下燃烧，5 个层次依次出现，燃烧结束时，料层中只剩下烧结矿层，其余 4 个层依次消失，烧结过程结束。

B　烧结矿的形成

烧结矿的成矿机理，包括烧结过程的固相反应、液相形成及结晶过程。在烧结过程中主要矿物都是高熔点的，在烧结过程中大多不能熔化。当物料加热到一定温度时，各组分之间进行固相反应生成熔点较低的新化合物，使它们在较低温度下生成液相，并将周围的固相黏结起来。当燃烧层移动后，被熔物温度下降，液相放出能量并结晶，液相冷凝固结形成多孔烧结矿。

2.3.2　球团法造矿

球团法造矿是把润湿的精矿粉、少量的添加剂（溶剂粒）、造球剂和燃料粉等混合后，用挤压和滚动的方法滚、压成直径为 10~30mm 的圆球，再经过干燥和焙烧，使生球固结成为适合高炉使用的人造富矿的生产过程。球团矿具有粒度均匀、还原性好、品位高、冶炼效果好、便于运输和贮存等优点，但在高温下球团矿易产生体积膨胀和软化收缩。目前，国内外大多习惯于把球团矿和烧结矿按比例搭配使用。球团矿可分为自熔性球团矿、非自熔性球团矿和金属化球团矿等几种。金属化球团又称为预还原球团。球团矿除了用于高炉冶炼之外，还可直接用于电炉、转炉等代替废钢使用。

2.3.2.1　球团矿的生产工艺流程

球团矿的生产工艺流程一般包括原料的准备、配料、混合、造球、干燥和焙烧、成品和返矿处理等步骤，如图 2-5 所示。

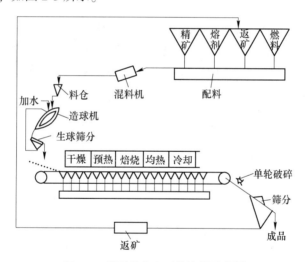

图 2-5　球团矿生产工艺流程示意图

造球过程中常用的熔剂有消石灰（Ca(OH)$_2$）、石灰石粉（CaCO$_3$）、生石灰粉（CaO），加入石灰石粉及消石灰、生石灰粉还能提高生球强度和碎裂温度。氯化钙（CaCl$_2$）是作为氯化剂加到球团料中的，它能与铜、铅、锌等起作用生成氯化物，从球团中除去，并加以回收。

采用固体燃料焙烧球团时，通常加入的是煤粉和焦粉。如果将煤粉混入精矿粉中造球，会因煤粉的亲水性比矿粉小而大大降低生球强度和成球速度，所以常采用在合适的生球表面上加一层煤粉或焦粉的添加方法。

焙烧设备形式主要有带式球团焙烧机、链箅机-回转窑和竖炉等（目前广泛采用的是竖炉）。

2.3.2.2　矿粉造球

造球作业就是把细磨铁精矿粉或其他含铁粉料添加少量添加剂混合后，在加水润湿的条件下，通过造球机滚动，逐渐长大形成生球。粉矿造球使用的主要设备有圆盘造球机和圆筒造球机。我国广泛采用圆盘造球机，其构造如图 2-6 所示。一般圆盘直径为 2.0 ~ 2.5m，边高为 0.4 ~ 0.6m，倾角为 45° ~ 50°，转速为 1012r/min。生球在造球盘中的运动如图 2-7 所示。

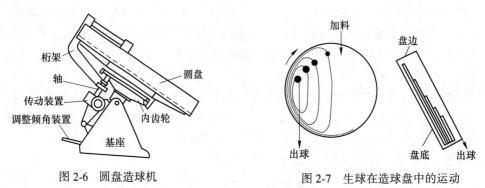

图 2-6　圆盘造球机　　　　　　　图 2-7　生球在造球盘中的运动

2.3.2.3　生球焙烧

通过造球机造出的生球还需要经过高温焙烧而固结，使其具有足够的机械强度，同时还可以去除部分杂质。球团的整个高温焙烧过程包括生球干燥、预热、焙烧固结、均热和冷却 5 个阶段，如图 2-8 所示。不同原料、不同焙烧设备，每个阶段的温度水平、延续时间以及气氛均不尽相同。

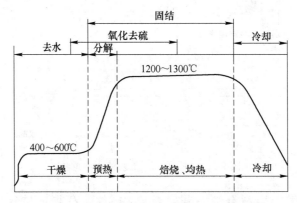

图 2-8　生球焙烧固结各阶段温度控制示意图

生球干燥的目的是降低生球水分，以免在高温下熔烧时发生破裂。一般预热的温度为 200 ~ 400℃。在干燥过程中，生球内部水分向外扩散，并从表面蒸发去除，所以温度高、气流速度快，有利于脱水。但干燥过快也会引起生球爆裂，因此需严格控制干燥温度和气流速度。

经过干燥后的生球在达到焙烧温度之前，应先在温度区间为 800 ~ 1100℃ 的范围内进行预热。其目的是干燥阶段未排出的水分在此阶段除净，同时使结晶水和碳酸盐、硫化物进行分解和氧化反应。

预热过程中未完成的反应在焙烧固结阶段继续进行。此阶段主要进行铁氧化物的结晶和再结晶，晶粒长大、固相反应以及由其产生的低熔点化合物或共晶的熔化，形成部分液相，球团体积收缩及组织致密化。球团固结主要靠固相反应和再结晶，过多的液相会使球团相互黏结成大块。

均热的主要目的是使球团矿内晶体长大，再结晶充分，矿物组成均匀。该过程温度略低于焙烧温度。为将球团矿的温度从1000℃以上降到运输带能承受的温度（90~120℃），并回收其热量，需将烧成的球团进行冷却，其冷却介质为空气。

目前采用的球团焙烧设备主要有竖炉、带式焙烧机和链算机-回转窑三种。

——————— 本 章 小 结 ———————

本章主要介绍了两种造矿工艺的相关技术，即铁矿粉造矿和球团法造矿两种造矿工艺的生产流程、烧结过程的料层变化、生球焙烧过程不同阶段温度控制等。

复习思考题

2-1 焙烧的目的是什么？

2-2 烧结生产具有什么意义和作用？

2-3 什么是烧结？烧结过程中料层的分层情况如何？各层有什么特点？

2-4 球团矿的优缺点是什么？

参 考 文 献

［1］王筱留. 钢铁冶金学（炼铁部分）［M］. 北京：冶金工业出版社，2013.

［2］A. K. 比斯瓦斯，齐宝铭，王筱留. 高炉炼铁原理——理论与实践［M］. 北京：冶金工业出版社，1989.

［3］卢宇飞. 炼铁工艺［M］. 北京：冶金工业出版社，2006.

［4］刘竹林. 炼铁原料［M］. 北京：化学工业出版社，2007.

高　炉　炼　铁

- -

本章学习要点

本章对高炉炼铁工艺流程中所需原料、燃料、产品及高炉冶炼过程的物理化学反应分别作介绍。要求掌握高炉炼铁工艺流程及铁的还原过程。

- -

3.1　高炉炼铁概述

为了深入理解高炉冶炼过程的原理，首先应在宏观上对高炉有整体概念，如了解其投入、产出以及总体上的特点等。要求能具体而形象地描述各种反应在高炉内动态变化的过程，如原料在下降过程中，其温度、成分及性状的变化；煤气的产生及在上升过程中温度、压力、成分及体积的变化；同时要了解在炉料与煤气逆流运动过程中热量、质量及动量的传递是如何进行的。冶炼过程的概述只能给出简单、粗浅的感性认识，但它是深入、理性认识的基础。

3.1.1　高炉炼铁工艺流程及炉内主要过程

图3-1是典型的高炉炼铁生产工艺流程及其主要设备框图。从图中可以看出，高炉炼铁具有庞大的主体和辅助系统，包括高炉本体、原燃料系统、上料系统、送风系统、渣铁处理系统和煤气清洗处理系统。在建设上的投资，高炉本体占15%~20%、辅助系统占85%~80%。各个系统互相联系在一起，但又相互制约，只有相互配合才能形成巨大的生产能力。

高炉冶炼过程是在一个密闭的竖炉内进行的。现代高炉的内型剖面图如图3-2所示。

高炉冶炼过程的特点是：在炉料与煤气逆流运动的过程中完成了多种错综复杂的交织在一起的化学反应和物理变化，且由于高炉是密封的容器，除去投入（装料）及产出（铁、渣及煤气）外，操作人员无法直接观察到反应过程的状况，只能凭借仪器、仪表间接观察和了解。

为了弄清楚这些反应和变化的规律，首先应对冶炼的全过程有个总体的了解，体现在能正确地描绘出运行中的高炉的纵剖面和不同高度上横截面的图像，这将有助于正确地理解和把握各种单一过程和因素间的相互关系。

高炉冶炼过程的主要目的是用铁矿石经济而高效率地得到温度和成分合乎要求的液态生铁。为此，一方面要实现矿石中金属元素（主要为 Fe）和氧元素的化学分离，即还原过程；另一方面还要实现已被还原的金属与脉石的机械分离，即熔化与造渣过程。最后控制温度和液态渣铁之间的交互作用，得到温度和化学成分合格的铁液。全过程是在炉料自

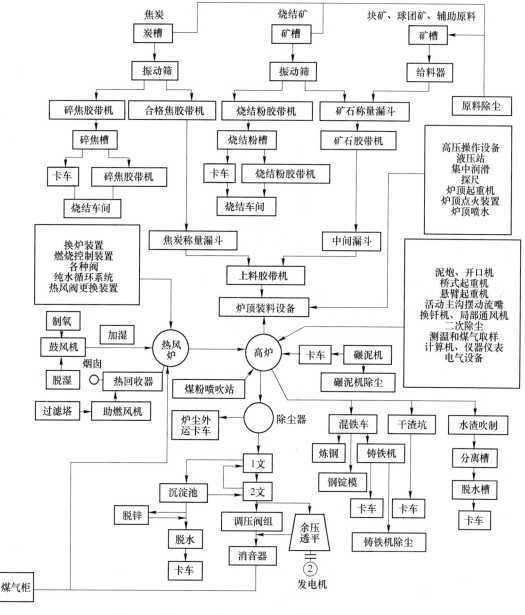

图 3-1　典型高炉炼铁工艺流程及其主要设备示意框图

上而下、煤气自下而上的相互紧密接触过程中完成的。低温的矿石在下降的过程中被煤气由外向内逐渐夺去氧而还原，同时又自高温煤气得到热量。矿石升到一定的温度界限时先软化，后熔融滴落，实现渣铁分离。已熔化的渣铁之间及与固态焦炭接触过程中，发生诸多反应，最后调整铁液的成分和温度达到终点。故保证炉料均匀、稳定地下降，控制煤气流均匀、合理地分布，是高质量完成冶炼过程的关键。

总之，高炉冶炼的全过程可以概括为：在尽量低能量消耗的条件下，通过受控的炉料及煤气流的逆向运动，高效率地完成还原、造渣、传热及渣铁反应等过程，得到化学成分与温度较为理想的液态金属产品。

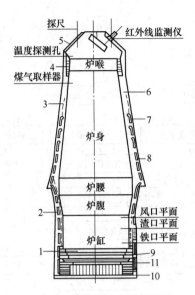

图 3-2　现代高炉内型剖面图

1—炉底耐火材料；2—炉壳；3—炉内砖衬生产后的侵蚀线；4—炉喉钢砖；5—炉顶封盖；6—炉体砖衬；
7—带凸台镶砖冷却壁；8—镶砖冷却壁；9—炉底碳砖；10—炉底水冷管；11—光面冷却壁

3.1.1.1　高炉内各区域的分布

曾经多次对正在运行中的高炉突然停炉，并对其解剖分析，在各种现象沿圆周分布对称的条件下，高炉过程及不同区域的特征可用以下高炉纵剖面图予以代表（图 3-3）。

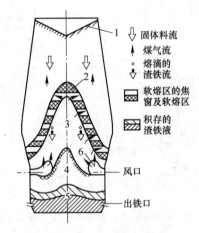

图 3-3　运行中的高炉纵剖面图

1—固体炉料层；2—软熔区；3—疏松焦炭区；4—压实焦炭区；5—渣铁贮存区；6—风口焦炭循环区

各区内进行的主要反应及特征列入表 3-1。

表 3-1　高炉内各区进行的主要反应和特征

区号	名称	主要反应	主要特征
1	固体炉料区	间接还原，炉料中水分蒸发及受热分解，少量直接还原，炉料与煤气间热交换	焦与矿呈层状交替分布，皆呈固体状态，以气-固相反应为主

区号	名称	主 要 反 应	主 要 特 征
2	软熔区	炉料在软熔区上部边界开始软化，而在下部边界熔融滴落，主要进行直接还原反应及造渣	为气-固-液间的多相反应，软熔的矿石层对煤气阻力很大，决定煤气流动及分布的是焦窗总面积及其分布
3	疏松焦炭区	向下滴落的液态渣铁与煤气及固体炭之间进行多种复杂的质量传递及传热过程	疏松的焦炭流不断地落向焦炭循环区，而其间又夹杂着向下流动的渣铁液滴
4	压实焦炭区	在堆积层表面，焦炭与渣铁间反应	此层相对呆滞，又称"死料柱"
5	渣铁贮存区	在铁滴穿过渣层瞬间及渣铁层间的交界面上发生液-液反应；由风口得到辐射热，并在渣铁层中发生热传递	渣铁层相对静止，只有在周期性渣铁放出时才有较大扰动
6	风口焦炭循环区	焦炭及喷入的辅助燃料与热风发生燃烧反应，产生高热煤气，并主要向上高速逸出	焦块急速循环运动，既是煤气产生的中心，又是上部焦块得以连续下降的"漏斗"，是炉内高温的焦点

3.1.1.2 生产过程中应严密控制的各关键性环节

A 送风条件

在保证顺行的前提下，鼓入的风量越大，则生产率越高；风口循环区在炉缸半径方向上大小适当，在圆周方向上分布均匀，以保证煤气分布合理；根据鼓风成分（是否富氧及含水量）以及是否喷吹辅助燃料，调节鼓风温度以适应炉内热状态的需要。

B 软熔区的位置、形状及尺寸

软熔区起着煤气分配器的作用。其位置、形状及大小对顺行、产量、燃料消耗量及铁水成分影响很大。操作中应监测软熔区形态的变化，并及时调整，以保证高炉运行于最佳状态。

C 固体炉料区的工作状态

固体炉料区的工作状态是决定单位生铁燃料消耗量的关键。要使该区达到较佳的工作状态，首先要严格要求入炉原料达到质量标准；其次要遵守炉顶装料制度并根据炉况变化随时调节焦炭及矿石在炉内的分布，使由软熔区上升的煤气完成合理的再分布；最后还要尽可能充分利用煤气的化学能（表现为炉顶逸出煤气的利用率高）和热能（表现为炉顶温度低）。

3.1.2 含铁原料及其他辅助原料

3.1.2.1 铁矿石

如以年产 1 亿吨生铁计，需原矿 1.5 亿~2.0 亿吨。地壳中铁的贮量比较丰富，按元素总量计占 4.2%，仅次于氧、硅及铝，居第四位。但在自然界中铁不是以纯金属状态存在，绝大多数形成氧化物、硫化物或碳酸盐等化合物。不同的岩石含铁品位可以差别很大，能经济地提取出金属铁的岩石称为铁矿石。这样，铁矿石中除有含 Fe 的有用矿物外，还含有其他化合物，统称为脉石。常见的脉石有 SiO_2、Al_2O_3、CaO 及 MgO 等。

A 铁矿石的分类

炼铁生产使用的铁矿石中铁元素是以氧化物形态赋存的，根据铁矿石中铁氧化物主要矿物形态，铁矿石分为赤铁矿、磁铁矿、褐铁矿和菱铁矿等。其主要特征列于表 3-2。

表 3-2 不同种类铁矿石的特征

矿石名称	矿物名称	理论含铁量/%	密度/t·m⁻³	颜色	条痕	实际富矿含铁量/%	强度及还原性
磁铁矿	磁铁矿（Fe_3O_4）	72.4	5.2	黑或灰有光泽	黑	45~70	坚硬、致密、难还原
赤铁矿	赤铁矿（Fe_2O_3）	70.0	4.9~5.3	红或浅灰	红	55~68	软、易破碎、易还原
褐铁矿	水赤铁矿（$2Fe_2O_3 \cdot H_2O$）	66.1	4.0~5.0	黄褐暗褐或绒黑	黄褐	37~58	疏松易还原
	针赤铁矿（$Fe_2O_3 \cdot H_2O$）	62.9	4.0~4.5				
	水针铁矿（$3Fe_2O_3 \cdot 4H_2O$）	60.9	3.0~4.4				
	褐铁矿（$2Fe_2O_3 \cdot 3H_2O$）	60.0	3.0~4.2				
	黄针铁矿（$Fe_2O_3 \cdot 2H_2O$）	57.2	3.0~4.0				
	黄赭石（$Fe_2O_3 \cdot 3H_2O$）	55.2	2.5~4.0				
菱铁矿	菱铁矿（$FeCO_3$）	48.2	3.8	灰带有黄褐	灰或带黄色	30~40	易破碎、焙烧后易还原

B 国内外铁矿石分布及成分

我国的铁矿石资源不算丰富。截至 2007 年年底，全国铁矿石累计查明资源储量 680 亿吨，保有资源储量 607 亿吨。2016 年铁矿石原矿产量达 12.8 亿吨。我国钢铁工业发展迅速、钢铁产量庞大，而矿山由于所需投资大、建设周期长，赶不上钢铁工业发展的速度，故目前铁矿石还不能自给自足，2016 年进口 10.3 亿吨。

我国的铁矿主要分布在以下地区：

（1）环渤海地区。总储量 176 亿吨以上，主要是鞍山地区的贫矿，包括东鞍山、西鞍山、齐达山、弓长岭等。本溪南芬地区有部分富矿，且质量极佳，含杂质极少，为炼制高纯净钢的原料。

（2）攀西地区。我国西南地区攀枝花钒钛磁铁矿区储量在 80 亿吨以上，是罕见的富 V、Ti 资源，是极具综合利用价值的复合矿石。

（3）冀东地区。以河北省迁安矿区为主，储量 80 亿吨，为贫磁铁矿。河北省还有邯郸、邢台矿区及宣化的庞家堡贫赤铁矿和承德地区的钒钛磁铁矿等小型矿区。

（4）海南岛。海南岛是我国少有的富矿产地之一。

（5）西北地区。内蒙古包头白云鄂博及甘肃镜铁山矿区为两大复合矿。白云鄂博矿虽只有数 10 亿吨的储量，但却含有极丰富的稀土族元素和 Nb、CaF_2 以及其他有用金属。酒泉的镜铁山矿则含有 $BaSO_4$。

（6）华东及中南矿区。主要有南京及马鞍山附近的梅山、凹山，湖北的大冶、鄂山，广东韶关地区的大宝山矿等。

世界上铁矿石贮量丰富的国家和地区有澳大利亚、巴西、俄罗斯、中国、印度、美国、加拿大和乌克兰等国。其中巴西和澳大利亚铁矿石的出口量占世界矿石贸易总量的 52%。世界铁矿石前八位国家的储量见表 3-3。

表 3-3　世界铁矿石前八位国家的储量（截至 2014 年 12 月 31 日）

国家	粗矿储量/百万吨	占比/%	含铁量/百万吨	品位/%
澳大利亚	53000	27.89	23000	43.40
巴西	31000	16.32	16000	51.61
俄罗斯	25000	13.16	14000	56.00
中国	23000	12.11	7200	31.30
印度	8100	4.26	5200	64.20
美国	6900	3.63	2100	30.43
乌克兰	6500	3.42	2300	35.38
加拿大	6300	3.32	2300	36.51
其他国家	30200	15.89	14900	49.34
世界	190000	100.00	87000	45.79

C　矿石入炉前的加工处理

入炉原料成分稳定，即其成分的波动幅度值很小，对改善高炉冶炼指标有很大的作用。为此，应在原料入厂后，对其进行中和、混匀处理，即用所谓"平铺切取"法，将入厂原料水平分层堆存到一定数量，一般应达数千吨，然后再纵向取用。

含铁品位较高，可直接入炉的天然富矿，在入炉前还要经过破碎、筛分等处理，使其粒度适当（冶炼时炉料的透气性要好，又容易被煤气还原）。

一般矿石粒度的下限为 8mm，大可至 20~30mm。小于 5mm 的称为粉末，它严重阻碍炉内煤气的正常流动，必须筛除。粒度均匀、粒度分布范围窄、料柱孔隙度高，则料柱透气性好。而粒度小的矿石被气体还原时反应速度快，在矿石软熔前可达到较高的还原度，有利于降低单位产品的燃料消耗量。粒度的大小必须适当兼顾。

含 Fe 品位低的贫矿直接入炉冶炼将极大地降低高炉生产的效率，增加成本，必须经过选矿处理。

选矿后所得细粒精矿和天然富矿在开采、破碎、筛分及运输过程中所产生的粉末，都必须经过造块过程才能供高炉使用，即经过烧结或球团工艺过程。造块过程还提供调制矿石冶金性能的机会，以制成粒度、碱度、强度和还原性能等比较理想的炉料。

3.1.2.2　熔剂

由于高炉造渣的需要，入炉料中常需配加一定数量的助熔剂，简称熔剂。最常用的碱性熔剂，即石灰石、白云石等。

对熔剂质量要求主要是有效成分含量高。如对石灰石及白云石来讲，即要求其有效熔剂性高。熔剂含有的碱性氧化物扣除其本身酸性物造渣需要的碱性氧化物后所余的碱性氧化物质量分数即为有效熔剂性；此外，要求熔剂中含 S、P 等有害杂质的量尽可能低。

3.1.2.3　锰矿

铸造及炼钢生铁都要求含有一定数量的 Mn。为此，入炉料中应配加相应数量的锰矿。而当高炉冶炼含 Mn 高的铁合金时，如 Fe-Mn 或 Si-Mn 合金等，则锰矿即成为主要原料。

对锰矿的质量要求与铁矿类似。由于锰矿中往往含有相当数量的 Fe，在冶炼要求含

Mn 品位较高的合金时，可能由于矿石中含 Fe 过高而不合乎要求。

由于锰矿资源有限，不得不使用含锰较低，而含磷及含铁较高的矿石。除含锰品位外，对磷含量要求较为严格。

3.1.2.4　其他含铁代用品

钢铁联合企业中，一些工序产生的含铁废弃物还有进一步利用的价值，如高炉炉尘、出铁场渣铁沟内的残铁、铁水罐内的黏结物和轧钢铁鳞等。其中有些可以经简单处理即可返回高炉，如大小适当的残铁；有的则必须经造块工序，作为混合料的一部分。

黄铁矿（FeS_2）焙烧后，生成气态 SO_2，是制取硫酸的原料气，而其固体残渣中去掉铁的质量分数一般大于 50%，可作为含铁原料。但由于其残留的 S 量仍远远超过一般的铁矿石，只能限量地配入烧结或球团混合料。

3.1.3　高炉燃料

3.1.3.1　焦炭

焦炭的应用是高炉冶炼发展史上一个重要的里程碑。古老的高炉使用木炭。17~18 世纪随着钢铁工业的发展，森林资源急剧减少，木炭的供应成了冶金工业进一步发展的限制性环节。1709 年焦炭的发明，不仅找到了用地球上储量极为丰富的煤炭资源代替木炭的办法，而且焦炭的强度比木炭高。这给高炉不断扩大容积、扩大生产规模奠定了基础。目前，韩国浦项建成世界上最大的高炉容积已达 6000m³，日产铁量最高达 1.7 万吨，是世界上最雄伟的单体工业设备。

焦炭在高炉内的作用有：（1）燃烧，提供冶炼所需热量；（2）氧化物的还原剂；（3）料柱骨架；（4）铁水渗碳；（5）填充炉缸，休风后恢复炉况。

传统的典型高炉生产，其燃料为焦炭。现代发展高炉喷吹燃料技术后，焦炭已不再是高炉唯一的燃料。但是任何一种喷吹燃料只能代替焦炭的铁水渗碳、热源和还原剂的作用，而代替不了焦炭在高炉内的料柱"骨架"作用。

A　高炉冶炼对焦炭质量的要求

（1）强度。焦炭强度通常用抗碎强度和耐磨强度两个指标来表示。焦炭的抗碎强度是指焦炭能抵抗受外来冲击力而不沿结构的裂纹或缺陷处破碎的能力，用 M_{40} 值表示；焦炭的耐磨强度是指焦炭能抵抗外来摩擦力而不产生表面玻璃形成碎屑或粉末的能力，用 M_{10} 值表示。

我国重点钢铁企业焦炭质量技术指标 2005~2009 年间变化情况见表 3-4。

表 3-4　我国重点钢铁企业焦炭质量技术指标 2005~2009 年间变化情况　　　（%）

年份	M_{40}	M_{10}	灰分	硫分
2005	81.82	7.10	12.77	0.65
2006	82.94	6.81	12.54	0.65
2007	83.16	6.25	12.52	0.68
2008	83.12	6.84	13.01	0.74
2009	84.02	6.83	12.50	0.71
五年增减	+2.20	-0.18	-0.27	+0.06

（2）固定碳及灰分含量。良好的冶金焦应含固定碳高而灰分低。

我国的干焦中一般固定碳的质量分数为87%，灰分的质量分数为13%左右，其余为挥发分及硫。

焦炭含灰分高则意味着含碳量低。焦炭灰分主要由酸性氧化物构成，故在冶炼中需配加数量与灰分大体相等的碱性氧化物以造渣。焦炭含灰分量增加时，高炉实际渣量将以灰分量两倍的比率增长。高炉冶炼的实践还证明，焦炭灰分的质量分数每增加1%，焦比升高2%，高炉产量下降3%。

（3）硫。焦炭带入的硫量占冶炼单位质量生铁所需原料总硫量的80%左右。

我国低硫煤的资源数量有限。每吨生铁入炉原料带入的总硫量（称为"硫负荷"，kg/t）增大时，对高炉是个沉重的负担。为了保证生铁含硫量低于国家标准，必须提高炉温和炉渣碱度。这些措施要额外消耗能量，使产量降低、焦比升高。冶炼实践说明，焦中硫的质量分数每提高0.1%，高炉焦比升高1.2%~2.0%。

国家颁布的焦炭质量标准要求：一类焦 $S_{t,d} \leqslant 0.6\%$；三类焦 $S_{t,d} = 0.81\% \sim 1.00\%$。

（4）挥发分含量。焦炭中挥发分含量代表焦炭在制造过程中受到干馏后的成熟程度。一般焦炭中挥发分的质量分数不大于1.9%。挥发分在焦中残留量高，如大于1.5%，则说明干馏时间短，往往不能构成结晶完善程度好、强度足够高的焦炭。挥发分过低，也会形成小而结构脆弱的焦炭。故要求焦炭挥发分的质量分数适当，主要是防止挥发分过高。目前我国钢铁厂使用的焦炭，挥发分有升高至1.5%~2.0%的趋势。

（5）成分和性能的稳定性以及粒度。与所有入炉原料相同，焦炭成分和性能波动会导致高炉冶炼行程不稳定，对高炉提高生产效率及降低燃料消耗量十分不利。与铁矿石及熔剂等不同，焦炭不能采用大型露天料场堆存，需要用混匀中和的办法减少其成分的波动。这是由于与高炉配套的焦炉没有很大的生产能力，不足以维持相当规模的焦炭贮存量；更为重要的原因是，焦炭长期贮存会降低其品质。所以对焦炉生产的稳定性提出了更高的要求。

在保证高炉操作顺行的前提下，尽量采用小粒度焦炭。根据经验，焦炭应比矿石的平均粒度大3~5倍为最佳。若取矿石的平均粒度为12mm，则焦炭的粒度应为40~60mm。大于60mm的焦炭应该筛出，破碎至60mm以下。

（6）反应性。指焦炭与 CO_2 气体反应而气化的难易程度；在高炉内上升煤气中的 CO_2 与下降的焦炭块相遇而反应：$CO_2 + C_{(焦)} = 2CO$。反应后的焦炭失重而产生裂缝，同时气孔壁变薄而失去强度。因此冶金工作者既注意焦炭的反应性，还注意反应后强度，即通常所说的热强度。对高炉用焦，希望反应性小一些。焦炭反应性与焦炭的粒度、比表面积及碱金属、铁、钒等的催化作用有关。更重要的是要通过配煤、炼焦工艺等使生产出的焦炭具有抗反应性好的微观结构。

B 炼焦工艺过程

根据资源条件，将按一定配比的粉状煤混匀，通过装煤车计量后装入隔绝空气的炭化室内，由两侧燃烧室供热。随温度的升高粉煤开始干燥和预热（50~200℃）、热分解（200~300℃）、软化（300~500℃），产生液态胶质层，并逐渐固化形成半焦（500~800℃）和成焦（900~1000℃），最后形成具有一定强度的焦炭。整个干馏过程中逸出的煤气导入化工产品回收系统，从中提取百余种化工副产品。

每1000kg干精煤约可获得：冶金焦750kg；煤焦油15~34kg；氨1.5~2.6kg；粗苯

4.5~10kg；焦炉煤气 290~350m³。

　　按我国的分类标准将可用于炼焦的煤，依煤的变质程度、挥发分的多少及黏结性大小（胶质层的厚度）分为四大类，见表3-5。

表3-5　炼焦煤的分类标准

煤类别	可燃基挥发分/%	胶质层厚度/mm
气煤	30~37 以上	5~25
肥煤	26~37	25~30 以上
焦煤	14~30	8~25
瘦煤	14~30	0~12

　　配煤的原则是既要得到性能良好的焦炭，又要尽量节约主焦煤的用量，以降低成本。

　　炼焦工艺过程中影响焦炭质量的环节大体上可分为洗煤、配煤、焦炉操作及熄焦等，其中配煤起着决定性作用。

　　洗煤的目的在于降低原煤中灰分及硫的质量分数。但正如选矿一样，在洗煤的同时，随分选的矸石损失掉一部分精煤，降低了煤的回收率，提高了煤的成本。煤洗选到什么程度，取决于多种条件，利与弊两方面要适当兼顾。

　　配煤对焦炭质量的影响最显著。此项环节中最重要的是控制混合煤料的胶质层厚度。对于大型高炉所要求的高质量焦炭，胶质层厚度不应低于 16~20mm。

　　精煤的粒度、含水量和装入炭化室后的压实程度对焦炭质量也有影响。精煤粉粒度配合要适当，而含水量应尽量低，在装入炭化室后应适当压实。

　　熄焦是焦炭生产中最后一个环节，即要把炽热焦炭冷却到大气温度，主要采用干法熄焦和湿法熄焦两种方式，干法熄焦总规模接近焦炭生产能力的半数以上。

　　C　型焦

　　我国的煤炭资源，包括焦煤，是比较丰富的。煤的预测储量为 5.5 万亿吨，2010 年探明储量为 1145 亿吨。但主焦煤的分布地区不均匀，华北地区主焦煤约占总储量的 60%，其次是东北地区，东南沿海省区则极少。这些省区发展地方钢铁工业要立足于本地区的资源，型焦是解决这一问题的出路。用弱结焦性煤为原料，在一定温度下加压成型；或使用非结焦性原煤，加入一定量的黏结剂（如沥青等），然后加压成型。最后将成型物置入炭化室以类似于炼焦炉的工艺，在干馏过程中使其炭化，提高其强度。型焦还在研究与发展中。

　　3.1.3.2　煤粉

　　钢铁厂中除炼焦用煤外，还使用大量的煤以提供多种形式的动力，如电力、蒸汽等，或将煤直接用于冶金其他过程，如烧结、炼钢及高炉冶炼工艺等。

　　1964 年，我国首先在首钢成功地向高炉喷吹无烟煤粉，作为辅助燃料置换一部分昂贵的焦炭，降低了生铁成本。

　　现在，我国 80% 以上的高炉都采用喷吹煤粉的工艺，并已开始逐步扩大到喷吹其他含挥发分较高的煤种。

　　高炉喷吹用的煤粉，对其质量有如下要求：（1）灰分含量低，固定碳量高。（2）硫含量低。（3）可磨性好（即将原煤制成适合喷吹工艺要求的细粒煤粉时能耗低、设备磨损小）。（4）粒度细：根据不同条件，煤粉应磨细至一定程度，以保证煤粉在风口前完全气化和燃烧。一般要求小于 0.074mm 的占 80% 以上。（5）爆炸性弱，以确保在制备及输送过程中人身及设备安全。（6）燃烧性和反应性好。煤粉的燃烧性表征煤粉与 O_2 反应的快慢程度。

3.1.3.3 气体燃料

气体燃料在钢铁企业中有重要作用。除天然气、石油气等外购气外，还有冶金各工序产生的二次能源气，如焦炉和高炉煤气以及由固体燃料专门加工转化成的发生炉煤气等。

不同种类的煤气成分及发热量见表 3-6。

表 3-6　冶金企业常用各种气体燃料成分及发热量

煤气种类		成分（干基）/%							发热量 /kJ·m⁻³
		CO	H_2	CH_4	C_nH_m	H_2S	CO_2+CO	O_2	N_2	
天然气	气井天然气		0~微	85~98	0.6~1.0	0~微	0~1	0~微	0.1~6	35000~ 50000
	油井天然气		0~微	70~90	4~30	0~微	0~1	0~微	0.1~7	
焦炉煤气		5~7	50~60	20~30	1.2~2.5		2.0~4.0	0.5~0.8	5~10	15500~ 19000
高炉煤气		25~30	1.5~3	0.2~0.6			8~15		55~58	3300~4600
发生炉煤气 （空气-蒸汽）		50~70	0.5~2				10~25	0.5~0.8	10~20	6300~10500
		24~30	12~15	0~3	0~0.6		3~7	0.1~0.9	47~55	4800~6500

根据我国资源条件，不可能普遍使用天然气，而焦炉煤气主要供民用，只有在特殊条件下高炉才使用少量焦炉煤气，故高炉煤气成为钢铁企业内部的主要气体燃料。

3.1.4　高炉产品

高炉的主要产品是铁水，副产品是炉渣、高炉煤气及炉尘。

3.1.4.1　生铁

生铁是 Fe 与 C 及其他少量元素（Si、Mn、P 及 S 等）组成的合金。其碳的质量分数随其他元素的含量而变，但处于化学饱和状态。通常，$w(C)$ 的范围为 2.5%~5.0%。

生铁分为炼钢生铁和铸造生铁两大类。炼钢生铁供转炉和电炉冶炼成钢，而铸造生铁则供机械行业等生产耐压的机械部件或民用产品。

3.1.4.2　高炉煤气

高炉冶炼每吨普通生铁所产生的煤气量随焦比水平的差异及鼓风含氧量的不同差别很大，在 1600~3500m³/t 之间。

在钢铁联合企业中，经过除尘后的高炉煤气发热值为 3350~4200kJ/m³，是良好的气体燃料，主要作为热风炉的燃料，其余作为动力、炼焦、烧结、炼钢和轧钢等部门的燃料使用。

3.1.4.3　炉渣

每吨生铁的产渣量，随入炉原料中 Fe 品位高低、焦比及焦炭含灰分的多少而差异很大。我国大型高炉吨铁的渣量在 300~600kg/t 之间。炉渣是多种金属氧化物构成的复杂硅酸盐系，外加少量硫化物、碳化物等。

炉渣的另一种利用方式是缓冷后破碎成适当粒度，用作铺公路路基。作为这种用途消耗的渣量在我国不超过总渣量的 10%。

液态炉渣用高速水流和机械滚筒冲击和破碎可制成中空的直径 5mm 的渣珠，称为"膨珠"。膨珠可作为轻质混凝土的骨料，建筑上用作防热、隔音材料。

如果液态炉渣用高压蒸汽或压缩空气喷吹可制成矿渣棉，是低价的不定形绝热材料。

一般炉渣出炉时温度为 1400~1550℃、热含量为 1680~1900kJ/kg。冲渣水余热目前利用有三种方式：一是供暖、供热水；二是海水淡化（有些地方受条件限制）；三是低温余热发电。

3.2　高炉炼铁的生产原则

高炉冶炼生产的目标是在较长的一代炉龄（如 15 年或更长）内生产出尽可能多的生铁，而且消耗要低，生铁质量要好，经济效益要高，概括起来就是"优质，低耗，高产，长寿，高效益"。长期以来，我国乃至世界各国的炼铁工作者对如何处理这五者间的关系一直进行着讨论，讨论的焦点是如何提高产量及焦比与产量的关系。

众所周知，表明高炉冶炼产量与消耗的三个重要指标——有效容积利用系数（η_V）、冶炼强度（I）和焦比（K）之间有着如下的关系：

$$\eta_V = I/K \tag{3-1}$$

显然，高炉利用系数的提高有四种途径：（1）冶炼强度保持不变，不断地降低焦比；（2）焦比保持不变，冶炼强度逐步提高；（3）随着冶炼强度的逐步提高，焦比有所降低；（4）随着冶炼强度的提高，焦比也有所上升，但焦比上升的幅度不如冶炼强度增长的幅度大。

在高炉炼铁的发展史上，这四种途径都被应用过。应当指出在最后一种情况下，产量增长很少，而且是在牺牲昂贵的焦炭的消耗中取得的，一旦在冶炼强度提高的过程中，焦比升高的速率超过冶炼强度提高的速率，则产量不但得不到增加，反而会降低。因此，冶炼强度对焦比的影响，成为高炉冶炼增产的关键。

高炉炼铁工作者应该掌握这种客观规律，并应用它来指导生产，即针对具体生产条件，确定与最低焦比相适应的冶炼强度，使高炉顺行、稳定地高产。然而高炉的冶炼条件是可以改变的，随着技术的进步，如加强原料准备、采取合理的炉料结构、提高炉顶煤气压力、使用综合鼓风、改造设备等，高炉操作条件大大改善。与改善了的条件相应的冶炼强度可以进一步提高，而焦比不会提高，相反与之相对应的最低焦比会进一步下降，这就是世界各国几十年来冶炼强度不断提高、焦比也降低的原因（图 3-4）。

但是，在任何生产技术水平上，当冶炼条件一定时，冶炼强度 I 与焦比 K 之间始终保持着极值关系，但不可以得出产量是与冶炼强度成正比增长的简单结论，而盲目追求高冶炼强度。超越冶炼条件允许的过高冶炼强度将使焦比大幅度上升。

炼铁厂（或车间）经济上最合算的产量是在所具有的设备上，单位时间内达到最高利润总和时的产量。如图 3-5 所示，在生铁成本与产量的函数 $S=f(P)$ 曲线上，生铁最低成

本是在 P_0 产量下获得，而且在最低处附近，生铁成本升高较慢，使得生铁出厂价与成本的差值（$C-S$）减小的幅度比产量增加的幅度小，所以在某种 $P>P_0$ 的情况下经济效益 P（$C-S$）达到最大，这就是我国众多厂家追求的产量指标。

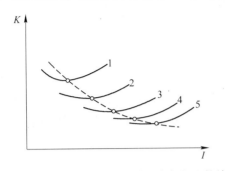
图 3-4　不同冶炼条件下的冶炼强度与焦比的关系
（1~5 示意冶炼条件不断改善）

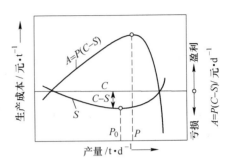
图 3-5　日产量对产品成本和生产营利性的影响

　　最后，应当指出的是在我国随着产量和效益的提高，高炉设备，特别是高炉本体的寿命越来越短，大修和中修费用不断增加，有可能影响到增产的效益。这个问题的严重性已引起人们重视，开始研究提高高炉寿命的有效措施，如采用高质量炭砖、碳化硅砖，改进高炉冷却（炉底水冷、炉身软水密闭循环冷却）以及钒钛炉渣护炉等。高炉长寿技术的开发和实现将促使高炉生产实现高产、低耗、优质、高效益。目前世界各国已把高炉长寿看作炼铁技术的一个重要组成部分和发展标志。

3.3　高炉冶炼过程的物理化学

3.3.1　蒸发、分解与气化

3.3.1.1　蒸发
炉料进入高炉后最先发生的反应是其吸附的水分蒸发。

　　目前焦炭多用水熄焦，一般含有 4%~5% 的水，高的可达 10%。天然矿石和熔剂虽为致密块状也会吸附一定量的水，特别是雨季。炉料中的水分在有一定温度的炉顶煤气的作用下会逐渐升温直至沸腾而蒸发。蒸发耗热不多，仅仅使炉顶温度降低，对高炉冶炼过程不产生明显影响。

3.3.1.2　结晶水分解
　　某些天然矿含有化学键结合水，其分解反应已在烧结过程中加以阐述，此处主要补充由于某种原因结晶水析出过晚，落入高于 800℃ 的高温区后发生的反应。

$$H_2O+C \Longrightarrow H_2+CO \tag{3-2}$$

此反应大量耗热并消耗固定碳。结果产生还原性气体，但在上升过程中这些气体并未得到充分利用，不能补偿其不利方面，最终会造成燃料消耗量增加。在冶炼铸造铁和锰铁时，应考虑这一反应造成的影响。参加这一反应的结晶水量占结晶水总量的 20%~50%。

3.3.1.3　碳酸盐分解
　　当高炉料中单独加入熔剂（石灰石或白云石）或炉料中还有其他类型的碳酸盐时，随着温度的升高，当其分解压 p_{CO_2} 超过炉内气氛的 CO_2 分压时，碳酸盐开始分解。当 p_{CO_2} 增大到超过炉内系统的总压时，发生激烈的分解——化学沸腾。

反应产物 CO_2 会与固体碳发生碳素溶解损失反应。

$$CO_2+C \rightleftharpoons 2CO \tag{3-3}$$

3.3.1.4 析碳反应

高炉内进行着一定程度的析碳化学反应：

$$2CO \rightleftharpoons CO_2+C \tag{3-4}$$

此反应对高炉冶炼过程有不利影响：渗入炉身砖衬中的 CO 若析出碳素则可能因产生膨胀而破坏炉衬，渗入炉料中的 CO 发生反应则可能使炉料破碎、产生粉末阻碍煤气流等。通常其量较少，对冶炼进程影响不大。

3.3.1.5 气化

有一些物质可能在高炉内气化（蒸发或升华），如可在高炉中还原的元素 P、As、K、Na、Pb、Zn 和 S 等以及还原的中间产物 SiO、Al_2O 和 PbO；在高炉中生成的化合物 SiO、CS 以及由原料带入的 CaF_2 等。

蒸发或升华发生在下部较高的温度区域，然而这些气态物质在随煤气上升过程中又会由于温度的降低而凝聚：少部分随煤气逸出炉外，一部分被炉渣吸收而排出炉外，有相当一部分又随炉料再次下降至高温区而重复此气化-凝聚过程。这些易气化物质的"循环累积"，使料流中这些物质的浓度随炉子高度而变化。

气化物质在冷的炉壁和炉料表面上的凝聚，轻者阻塞炉料孔隙，增大对煤气流的阻力、降低料块强度，重者造成炉料难行、悬料以及炉墙结瘤等。解决气化物质"循环累积"的办法，是增大其随煤气逸出或被炉渣吸收的总排出量，在多种措施无效而危害日趋严重时只能限制这些物质的入炉量。

3.3.2 还原过程

还原——夺取矿石中与金属元素结合的氧，是冶炼过程要完成的基本任务。它是利用一种与氧结合能力更强的物质（还原剂）将矿石中金属离子与氧离子的化学键击破，而将金属元素释放出来。由于 Fe 是需要量很大的普通金属，故还原剂必须选择在自然界中贮存量大、易开采、价廉又不易造成环境污染的物质，工业生产上选用的是碳素（包括 CO）及 H_2。

3.3.2.1 铁的氧化物及其特性

已知铁的氧化物有 Fe_2O_3、Fe_3O_4 及 Fe_xO。这些氧化物的特性可由 Fe-O 相图（图 3-6）得到部分了解。

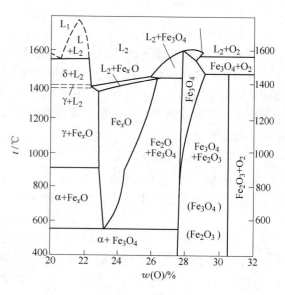

图 3-6 Fe-O 相图

L_1—液态；L_2—液态氧化物；Fe_xO—浮氏体

不存在一个理论含氧量为 22.28%、Fe 与 O 原子数为 1∶1 的化合物 FeO。在不同温度下 Fe_xO 的 O 含量是变化的，最大的变化范围为 23.16%~25.60%。FeO 立方体氯化钠型晶胞结构见图 3-7。

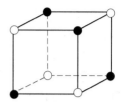

图 3-7 FeO 立方体氯化钠型晶胞结构

3.3.2.2 铁氧化物还原的热力学

A 还原的顺序性

生产实践和科学研究都已证明，铁氧化物无论用何种还原剂还原，其含氧量是由高级氧化物向低级氧化物逐级变化的，其变化顺序为：

>570℃时 $Fe_2O_3 \rightarrow Fe_3O_4 \rightarrow Fe_xO \rightarrow Fe$

<570℃时 $Fe_2O_3 \rightarrow Fe_3O_4 \rightarrow Fe$

将还原过程中的赤铁矿球急速置于中性或惰性气氛中冷却，然后取其断面观察，可发现鲜明的层状结构。球的核心是未反应的 Fe_2O_3，其外是一层 Fe_3O_4，再外边是一薄层浮氏体，最外层是随反应进行而逐渐增厚的金属铁。高炉解剖时由炉内所取的半还原的矿石样品，也具有同样的壳层结构。

还原中连续失氧的过程就是不同种类、不同含氧量的氧化物的相对数量连续减少的过程。证实这一顺序性规律的意义在于，当研究铁氧化物还原过程的定量规律时，只需分别研究各种典型的氧化物的规律即可。

B 各种铁氧化物还原的热力学

判断各种铁氧化物在不同温度下被不同还原剂还原的难易程度，最基本的依据是，各种氧化物的标准生成自由能随温度的变化图，或称"氧势图"。只涉及铁氧化物及由有关还原剂生成的氧化物的标准生成自由能的图为埃林汉（Ellingham）图，如图 3-8 所示。

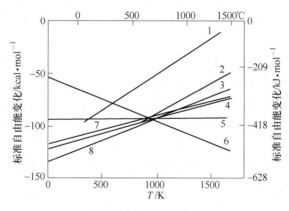

图 3-8 埃林汉图

1—$4Fe_3O_4+O_2=6Fe_2O_3$；2—$6FeO+O_2=2Fe_3O_4$；3—$2CO+O_2=2CO_2$；4—$2Fe+O_2=2FeO$；5—$C+O_2=CO_2$；
6—$2C+O_2=2CO$；7—$2H_2+O_2=2H_2O$；8—$3/2Fe+O_2=1/2Fe_3O_4$

图 3-8 揭示了三种铁氧化物被固体 C、CO 和 H_2 还原的条件。

根据热力学可知，生成自由能负值越大（或氧势越低）的氧化物越稳定，在图上表现为曲线位置越低。Fe_2O_3 曲线的位置最高，即 Fe_2O_3 最不稳定；Fe_3O_4 次之；稳定性最强的是 FeO。

就还原剂而论，在低于 950K 时（图上曲线簇交叉点温度），由 CO 生成的 CO_2 最稳定，即 CO 还原能力最强，其次为 H_2 和 C。而高于此温度时情况相反，C 是最强的还原剂，依次为 H_2 和 CO。

需要说明的是，由于 Fe_2O_3 极易还原，无论用 CO 或 H_2 作还原剂，反应的平衡常数都很大。

直接还原并不意味着只有固态碳与固态 FeO 相互接触反应才能发生（液态炉渣中 FeO 与固体碳间的反应除外）。相反，由于两个固相间相互接触的条件极差，不足以维持可以觉察到的反应速度。

"直接还原"主要是指直接消耗固体碳素。此反应的另一特点是强烈吸热，热效应高达 2717kJ/kgFe。由于此反应只涉及一个气相产物，其平衡常数可以用 CO 的分压 p_{CO} 表示，而且不因要求特殊的平衡气相成分而消耗过剩碳素，此时还原 1kg 铁消耗的还原碳量恒等于 0.214kg。但反应所需的热量要由碳素的燃烧提供。

焦炭的反应性与其在炼焦炉内炭化过程中石墨化的程度、粒度（比表面积）及气孔率等众多因素有关。有专门的试验方法可测定焦炭的反应性。日本某高炉采用的操作控制模型（AGOS）中，将碳素溶解损失的碳量作为控制参数之一，并限定 1t 生铁不得超过 98kg。

由于高炉煤气中 H_2 所占的比例很少，一般仅为 5%左右，故水煤气反应远不如碳素溶解反应重要。

在从还原剂消耗量的角度分析直接与间接还原最佳比例的问题时，必须考虑到，在高温区进行直接还原所产生的 CO，上升到高炉上部低温区时仍可参与间接还原反应，无需另行消耗碳素去制造 CO。如果由直接还原产生的 CO 丝毫不加以利用而从炉内逸走（相当于间接还原比例为零），很明显只能造成碳素的浪费。故两者最佳的比例，也就是达到最低碳素消耗的比例，即高温区直接还原所产生的 CO 恰好满足间接还原在热力学上所要求的数量。

由于直接还原度与间接还原度（r_i）之和为 1，故两者间存在相应的消长关系。图 3-8 中向右下斜的直线代表只考虑间接还原时耗碳量的变化，而向右上倾斜的直线则表示不同直接还原度下、直接还原的耗碳量。0.7135kg/kgFe 及 0.214kgC/kgFe 均为已知数据。

直接还原不仅消耗作为还原剂的碳素，还要求燃烧碳以提供所需反应热。此外冶炼过程中尚有其他必不可少的热量消耗，也要燃烧碳素提供（如渣铁的熔化等），故在高温区产生的 CO 量远超过单纯直接还原所能提供的量。可以推知，在同时考虑到还原与供热所消耗的碳量时，耗碳量的最佳点必在 r_i 值更大（>0.24）或 r_d 值更小的点。

高炉生产实际中，为了保证料层有一定的透气性，矿石的粒度不可过小（一般大于 8~10mm）。此外，由于目前工艺发展水平所限，所生产的人造矿物（烧结或球团矿）的还原性还不尽理想（天然矿石更差），致使矿石在低温区停留的有限时间内，不能使间接还原发展到最佳比例值。这是世界上大多数高炉未解决的问题。为促进间接还原的比例增大，必须提高气固相还原反应的速率，为此应研究气态还原反应的动力学规律。

FeO 的直接还原还有另一种形式，即含 FeO 液态炉渣与焦炭直接接触，或与铁水中饱和的 C 发生反应。

矿石在低温的固体料区未来得及充分还原已落入高温区，则将发生软化和熔融，造成含 FeO 很高的初渣，并沿着焦炭的空隙向下流动。由不同高炉或同一高炉不同部位取得的初渣样品，FeO 含量在 5%~30% 较大的范围内波动。由于液态渣与焦炭表面接触良好、扩散阻力也较气体在曲折的微孔隙中扩散的阻力小，加之又处于高温下，反应速度常数很大，故这类反应的速率很高。致使终渣中 FeO 含量小于 0.5%，Fe 的总回收率大于 99.7%。

———— 本 章 小 结 ————

本章主要介绍了高炉炼铁工艺流程、参与高炉反应的主要物料及高炉冶炼过程中发生的一系列物理化学反应，并对高炉炼铁的生产原则做了说明。

复习思考题

3-1 简述高炉炼铁工艺流程。

3-2 试说明焦炭在高炉冶炼过程中的作用及高炉冶炼对焦炭质量的要求。

3-3 高炉冶炼的产品有哪些？各有何用途？

3-4 叙述高炉的冶炼强度与焦比之间既相互矛盾又相辅相成的辩证关系。

3-5 结合铁矿石在高炉不同区域内的性状变化（固态、软熔或成渣）阐述铁氧化物还原的全过程。

3-6 在铁氧化物逐级还原的过程中，哪一个阶段最关键？为什么？

3-7 何谓"直接"还原？

参 考 文 献

[1] 王筱留. 钢铁冶金学（炼铁部分）[M]. 北京：冶金工业出版社，1991：3~29，74~151.

[2] 包燕平，冯捷. 钢铁冶金学教程 [M]. 北京：冶金工业出版社，2008：21~33.

[3] 朱苗勇，杜钢，阎立懿. 现代冶金学钢铁冶金卷 [M]. 北京：冶金工业出版社，2005：16~26，83~110.

[4] 王维兴. 我国炼铁技术现状及对焦炭质量的要求 [J]. 中国钢铁业，2011，9（1）：13~17.

4　炼铁新技术

本章学习要点

　　本章简要介绍冶炼低硅生铁的技术措施，要求了解高炉大型化、自动化及非高炉炼铁的发展概况，了解高炉炼铁和非高炉炼铁技术发展新动向。

4.1　高炉炼铁新技术

4.1.1　高炉大型化和自动化

　　钢铁生产设备的大型化、现代化、自动化、信息化是现代国内外钢铁工业发展的总趋势。

4.1.1.1　高炉大型化

　　目前，世界高炉大型化、现代化、自动化的趋势和水平可以概括为：高炉容积4000～5000m³；日生产能力1.0万～1.3万吨；年产规模300～400万吨；焦比由过去的700～800kg/t降低到240～300kg/t；重油比80～120kg/t铁，或天然气150m³/t铁，或煤比150～200kg/t铁；有的已突破250kg/t铁；富氧25%～40%；风温1300～1400℃；高压有的达0.2～0.3MPa；渣量由过去的700～1000kg/t铁，降低到150～300kg/t铁；熟料率80%～100%；利用系数2.3～3.0t/(m³·d)，生铁含硅小于0.5%，含硫小于0.03%。我国现有1000m³高炉297多座（截止到2012年底），最大的为沙钢的5860m³高炉。

4.1.1.2　高炉自动化

　　随着高炉检测技术和计算机的发展，在高炉大型化的要求和推动下，高炉的自动化有了迅猛的发展，以计算机的广泛运用为其主要标志。

　　A　高炉监测新技术

　　高炉的技术进步与监测技术的进步密切相关。当前采用的监测新技术有：红外线或激光检测料面形状；磁力仪测定焦、矿层分布和运行情况；光导纤维测高炉内状态及反应情况；高炉软熔带测定器；风口观测电视技术；中子测炉料水分；连续测定炉缸、炉底温度等。

　　(1) 激光测料面技术。在炉顶安装激光器，连续向料面发射激光，激光反射波被接收器接收和处理后，经计算机计算可示出炉喉布料形状和料线高度，比目前探尺要形象而精确得多。

　　(2) 高炉料面红外摄像技术。现代高炉料面红外摄像技术是用安装在炉顶的金属外壳微型摄像机获取炉内影像，通过具有红外功能的CCD芯片将影像传到高炉工长值班室监视器上，在线显示整个炉喉料面的气流分布图像，如将上述图像送入计算机，经过处理还可得到料面气流分布和温度分布状况的定量数据，绘制出各种图和分布曲线见图4-1和图4-2。

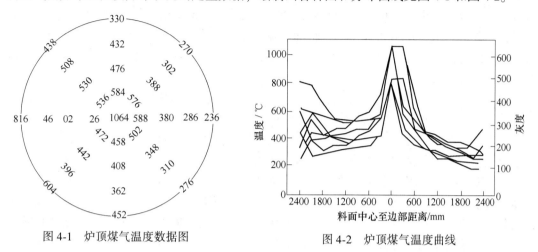

图4-1　炉顶煤气温度数据图　　　　　　　　图4-2　炉顶煤气温度曲线

（3）光导纤维检测技术。比利时和日本首先试验用光导纤维观测仪观察高炉内矿石、焦炭反应情况，渣铁形成过程及炉衬破损情况等。光导纤维是用石英纤维制成的，可将物像分解成无数像点单元，然后将不同波长、不同强弱的像点单元分别传至光导纤维的另一端组合成像。这样就使得光纤探管在高温、粉尘的高炉中进行各种性态的检测。

（4）料层测定磁力仪。利用矿石和焦炭透磁率相差较大的特点，在高炉炉壁埋设具有高敏感度的磁性检测仪，用来测试矿石层与焦炭层的厚度及其界面移动情况。这对了解下料规律及焦、矿层分布很有意义。

（5）用同位素测定炉料下行速度。为了测定下料速度，可在原料中加入 ^{60}Co 放射性同位素，然后检测铁水中微量放射性 Co，从而可推测下料速度。另外，还可在风口加入氦气以测定煤气上升速度。在冷却水中投入示踪元素可测出漏水部位。

B　高炉检测技术的发展

现代高炉检测技术的发展集中表现在：开发更多的检测项目，使用微型计算机运算和补正以提高检测精度，开发设备诊断技术。其主要有以下几类：

（1）料面形状测量。采用辐射线或超声波式料面仪测料面形状（图4-3）。

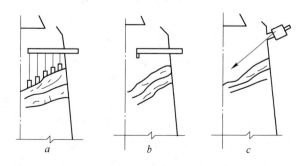

图4-3　测量料面形状的几种方法

a—机械式，测量 10 点，时间 60s，精度±50mm；b—微波式，测量径向各点，时间 120s，精度±130mm；

c—激光式，测量料面一部分，时间 20s，精度±50mm

（2）煤气流分布测量。测定方法是把热电偶直接通电，使测温点加热到规定温度。停止通电后煤气流将测温点冷却，测定其冷却速度并补正煤气成分、温度和压力的影响，就可得出煤气流速。将探针在炉喉半径各点上进行测量后，便得出煤气流分布情况。

（3）炉顶煤气成分分析。主要包括除尘器后总的煤气成分分析和炉喉两垂直径向上各点煤气分析。使用固定探针，一次取样，然后依次自动分析各个样品。分析仪器采用带微型计算机的色谱仪和质谱仪。

（4）软熔带的测量。测量方法有在炉身净压力计测量数据的基础上推算的方法；以炉喉煤气流量分布为基础，划分为多个同心圆模型推算的方法；从炉顶插入特殊导线，以其残存长度直接测定的方法；从炉顶插入热电偶以其长度和测定的温度进行推算的方法；插入垂直或倾斜探测器测量的方法；在炉料中装入示踪原子的方法等。

（5）炉料下降速度的测量。最近开发的炉料下降速度测量方法有电磁法和电阻法。日本新日铁公司堺厂利用磁场原理，用传感器测量料层下降。传感器安装在炉身各层及各个方向耐火砖内，利用下降的矿石和焦炭磁导率的不同，测定炉料下降速度。电阻式传感器是用测量料层的电阻测定焦、矿层的下降速度。

（6）风口前的检测。主要有用工业电视测量风口前焦炭回旋区的状况、焦炭粒度和温度水平等；测量炉内微压变化，了解悬料、崩料、管道行程等炉况，并推断焦炭回旋区状况；测量各风口的风量和风口前端的温度等。

（7）设备诊断。主要包括风口破损的诊断；炉身冷却系统破损的诊断；耐火材料烧损的诊断。

（8）焦炭水分的测量。目前常用中子水分计测量焦炭水分。所用的中子源为 Cf_{252} 射源，其中子与 γ 射线平均能量为 2MeV，水分测量为 $0\sim15\%$，密度为 $0\sim1g/m^3$。

除了上述各种检测技术外，还有煤粉喷吹量测量和渣、铁水测温等新技术。

C　高炉生产过程的部分自动控制

国内外先进高炉的部分生产过程，如鼓风机、热风炉、炉顶煤气压力调节，装料和喷吹燃料等系统，已采用计算机实现了自动控制。

（1）热风炉的自动控制。计算机控制热风炉的主要内容是确定最佳的燃烧制度，根据燃烧废气成分分析、废气温度和炉顶燃烧温度等参数，自动调节助燃空气和煤气量，自动确定换炉时间和进行换炉，以及自动显示和打印各种参数及报表。与人工操作相比较，自动控制能节省燃料，保持送风温度、风量和风压稳定，安全、可靠，充分发挥热风炉的能力和提高热风炉的寿命。

（2）上料、装料系统的自动控制。它主要包括装料设备的顺序控制和焦炭、铁矿石及其他原料的自动称量、装料顺序控制。相应的控制系统由两部分组成，即自动操作所必须的基本功能环节和由于添加计算机而具有的附加功能。

（3）高炉的自动控制。高炉冶炼过程进行着复杂的传质、传热和传动量过程，影响因素多，采用电子计算机实现高炉冶炼过程的自动控制十分困难。尽管如此，高炉上采用电子计算机控制，经过 30 年的研究和探索，现在已经有了很大的发展。

高炉的自动控制方法有两大类：一类为前馈控制，另一类为反馈控制。

前馈控制就是控制输入参数（炉料和鼓风），使首尾一致，尽量减少输入参数的波动。对高炉来说，前馈控制尤为重要。因为高炉的过程时间常数很长，如果输入参数波动很大，为校正高炉的偏离而采取的措施尚未产生全部效应之时，可能遇到新的变化，使措施无效，甚至造成更大困难。

反馈控制就是根据输出参数，如铁水成分、铁水温度、煤气成分、料柱透气性等参数的偏离预定标准值的程度，改变输入参数以消除波动。反馈控制其实是用过去的情况来指导现在和将来。

以上两种控制方法，前馈控制是基础，反馈控制也是必不可少的，但后者只有在前者的基础上才能发挥作用。

利用计算机模拟高炉的操作系统称为高炉的数学模型。高炉数学模型是高炉计算机系统的灵魂。它是比较完整的数学表达式，每一个高炉计算机系统都必须由若干数学模型支持其工作。功能越完备的系统，其数学模型的构成就越齐全和完善。高炉数学模型的种类很多，按使用目的划分，有控制模型和解析模型；按模型构造方法划分，有统计模型、物料及热平衡模型、反应工程学模型和控制论模型。

目前，高炉计算机控制领域里还有大量的课题亟待研究和解决，主要是：高炉冶炼过程规律性的深入研究，探索和建立更完善的数学模型；高炉检测技术的发展为计算机提供更准确、可靠的检测参数和信息；高炉的各种操作必须逐步完善，由性能良好适合于自动控制的机械所代替。高炉自动化的发展是实现全面自动化，但要达到这一目标还有很长的路要走。

4.1.2　计算机控制技术

借助计算机控制高炉冶炼过程可以获得良好的冶炼指标，取得最佳的经济效益。高炉冶炼过程作为控制对象，是一种时间非常长的非线性系统。根据控制目标将控制过程分为长期、中期和短期三种。长期控制是决策性的，根据原燃料供应、产品市场需求、企业内部需求的平衡变化等对炼铁生产计划、高炉操作制度等做出重大变更决策；中期控制是预测预报性的，主要是对一定时期内高炉炉况趋势性变化进行预测和分析，对炉热水平发展趋势、异常炉况发生的可能性进行预测和预报，使操作人员及时调整炉况，同时还可根据高炉操作条件对高炉参数和技术经济指标进行优化，使高炉处于最佳状态下运行；短期控制是调节性的，根据炉况的动态变化随时调节，消除各种因素对炉况的干扰，保证炉子生产稳定顺行。

现代高炉的计算机控制系统，常担负起基础自动化、过程控制和生产管理三方面的功能。在高炉生产的计算机系统中一般不配置管理计算机，其功能由厂级管理计算机完成。

4.1.2.1　高炉基础自动化

高炉基础自动化是设备控制器，主要由分散控制系统（DCS）和可编程序逻辑控制器（PCL）构成，它们完成的职能有：

（1）矿槽和上料系统的控制，包括矿槽分配和储存情况、料批称量、水分补正、上料程序、装料制度控制、上料情况显示及报表打印；

（2）高炉操作控制，包括检测信息的数据采集和预处理、鼓风参数（风温、风压、风量、湿分等）的调节与控制、喷煤系统操作与控制，以及出铁场上各种操作（出铁量测量、铁水和炉渣温度测量、铁水罐液位测量、摆动流嘴变位及冲水渣作业等）的控制；

（3）热风炉操作控制，包括换炉、并联送风、各种休风作业、热风炉烧炉控制等；

（4）煤气系统控制，包括炉顶压力控制与调整、余压发电系统运行控制、煤气清洗系统（洗涤塔喷水、文氏管压差等）控制以及炉顶煤气成分分析等；

（5）高炉冷却系统控制和冷却器监控，包括软水闭路循环运行控制、工业水冷却控制、各冷却器工作监测和冷却负荷调整控制。

4.1.2.2　高炉过程控制

高炉过程控制由配置的各种计算机完成，它们的职能是：（1）采集冶炼过程的各种信息数据，并进行整理加工、储存显示、通讯交换、打印报表等；（2）对高炉过程全面监控，通过数学模型计算对炉况进行预测预报和异常情况报警，其中包括生铁硅含量预报、炉缸热状态监控、煤气流和炉料分布控制、炉况诊断、炉体侵蚀监控、软熔带状况监测、炉况顺行及异常的监测与报警等；（3）炼铁工艺计算；（4）高炉生产技术经济指标、工艺参数的计算和系统分析、优化等。

高炉计算机控制主要采取功能分散、操作集中的方式来完成它的职能，在配置上采用分级系统或分布系统。

4.1.2.3　高炉炼铁过程人工智能和专家系统

A　计算机人工智能和专家系统

人工智能（artifical intelligence，AI）是计算机科学的一个重要分支，它是模拟人类思维方式去认识和控制客观对象的技术，如用神经网络技术去辨识客观事物的隐含规律，用模糊理论去处理过程很复杂的控制问题。

专家系统（expert system，ES）是人工智能技术的一个分支，主要由包含大量规则的知识库和模拟人类推理方式的推理机组成。

近年来，在高炉上应用的 ES 中也大量应用神经网络和模糊数学的方法，因此 ES 与 AI 系统并无严格区分。

B　高炉炼铁过程人工智能专家系统简介

高炉过程专家系统是指在某些特定领域内，具有相当于人类专家的知识经验和解决专门问题能力的计算机程序系统。专家系统的特点是：知识信息处理、知识利用系统、知识推理能力、咨询解释能力。20 世纪 80 年代人们开始将专家系统引入高炉领域，按高炉操作专家所具备的知识进行信息集合和归纳，通过推理做出判断，并提出处理措施，形成了高炉冶炼的专家系统。典型的高炉专家系统构成如图 4-4 所示。它是在原高炉过程计算机系统中配备专用的人工智能处理机而构成的。程序以功能模块组成，它们是数据采集、推理数据处理过程数据库、推理机、知识库及人工智能工具（包括自学知识获取、置信度计算、推理结论和人机界面等）。专家系统要有高精度控制能力，能满足和适应频繁调整的要求，具有一定的容错能力，与原监控系统有良好的包容性。在功能上一般包括：炉热状态水平预测及控制、对高炉行程失常现象（悬料、管道、难行等）预报及控制、炉况诊断与评价、布料控制、炉衬状态的诊断与处理、出铁操作控制等。

自 20 世纪 80 年代以来，人们开始将人工智能和专家系统引入高炉系统，按高炉操作专家所具备的知识进行信息集合和归纳，通过推理做出判断，并提高处理措施，从而形成了人工智能高炉冶炼专家系统。

我国在 1986 年鞍钢 5 号高炉开发含硅量预报专家系统，主要是为了提高炉况波动或

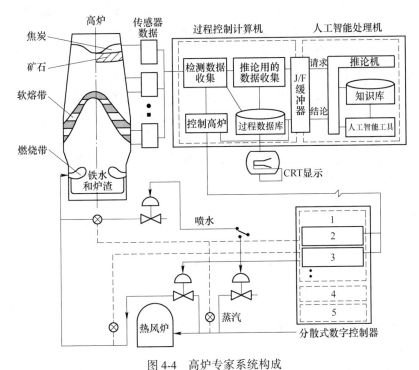

图 4-4　高炉专家系统构成

1—热风炉控制；2—鼓风加湿；3—热风温度；4—高炉控制；5—煤气清洗控制

异常时［Si］预报的命中率；1991 年首钢 2 号高炉和 1994 年鞍钢 4 号、10 号高炉先后开发出了具有炉况评价诊断、异常炉况预测和炉热状态预测，控制操作指导及解释以及知识获取和模型自学习系统等较完备的专家系统。1995 年宝钢在引进 GO-STOP 系统基础上完成了炉况诊断专家系统的开发。1999 年武钢 4 号高炉成功地引进了芬兰 Rautaruukki 高炉操作专家系统，实现了对炉温、顺行、炉型管理和炉缸渣铁平衡的 ES 控制。

专家系统经过 30 多年的发展，经历了从低级到高级的发展过程，在范围内求解问题的能力已经达到了人类专家的水平。

C　大型高炉专家系统应用简介（以武钢 4 号高炉为例）

每座高炉的原燃料、设备、操作参数等都不尽相同，所以没有所有高炉都适用的专家系统，必须针对每座高炉的具体情况来开发与之适应的专家系统。

武钢 4 号高炉冶炼专家系统（与芬兰 Rautaruukki 公司联合开发）的功能模块有：

（1）知识库——存储和管理获取的高炉冶炼知识和操作经验。

（2）推理机——采用搜索式算法。根据参数变化搜索推理炉内现象并确认，查询各现象的处理对策及优先级别和历史，最终做出动作决策。

（3）数据库——Oracle 关系型数据库。存储由高炉过程计算机传送过来的已经预处理过的检测数据、二次处理的结果、复合参数计算结果、通过人机界面手工输入的数据，以及推理的结果、用于显示的画面数据等。

（4）人机界面——完成读取数据库中所需数据，在下拉菜单中有趋势曲线、数据录入、模型显示、信息提示、统计及参数等画面。运用十几幅趋势图给操作人员提示当前炉况，将专家系统的分析结果及行动建议显示出来。在主画面上将最重要的风温、风量、炉顶煤气成分、炉热状态、铁水含［Si］及温度等参数以曲线或数字形式显示。下面的提示栏有专家系统对炉况分析和操作建议文字显示。

（5）知识获取子系统——用于对知识库的编辑、修改和更新。

（6）解释子系统——对高炉现象产生的原因和推理结果进行解释。

该冶炼专家系统是一种较规则的专家系统，其控制内容共分为炉温控制、炉型控制、顺行控制及炉缸中渣铁平衡管理等四部分。

总之，用先进的计算机和人工智能技术，并结合符合我国高炉的实际检测水平和装备水平，建立实用的高炉冶炼专家系统，是一个十分重要的课题。

4.1.3　高炉信息化

为了适应现代化大生产信息化管理的需要，以稳定、顺行、优质、高产、安全、长寿为目的，以高炉炉况预警体系为核心，建立高炉生产管理信息系统：

（1）建立高炉炉况预警体系。

（2）建立原燃料管理体系。除了对进厂原燃料进行分析外，还需对焦化用煤、烧结用矿等成分及配料数据进行收集、存储，实现全程监控，保证原燃料稳定，以及有变化时能及时采取对策，便于抽查监督。

（3）建立设备管理体系。特别强调对风口等使用日期进行记录保存，寿命到期时利用检修机会进行更换，减少非计划休风，对损坏的冷却设备，记录完整，利用检修机会通过适宜方式对其功能进行恢复，而不是等其大面积损坏已影响炉况顺行或安全生产时再进行补救。

（4）建立安全管理体系。加强危险源辨识，建立详细档案资料，分级管理，责任到人，加强检查和监督。

（5）建立人才培训体系。建立合理的人才梯队，实现可持续发展，对关键岗位进行不定期培训，提高整体素质，以适应现代化生产管理需求及技术、设备水平的提高，针对某些方面开展专题讲座，加强本厂内部及与兄弟厂家的交流等。

4.1.4　高炉冶炼低硅生铁

随着炼钢技术的发展，生铁中的硅作为发热剂的意义早已不再很重要。为了满足无渣或少渣炼钢的需要，炼钢生铁硅含量逐渐降低。同时低硅生铁对于铁水炉外预处理（脱磷、脱硫）是有益的。另外，冶炼低硅生铁对降低焦比提高产量也是很有益的。一般生铁中硅含量每降低1%，焦比降低$4 \sim 7 kg/t$铁。

最近十年来，国内外高炉冶炼低硅生铁也有新的进展和突破。我国炼钢生铁硅含量在20世纪70年代为0.8%左右，现在也降低到0.6%左右，有些厂高炉铁水硅含量为0.2%~0.4%。

在高炉冶炼中，降低炉温和提高炉渣碱度是降低生铁硅含量的有效方法，除此之外，对于进一步降低硅含量还有下述一些途径：

（1）降低焦比和渣量。降低焦比和渣量，也就是减少SiO_2的来源，抑制硅的还原反应，从而降低生铁硅含量。同时降低焦比，使软熔带下移，滴落带缩小，因而不利于硅的还原。

（2）提高烧结矿和球团矿的碱度及 MgO 含量。烧结矿和球团矿的碱度及 MgO 含量会影响熔滴温度和硅的还原，从而影响到 [Si] 含量。碱度和 MgO 越高，则烧结矿和球团矿的熔滴温度越高，软熔带位置越低，于是滴落区间越小，不利于硅的还原；同时碱度和 MgO 越高，SiO_2 在滴落带的反应性降低，也不利于硅的还原。因此，高碱度和高 MgO 烧结矿和球团矿有利于冶炼低硅生铁。

（3）适当提高炉渣的二元碱度和三元碱度。提高炉渣的二元碱度和三元碱度，可降低炉渣中 SiO_2 的反应性，从而可以抑制硅的还原。例如，杭钢和唐钢的高炉冶炼，MgO 含量分别为 13% 和 15%，二元碱度分别为 1.55 和 1.45。

（4）提高风温和富氧鼓风。提高风温和富氧鼓风虽然有促使炉缸温度升高、促进硅还原和 [Si] 升高的作用，但由于使焦比降低和软熔带下移，又有抑制硅还原和使 [Si] 降低的作用，同时富氧鼓风使煤气中 CO 分压 p_{CO} 升高，在一定程度上也起到抑制硅还原的作用。所以提高风温和采用富氧鼓风不仅有利于冶炼高温生铁，而且也有利于冶炼低硅生铁。

（5）高压操作。炉顶煤气压力越高，则煤气中 CO 分压 p_{CO} 越高，越不利于硅的还原。因此高压操作在一定程度上有降低 [Si] 的作用，有利于冶炼低硅生铁。

（6）喷吹燃料。喷吹燃料，尤其是喷吹天然气和重油，由于可以大幅度降低焦比和渣量、降低燃烧温度，因此可以减少 SiO_2 的来源和抑制硅的还原。同时炉缸内活跃、热状态稳定、高炉的硫负荷低、生铁成分波动小，因而生铁的 [Si] 可以控制在下限水平。所以喷吹燃料有利于冶炼低硅生铁。

综上所述，一切有利于改善高炉冶炼条件的途径，均有利于降低生铁硅含量。

此外，国外一些高炉采用喷脱硅剂进行炉内铁水预脱硅试验，主要喷吹石灰石粉、铁鳞和炉尘等。还有新近发展起来的铁水炉外脱硅技术。

4.1.5 高炉煤气的余压利用

1965 年以来，国际上许多新建高炉的炉顶压力都超过了 0.3MPa，将煤气压力能转化为电能，利用高炉煤气压力能量，可大大降低高炉产品生铁的单位能耗。

一座 4000m^3 高炉的煤气透平发电机组，可以产生相当于 13000kW 的能量，而高炉煤气可照常使用。利用高炉煤气压力能发电，不必像火力发电那样建造锅炉和高的烟囱，不需要燃料贮运的地方，因此，发电成本远比火力发电低廉，而且属于没有公害的发电，不到两年就可以收回投资。

煤气压力能回收系统是高压高炉将高炉炉顶煤气压力能经透平膨胀，驱动发电机发电的高炉余压回收透平发电装置的系统，简称 TRT。

TRT 装置分湿法和干法两种。湿法适用于湿法除尘净化的煤气，干法则适用于干法除尘净化的煤气。

4.1.5.1 湿法煤气压力能回收系统

从高炉排出的高炉煤气，经重力除尘器后，送到一级和二级文氏管，在文氏管中对煤气进行湿法除尘净化处理。从二级文氏管出口分为两路，一路是当 TRT 不工作时，煤气通过减压阀组减压后进入煤气管网；另一路是 TRT 运转时，经入口蝶阀、眼镜阀、紧急切断阀、调压阀进入 TRT，然后经可以完全隔断的水封截止阀，最后从除雾器进入煤气管网。湿法 TRT 工艺流程如图 4-5 所示。

4.1.5.2　干法煤气压力能回收系统

透平机装在重力除尘器和旋风除尘器之后，要求进入透平的煤气温度比较高（170℃左右），以免因煤气在绝热膨胀时温度下降而冷凝，使煤气中的粉尘在叶片上黏结，如果煤气温度达不到170℃则应把部分煤气燃烧后混入，这会使煤气的发热量降低。干法 TRT 工艺流程如图 4-6 所示。

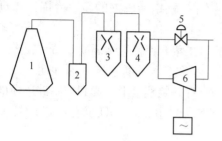

图 4-5　湿法 TRT 工艺流程

1—高炉；2—重力除尘器；3，4—文氏管；
5—调阀组；6—透平

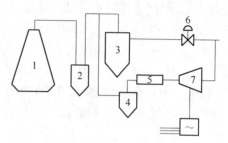

图 4-6　干法 TRT 工艺流程

1—高炉；2—重力除尘器；3—文氏管；4—旋风除尘器；
5—燃烧；6—调压阀组；7—透平

4.1.6　等离子体炼铁

等离子体是一种新的能源技术，其实质是将工作气体（氧化性、还原性、中性均可）通过等离子发生器（等离子枪）的电弧，使之电离，成为等离子体。这时的气体不是分子结构，而是由带电的正离子和电子组成。显然，等离子体在总体上是电中性的，所以有人称它为物质的第四态。这种等离子体是一种具有极高温度（可达 3700~4700℃，甚至更高）的热源。它与常规电弧比较，不但有较高的电热转换效率，还有较高的传热效率。等离子体用于炼铁过程，将极大地加速其物理化学过程，成倍地提高生产率。

目前，等离子体主要用于直接还原和熔融还原。

4.1.7　高炉使用金属化炉料

高炉使用金属化炉料（或称为预还原炉料），是将铁矿石的部分还原任务移出或提前到生产烧结矿或球团矿阶段进行。这样可以减少铁矿石在高炉内还原消耗的碳量，即减少焦炭的消耗量。

此外金属化炉料的冷强度高。由于金属化炉料基本不含 Fe_2O_3，相当一部分 FeO 已还原为金属铁，还原过程中膨胀减小，避免了异常膨胀，因而大大提高烧结矿和球团矿的热强度，减少高炉内还原过程中的破碎，改善料柱的透气性。再有，金属铁的存在能明显提高炉料传热能力，加速炉内热交换过程。

由于金属化炉料的上述特点，高炉使用金属化炉料后，焦比将大幅度降低，生产率大幅度提高，因而高炉使用金属化炉料这一新技术也将得到发展。

4.1.8　高炉喷吹还原气体

高炉在风口喷吹含碳氢化合物高的辅助燃料，会产生理论燃烧温度降低等不良影响。

若将重油和天然气等辅助燃料转化为还原气体（CO、H_2）再进入高炉内，就可以避免辅助燃料直接喷入时的不利影响，取得更好的喷吹效果。

喷入还原气体的目的在于，提高炉内煤气中还原气氛的浓度，从而发展间接还原，降低直接还原度，因而最好从间接还原最激烈的区域喷入，即从炉身下部、炉腰或炉腹处喷入。若喷入位置过高，则还原气体与炉料的接触时间短，同时温度太低，还原气体分布不均，难以吹透炉子中心，因而不利于还原气体参加还原，使还原气体的利用率降低。若喷入位置太低，如从风口喷入，则因还原气体的温度不高，将会使炉缸温度降低，同时将使炉缸煤气量增大，对顺行不利。但是正在研究的还原鼓风新工艺，却采用还原气体从风口喷入的方法。

高炉喷吹还原气体的工艺是可行的，是高炉炼铁的一项新技术。但目前这一工艺仍然处于试验研究阶段，还有许多课题有待研究和解决。关键在于寻求更经济合理的制取还原气体的方法，其次在于探索更有效的喷吹方法和制度。

4.1.9　原子能在炼铁中的应用

近20年来，由于原子能工业迅速发展，工业发达国家对在黑色冶金工业的各个环节中，特别是在炼铁中运用原子能表现出极大兴趣。随着原子动力技术的发展和原子反应堆功率的增大，生产的热能和电能的价格逐渐降低，逐渐接近甚至低于由矿物燃料（煤、石油、天然气）生产的热能和电能的价格。由原子能装置所生产的无论是电能还是热能，在黑色冶金工业中都可以利用。

加热鼓风是高炉生产中利用原子能最简单的方式，在原子反应堆冷却剂的温度为1200℃的条件下，原子热能可以直接用来加热鼓风。若利用原子反应堆的热能直接炼铁，则原子反应堆的类型取决于还原所必须的温度。

上述各种在炼铁中运用原子能的途径，有的仅是一种设想。但可以预料，随着原子能和钢铁冶金工业以及整个科学技术的发展，在炼铁中运用原子能的技术也必将得到发展。

4.2　非高炉炼铁

当前炼铁生产仍主要靠高炉炼铁，进入20世纪，高炉炼铁高速发展，技术非常成熟。不过，随着高炉的发展，其面临的问题也日趋严峻。高炉炼铁需要块状和一定粒级的炉料，但随着钢铁工业规模的快速发展，品位高的铁矿逐渐消失，对于贫矿就只能磨细选精矿，再对细料进行烧结造块，炼铁成本居高不下；而且高炉焦煤消耗太多，焦煤需求快速增长，但焦煤储量有限，焦煤供给不足，且焦煤资源日趋贫乏，焦煤价格也逐渐增高，促使炼铁成本增加；除此之外，在造烧结矿、球团矿、炼焦以及高炉生产过程中产生的"三废"严重污染大气、土地和水源。这些迫使人们开始寻找一些非高炉的炼铁方法，寻找不依赖于焦煤，更经济、更环保的炼铁方式。

钢铁工业为了摆脱焦煤资源短缺对发展的羁绊，适应日益提高的环境保护要求，降低钢铁生产能耗，改善钢铁产品结构，提高质量和品质，寻求解决废钢短缺及废钢质量不断恶化的途径，实现资源的综合利用，开发了以非结焦煤为能源的非高炉炼铁技术，或称为非焦炼铁技术。非高炉炼铁法不用焦炭，就是从根本上解决"不用炼焦煤炼铁"这一重大课题。非高炉炼铁法的种类很多，有的已有上百年甚至更悠久的历史。随着钢铁生产技术的发展，近几十年特别是近十几年，非高炉炼铁法得到了迅速发展。

非高炉炼铁法是除高炉外不用焦炭的各种工艺方法的统称，按其产品形态，非高炉炼铁有直接还原和熔融还原；省去了烧结、球团和焦化工序，被认为是一种节约能源、环境友好、投资低且生产成本低的生产工艺。但是，非高炉炼铁对所需要的原燃料条件、生产工艺、技术设备等方面要求严格，从当前情况来看，还有不少需要进一步改进的地方。

4.2.1　非高炉炼铁技术及发展现状

直接还原已成为钢铁生产中不可或缺的组成部分，是一种不用焦炭的非高炉炼铁方法。其产品为海绵铁，或称直接还原铁（direct reduced iron，DRI），主要用于电炉炼钢，也可用于氧气转炉炼钢和高炉、矿热炉炼铁以及粉末冶金、铸造等。直接还原实为一种古老的炼铁方法，历史很悠久。但只在近代，特别是近 20 年才有很大发展，成为现代工业规模的炼铁方法。

近年全球直接还原铁产量持续增加，见表 4-1。2015 年世界直接还原铁和热压铁块的产量为 7257 万吨，同比略降 2.7%，主要是受到钢价下滑导致钢产量下降的影响，到 2025年预计将会达到 1.4 亿吨。这一预测结果是基于全球电炉钢产量的增长趋势评估的，其中并不包括可能来自高炉对直接还原铁的潜在需求。

表 4-1　世界直接还原铁产量（2005~2016 年）　　　（万吨）

年份	2005	2006	2007	2008	2009	2010	2011	2012	2013	2014	2015	2016
产量	5699	5979	6722	6803	6444	7037	7295	7402	7522	7455	7257	6356

直接还原炼铁法与高炉炼铁法比较起来有许多优点，因而才得以发展，直接还原法的主要优点如下：

（1）不用焦炭，可以用各种非炼焦煤以及由各种燃料转化的还原气体。

（2）建设速度快，投资少，适宜建小厂。

（3）可以减轻环境污染，因为取消了严重污染环境的炼焦等工艺过程。

（4）有利于发展电炉炼钢。与废钢相比，直接还原铁的有害杂质含量少且稳定，是电炉炼钢理想的原料。由此可见，直接还原铁的运用将促进电炉炼钢的发展。

（5）有利于运用原子能和等离子体。

熔融还原法自问世以来，发展速度十分缓慢。2013 年熔融还原法产铁约 730 万吨，仅占全球生铁总产量的 0.6%，远低于人们对熔融还原发展的预期。熔融还原虽然至今仅有两种方法（COREX、FINEX）投入工业化运行，但由于熔融还原的开发目标是不用焦炭生产热铁水，与环境友好的工艺，因而仍然是钢铁生产技术发展中最受关注的方向之一。

4.2.1.1　直接还原技术现状

直接还原炼铁是一种使用煤、气体或液体燃料为能源和还原剂，在铁矿石软化温度下，不熔化即将铁矿石中氧化铁还原得到固态直接还原铁（DRI/HBI/HDRI）的生产工艺。

直接还原是非高炉炼铁中已实现大规模工业化生产的技术，全球实现工业化生产的直接还原法有数十种。按还原剂的类型，分为气体还原剂法（气基法）、固体还原剂法（煤基法）和电煤法（以电为热源、以煤为还原剂）；按反应器的类型，分为竖炉法、流化床法、回转窑法、转底炉法以及隧道窑法等。

A 气基竖炉法

气基竖炉法占主导地位，DRI 的产量持续迅速增加。气基工艺的产量约占世界总产量的 75%，直接还原的发展速度虽因受石油、天然气涨价的影响而减缓，但世界 DRI 仍以 10%的速度迅速扩张。值得注意的是，印度已成为世界上直接还原铁产能和产量最大的国家，2012 年该国 DRI 产量已超过 2200 万吨。

气基竖炉米德莱克斯（Midrex）法（图 4-7）和希尔（HYL）法（图 4-8）是世界上最成功、生产规模最大的直接还原工艺。煤制气-竖炉直接还原为直接还原铁生产发展开辟了新途径。近年来由 Midrex 公司提出，并在南非实现了工业化生产的 COREX 熔融还原尾气作为 Midrex 还原气的工艺技术，以及墨西哥希尔萨（HYL）公司提出的 HYL/Energiron 工艺直接使用焦炉煤气、合成气、煤制成气为还原气的技术，为天然气资源不

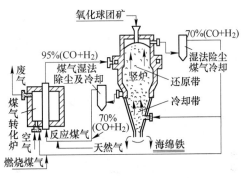

图 4-7 Midrex 法生产流程示意图

足的地区，以天然气以外的能源发展气基直接还原工艺开辟了新途径。所有的竖炉直接还原法，如果炉料（团矿或块矿）在还原过程中不发生爆裂、黏结和聚结，从生产率和能量消耗的角度看都达到了最佳的操作条件。如能使用还原气体在较高温度下进入竖炉的炉料，就可以相应地减少单位产品的能耗和提高反应器单位面积的生产率。高温操作的另一优点是，还原出来的铁具有较高的抗氧化能力，可以装运而无需经过特殊的钝化处理（使之防止再氧化），只要贮存在有顶盖的系统中即可。

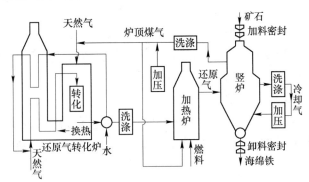

图 4-8 HYL Ⅲ 工艺流程示意图

B 流化床法

流化床法是在流化床中用煤气还原铁矿粉的方法，在还原机理上是气基法中最合理的工艺方法，因而备受关注。但生产实践中，因物料流化所需要的气体流量远大于还原所需要的气量，还原气一次通过的利用率过低，气体循环消耗的能量高等问题至今未得到有效的解决，造成世界已建成的多个流化床直接还原装置法中只有 Finmet 法和 Circored 法在生

产，但产量仅占其生产能力的 50% 左右。

C　回转窑法

回转窑法是煤基直接还原技术中最成熟、工业化生产规模最大、最主要方法。但因对原燃料的要求苛刻、能耗高、运行费用高、生产运行的稳定难度大、生产规模难以扩大、投资大等原因，多年来，回转窑法没有得到显著的发展，仅在印度、南非、我国等少数国家应用。

由于印度是一个有富铁矿但缺少焦煤的国家，因此近几年来，煤基回转窑直接还原法在印度持续、高速发展。

D　转底炉法是煤基直接还原技术开发的新热点

日本、美国等国家开发的转底炉煤基直接还原技术（Fastmet、Inmetco、Itmk3）因采用含铁原料与还原剂混合造球/压块，还原条件好；能源来源广泛；对原料的适应性强，在钢铁厂粉尘综合利用，以及复合矿利用有明显的优势，受到人们重视。

E　隧道窑法

隧道窑法仅用于粉末冶金还原铁粉生产的一次还原工序。隧道窑法生产炼钢用直接还原铁，由于热效率低、能耗高、生产周期长、污染严重、产品质量不稳定、单机生产能力难以扩大等一系列问题，不是直接还原的主体方法。但隧道窑法技术含量低，适合于小规模生产，投资小，符合小型投资需要，近几年我国已建成一批生产直接还原铁的隧道窑。

F　直接还原铁发展前景广阔

直接还原是钢铁生产的短流程的基础，短流程是钢铁工业发展的方向，受到钢铁界的推崇。同时，由于 DRI 生产不使用焦煤，对环境的不良影响小；DRI 的用途广泛，市场需求量不断增大；而生产商品 DRI 的直接还原厂不断减少，进入国际市场 DRI 的增加速度远低于 DRI 生产的增加速度，造成国际市场 DRI 价格不断攀升，成为国际钢铁市场中最紧俏的产品之一。因此，直接还原铁有着广阔的发展前景。

4.2.1.2　熔融还原技术现状

熔融还原是指用非焦煤直接生产出热铁水的工艺。熔融还原技术有 COREX、FINEX、HISMELT，仅 COREX、FINEX 实现了工业化生产。

A　COREX 熔融还原技术

COREX 工艺采用块矿或球团矿和非炼焦煤，而不需要炼焦设备或焦炭。COREX 工艺已有 4 座装置（南非 C-2000 一座、印度 C-2000 二座、宝钢 C-3000 一座）投入工业化生产。

B　FINEX 熔融还原技术开发取得进展

由浦项公司为主在 COREX 工艺的基础上开发的 FINEX 工艺，以多级流化床取代 COREX 的预还原竖炉，原料由块矿/球团改为粉矿，给该工艺赋予了新的发展活力，FINEX 工艺投入工业化生产受到业内的关注。但浦项公司称 FINEX 技术还未进入商业化运行阶段，还不进行技术输出。

C　HISMELT 熔融还原进展缓慢

HISMELT 熔融还原遇到的主要问题是炉衬侵蚀过快、喷枪磨损和废气的处理和利用等。到目前为止，HISMELT 未能实现商业化生产。

4.2.2　我国发展非高炉炼铁技术的前景

4.2.2.1　直接还原铁

从钢铁工业的发展及市场需求看，由于我国废钢短缺、电炉钢的产量占总钢产量比例低、钢铁产品的结构调整和升级换代的需要，以及钢铁生产能源结构的调整的需要等因素决定了我国在一个相当长的时期内对直接还原铁的需求旺盛。

受我国资源条件的限制，煤基直接还原在一定时期内仍将是我国直接还原铁生产的主要方法。同时，煤制气技术的成熟和发展为发展煤制气-竖炉直接还原工艺提供了条件，竖炉法直接还原将成为我国发展直接还原生产的重要方向之一。

回转窑法和隧道窑法因其投资高、运行费用高、占地面积大等不可能成为我国直接还原铁生产发展的主体工艺方法。

4.2.2.2　熔融还原

从改变我国钢铁工业能源结构、减轻环境压力的需要出发，在宝钢率先采用 COREX 熔融还原法生产取得效果后，一些在沿海港口新建的钢铁企业选择熔融还原的可能性将增大。

由于我国没有自有知识产权的熔融还原技术，购买国外的技术及设备要价极高。因而，开发自有知识产权的适合中国资源条件的熔融还原技术是我国发展熔融还原最重要、最迫切的课题和任务。

我国非高炉炼铁技术的发展应是直接还原和熔融还原并重。直接还原应以建设有一定规模的骨干生产厂，迅速形成规模能力为主。熔融还原应在引进、消化的基础上，开发适宜我国资源条件和我国国情的独立知识产权的技术为主要方向。

———————— 本 章 小 结 ————————

本章主要介绍了高炉炼铁的一些新技术，如高炉大型化和自动化、计算机控制技术等。并对非高炉炼铁技术的特点和发展现状及前景作进一步阐述。

复习思考题

4-1　高炉炼铁新技术有哪些？

4-2　何谓 TRT？其湿法和干法工艺流程是什么？

4-3　何谓"直接还原"与"熔融还原"？

4-4　直接还原与高炉炼铁技术相比有哪些优点？

4-5　直接还原法分为哪些？

参 考 文 献

[1] 朱苗勇，杜钢，阎立懿. 现代冶金学钢铁冶金卷 [M]. 北京：冶金工业出版社，2005：133～146.

[2] 王筱留. 钢铁冶金学（炼铁部分）[M]. 北京：冶金工业出版社，1991：238～266.

[3] 崔胜楠，杨吉春. 对非高炉炼铁技术发展现状的综述 [J]. 工程技术，2011（6）：331.

[4] 王洋，金爱军，陈敏. 对非高炉炼铁发展述评 [C]//2006 年中国非高炉炼铁会议论文集，2006：58~64.

[5] 王振智. 非高炉炼铁工艺发展现状 [J]. 交流园地，2011（1）：57~58.

[6] 赵庆杰，储满生，王治卿，等. 非高炉炼铁技术及在我国发展的展望 [C]//2008 年全国炼铁生产技术会议暨炼铁年会文集（上册）2008：51~59.

[7] 魏国，沈峰满，李艳军，等. 非高炉炼铁技术现状及其在中国的发展 [J]. 中国废钢铁，2011（5）：11~17.

[8] 汤清华，王宝海，张洪宇，等. 高炉炼铁工艺节能减排新技术 [J]. 炼铁，2015，34（4）：1~3.

[9] 唐恩，周强，翟兴华，等. 适合我国发展的非高炉炼铁技术 [J]. 炼铁，2007，26（4）：59~62.

[10] 黄雄源，周兴灵. 现代非高炉炼铁技术的发展现状与前景（一）[J]. 金属材料与冶金工程，2007，35（6）：49~56.

[11] 储满生，赵庆杰. 中国发展非高炉炼铁的现状与展望 [J]. 中国冶金，2008，18（9）：1~9.

[12] 高炉炼铁新技术. http://www.doc88.com/p-129263996188.html.

[13] 王红斌，王高峰，路振毅，等. 太钢高炉生产管理原则及体系 [J]. 炼铁，2004，23（增刊）：6~7.

[14] 沙永志，曹军. 国外炼铁生产及技术进展 [A]. 第十届中国钢铁年会暨第六届宝钢学术年会论文集 [C]. 北京：冶金工业出版社，2015：1~7.

第二篇

炼钢生产

 5 炼钢技术的发展概况

本章学习要点

本章主要学习转炉和电弧炉炼钢的相关知识。要求了解转炉炼钢和电弧炉炼钢的发展史，熟悉转炉顶底复合吹炼工艺的优点、炼钢节能的主要途径和电弧炉炼钢高效化技术发展的主流方向，掌握溅渣护炉的基本原理。

炼钢是钢铁生产的主要工序，对整个钢铁流程降低生产成本、提高产品质量、扩大品种范围具有决定性影响。现代炼钢工艺主要的流程有两种，即以转炉炼钢工艺为中心的钢铁联合企业长流程和以电弧炉炼钢工艺为中心的短流程。

5.1　转炉炼钢技术的发展

5.1.1　转炉炼钢发展概述

最早出现的冶炼钢水方法是 1740 年出现的坩埚法，它是将生铁和废铁装入由石墨和黏土制成的坩埚内，用火焰加热熔化炉料，然后将熔化的炉料浇成钢锭。此法几乎无杂质元素的氧化反应。1856 年英国人亨利·贝塞麦（H. Bessemer）发明了酸性空气底吹转炉炼钢法，也称为贝塞麦法，第一次解决了用铁水直接冶炼钢水的难题，从而使钢的质量得到提高，但此法要求铁水的硅含量大于 0.8%，而且冶炼过程中不能进行脱硫。1865 年德国人马丁（Martin）利用蓄热室原理发明了以铁水、废钢为原料的酸性平炉炼钢法，即马丁炉法。1880 年出现了第一座碱性平炉。由于其成本低、炉容大、钢水质量优于转炉，同时原料的适应性强，平炉炼钢法一时成为主要的炼钢法。1878 年英国人托马斯发明了碱性炉衬的底吹转炉炼钢法，即托马斯法。他是在吹炼过程中加石灰造碱性渣，从而解决了高磷铁水的脱磷问题。

采用纯氧炼钢的设想，早在发明转炉炼钢时，就已由 H. Bessemer 提出，但由于当时工业制氧技术的水平较低，不能大规模制氧，氧气炼钢未能实现。第二次世界大战后，从空气中分离氧气技术获得了成功，这使得氧气炼钢的设想得以实现。瑞典人罗伯特·杜勒（Robert Durrer）首先进行了氧气顶吹转炉炼钢的试验，并获得了成功。1952 年奥地利的林茨城（Linz）和多纳维兹城先后建造了 30t 的氧气顶吹转炉车间并投入生产，所以此法也称为 LD 法，美国称为 BOF（basic oxygen furnace）法或 BOP（basic oxygen process）法。1965 年加拿大液化气公司研制成双层管氧气喷嘴，1967 年西德马克西米利安钢铁公司引进此技术并成功开发了底吹氧转炉炼钢法，即 OBM 法（oxygen bottom maxhuette）。1971 年美国钢铁公司引进 OBM 法，1972 年建设了 3 座 200t 底吹转炉，命名为 Q-BOP（quiet BOP）。

在顶吹氧气转炉炼钢发展的同时，1978~1979 年成功开发了转炉顶底复合吹炼工艺，即从转炉上方供给氧气（顶吹氧），从转炉底部供给惰性气体或氧气，它不仅提高钢的质量，而且降低了炼钢消耗和吨钢成本，更适合供给连铸优质钢水。由于用这些方法可以高效地生产低硫、低磷及低氮等的高品质钢，因此，LD 法、Q-BOP 法、顶底复吹纯氧转炉法已成为全世界主要的几种转炉炼钢方法。随着技术的进步，转炉已逐步实行大型化，大型化转炉一般采用顶底复合吹炼工艺。

5.1.2　转炉炼钢技术发展的进程

氧气转炉炼钢是目前世界上最主要的炼钢方法，其技术发展可划分为三个时代：

（1）转炉大型化时代（1950~1970 年）。这一历史时期，以转炉大型化为技术核心，逐步完善转炉炼钢工艺与设备，先后开发出大型转炉设计制造技术、OG（oxygen converter gas recovery）除尘与煤气回收技术、计算机静态与副枪动态控制技术、镁碳砖综合砌炉与喷补挂渣等护炉技术。转炉炉龄达到 2000 炉，转炉吹炼制度为"三吹二"或"二吹一"。

（2）转炉复合吹炼时代（1970~1990 年）。这一时期，由于连铸技术的迅速发展，出现了全连铸的炼钢车间，对转炉炼钢的稳定性和终点控制的准确性提出更高的要求。为了改善转炉吹炼后期钢渣反应远离平衡，实现平稳吹炼的目标，综合顶吹、底吹转炉的优点，研究开发出各种顶底复合吹炼工艺（参见图 5-1），在全世界迅速推广。这一时期，转

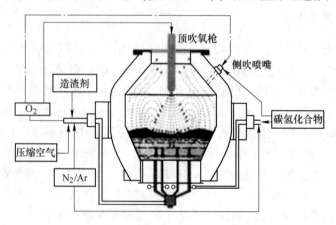

图 5-1　顶底复吹转炉炼钢示意图

炉炉龄达到5000炉，吹炼制度转变为"二吹二"或"三吹三"。

（3）洁净钢冶炼时代（1990年至今）。这一时期，社会对洁净钢的市场需求日益增高，迫切要求建立起一种全新的、能大规模廉价生产纯净钢的生产体系。围绕纯净钢生产，研究开发出铁水"三脱"预处理、高效转炉生产、全自动吹炼控制与长寿炉龄等重大新工艺技术。这一时期，转炉炉龄超过10000炉，初步实现"一座转炉吹炼制"，即一座转炉的产量完全可满足一套主力轧机的生产能力，形成炼钢—连铸—轧钢短流程生产线，大幅度提高生产效率。

5.1.3 现代转炉炼钢的重大技术

5.1.3.1 转炉大型化技术

转炉大型化是氧气顶吹转炉从诞生走向成熟的重要标志。转炉大型化是指转炉应具备现代化的基本设备配置，见表5-1。

表5-1 现代转炉的基本配置

装备技术	合理的H/D，合理的炉容比
	全悬挂倾动机构、水冷托圈、耳轴、炉帽、汽水冷却炉壳
	上料、称量与下料程序控制
工艺控制技术	下渣检测与有效的渣铁分离装置
	多孔水冷拉瓦尔氧枪，兼顾二次燃烧、化渣、脱碳与搅拌功能
	全自动吹炼控制与信息管理系统
	除尘与煤气回收，二次除尘设施，尽可能采取干法系统
节能与环保技术	炉口微压差控制与余热锅炉
	炉衬厚度检测与炉体维护设施
	拆、砌炉机械

实现转炉大型化后，可以显著提高生产效率和劳动生产率；吹炼平稳，易于实现煤气回收，能终点动态控制；热损失小，成分稳定，有利于改善钢质量；易于与精炼，特别是真空精炼相匹配。

转炉大型化的核心技术有：

（1）大型转炉（≥250t）的设计制造技术，水冷托圈与悬挂倾动-传动装置。京唐公司300t转炉就是我国自主设计建造的，而且，采用了国际上最先进的脱磷炉与脱碳炉分工联合生产的新工艺。

（2）多孔拉瓦尔（Laval）氧气喷枪。多股喷头的流股以多个中心射向熔池，在金属熔液面上形成多个反应区，以保证钢液在转炉内反应均匀、气流平稳、效率高。

（3）新OG（oxygen converter gas recovery）法（参见图5-2）除尘与煤气回收技术。高速运动的含尘煤气与浊环水在喷淋塔进行热质交换、尘与水混合，降温后的大颗粒粉尘沉降。经粗净化的煤气再进入环缝装置，在该装置中气体高速流过形成负压，气体带入的浊环水汽化蒸发，含尘煤气得到充分洗涤净化。经二次净化的含水煤气进入脱水塔脱水后由管网、煤气风机进入煤气柜，实现煤气回收。

56

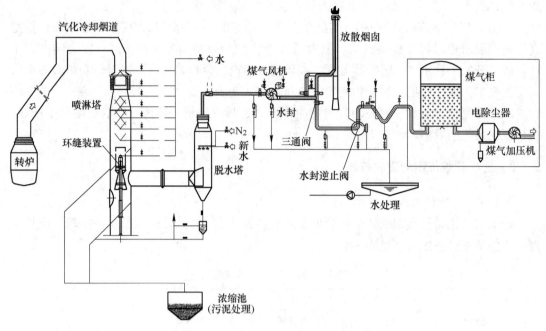

图 5-2 新 OG 法（湿法）除尘系统流程示意图

（4）镁碳砖生产工艺与制造技术。镁碳砖是以镁砂和石墨为主要原料，添加适量结合剂经高压成型，低温热处理而成的耐火制品，主要用于转炉、电炉、炉外精炼钢包的工作衬。生产工艺主要包括原料加工准备、配料、混练、成型、热处理。

（5）转炉炼钢产生的污水、污泥处理净化技术（图 5-3）。处理流程主要包括：粗颗粒预分离→投放絮凝剂→沉淀→板块压滤→造球，二文排水→进斜板沉淀处理→热吸水井→冷却→循环使用。

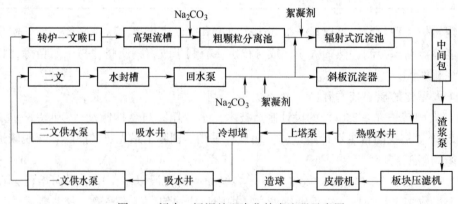

图 5-3 污水、污泥处理净化技术流程示意图

（6）综合砌炉与护炉工艺（喷补、挂黏渣等）。在出完钢后摇正转炉，根据炉渣情况将适量的镁质调渣剂加入到炉渣中，调整好终渣成分，同时利用氧枪以高速吹入的高压氮气将炉渣溅起，黏结在炉衬上，形成对炉衬的保护层，从而减缓炉衬的侵蚀速度，达到提高炉龄的目的。

还有吹炼静态模型控制技术和终点副枪动态控制技术。

5.1.3.2　转炉顶底复合吹炼工艺

顶底复吹转炉结合了顶吹、底吹转炉的优点：

（1）反应速度快，热效率高，可实现炉内二次燃烧；

（2）吹炼后期强化熔池搅拌，使钢-渣反应接近平衡；

（3）保持顶吹转炉成渣速度快和底吹转炉吹炼平稳的双重优点；

（4）进一步提高了熔池脱磷脱硫的冶金效果；

（5）冶炼低碳钢（$w(C) = 0.01\% \sim 0.02\%$），避免了钢渣过氧化。

复吹转炉的经济效益：

（1）渣中含铁量降低 $2.5\% \sim 5.0\%$；

（2）金属收得率提高 $0.5\% \sim 1.5\%$；

（3）残锰提高 $0.02\% \sim 0.06\%$；

（4）磷含量降低 0.002%；

（5）石灰消耗降低 $3 \sim 10 kg/t$；

（6）氧气消耗减少 $4 \sim 6 m^3/t$（标态）；

（7）提高炉龄，减少耐火材料消耗。

复吹转炉的经济效益，因冶炼的品种、炉子的大小和各钢厂的具体情况不同而有差异。一般来讲，欧洲为 $1.02 \sim 1.84$ 欧元/t；美国为 $0.25 \sim 1.5$ 美元/t；中国为 $6 \sim 15$ 元/t。

5.1.3.3　煤气回收与负能炼钢

转炉炼钢属于"自热式"冶炼，依靠铁水中 C、Si、Mn、P 等元素的氧化反应放热，完成精炼过程，并生成大量高温 CO 燃气。燃气温度（物理热）约为 1500℃，燃气热值（化学潜热）约为 $8790 kJ/m^3$，煤气发生量波动在 $97 \sim 115 m^3/t$ 之间。采用煤气回收技术回收转炉烟气的化学潜热；采用余热锅炉回收烟气的物理热。当炉气回收的总热量大于转炉生产消耗的能量时（如动力电、钢包烘烤燃料、氧气等），实现了转炉工序"负能"炼钢，当炉气回收的总热量大于炼钢厂生产消耗的总能量时（包括炼钢、精炼、连铸等工序的能量消耗），实现了炼钢厂"负能"炼钢。我国宝钢、武钢和日本君津钢厂均已实现了转炉工序"负能"炼钢，而宝钢已实现了炼钢厂"负能"炼钢。

炼钢节能的主要途径：

（1）降低铁钢比，每降低 0.1% 铁钢比可降低吨钢能耗 $70 \sim 85 kg$ 标准煤。

（2）提高连铸比，与模铸相比，连铸可降低能耗 $50\% \sim 80\%$、提高成材率 $7\% \sim 8\%$、降低生产成本 $10\% \sim 30\%$。

（3）回收利用转炉煤气，降低吨钢能耗 $3 \sim 11 kg$ 标准煤。

（4）提高连铸坯热送比，一般可降低吨钢能耗 $1.9 \sim 2.1 kg$ 标准煤。

（5）提高转炉作业率，可降低吨钢工序能耗 $3 kg$ 标准煤。

（6）降低动力和燃料消耗。

5.1.3.4　转炉长寿技术

炉龄是转炉炼钢的重要技术指标，提高炉龄不仅降低了生产成本而且提高了转炉的生产效率。20 世纪 90 年代，美国成功开发转炉溅渣护炉技术，创造了 25000 炉的世界最高炉龄纪录。溅渣护炉的基本原理是利用高速氮气把成分调整后的剩余炉渣喷溅在炉衬表面形成溅渣层。溅渣层固化了镁碳砖表层的脱碳层，抑制了炉衬表层的氧化，并减轻了高温炉渣对砖表面的冲刷侵蚀，从而提高转炉的炉龄。

溅渣护炉在中国推广取得显著的经济效益：炉龄普遍提高 3~4 倍，最高炉龄已达到 20000 炉；吨钢炉衬耐火材料消耗降低 0.2~1.0kg；补炉料消耗减少 0.5~1.0kg/t；转炉利用系数提高 2%~3%。国内钢厂采用溅渣护炉工艺后的平均经济效益为 4.0 元/t，每年全国可获经济效益 1.8 亿元。中国在推广溅渣护炉的过程中，研究开发出炉渣蘑菇头保护底吹喷枪的工艺，利用溅渣过程中惰性气体冷凝炉渣形成蘑菇头。采用该项技术可使底吹喷嘴的寿命从 2000 炉提高到 30000 炉，达到与炉衬寿命同步。

5.1.3.5　全自动转炉吹炼技术

转炉吹炼过程控制是实现转炉正常冶炼的关键。转炉吹炼的技术特点：脱碳速度快，准确控制吹炼终点比较困难；热效率高，升温速度快；容易发生炉渣或金属喷溅；吹炼后期脱碳速度减慢，金属-炉渣之间远离平衡，容易造成钢渣过氧化。

转炉自动化控制的具体要求：

（1）能实现远程预报，根据目标钢种要求和铁水条件，能确定基本命中终点的吹炼工艺方案；（2）能精确命中吹炼终点，通常采用动态校正方法修正计算误差，保证终点控制精度和命中率；（3）具备容错性，可消除各种系统误差，随机误差和检测误差；（4）响应迅速，系统安全、可靠。

转炉自动控制发展的三个阶段：

（1）静态控制。依据初始条件（铁水质量、成分、温度、废钢质量、分类）要求的终点目标（终点温度、化学成分）以及参考炉次的参考数据，计算出本炉次的氧耗量，确定各种副原料的加入量和吹炼过程氧枪的高度。静态控制包括三个模型：氧量模型、枪位模型和副原料模型。这样可基本命中终点的碳含量和温度目标。

（2）动态控制。当转炉供氧量达到氧耗量的 85% 左右时，降低吹氧流量，副枪开始测温、定碳，并把测得的温度值及碳含量送入过程计算机。过程计算机则计算出达到目标温度和目标碳含量所需补吹的氧量及冷却剂加入量，并以副枪测到的实际值作为初值，以后每吹 3s 的氧气量，启动一次动态计算，预测熔池内温度和目标碳含量，当温度和碳含量都进入目标范围时，发出停吹命令。终点 [C] 和温度 T 的命中率可达 80% 以上。

但动态控制不能对造渣过程有效监测和控制，不能降低转炉喷溅率，不能对终点 [S]、[P] 进行准确控制，[S]、[P] 成分不合格造成"后吹"时有增加，不能实现计算机对整个吹炼过程进行闭环在线控制。

（3）全自动控制。在静态、动态控制基础上，通过对炉渣的在线检测，控制喷溅，并全面预报终点 [C]、[S]、[P]、T 实现闭环控制。

全自动控制效果：

（1）提高终点碳含量控制精度：低碳钢±0.015%，中碳钢±0.02%，高碳钢±0.05%，温度 T±10%；

（2）实现对终点 [S]、[P]、[Mn] 含量的准确预报，精度为：[S]±0.009%，[P] ±0.001%，[Mn]±0.09%；

（3）后吹率从 60% 下降到 32%（中高碳钢）；

（4）喷溅率从 29% 下降到 5.4%；

（5）停氧到出钢时间从 8.2min 缩到 2.5min；

（6）铁收得率提高 0.49%，石灰消耗减少 3kg/t；

（7）炉龄提高 30%。

5.1.3.6 紧凑式连续化的专业生产线

以产品为核心，将铁水预处理—转炉炼钢—炉外精炼—高效连铸—热送和连轧有机地结合起来。从铁水到成品钢材的生产周期为 2.5~3h。

新工艺流程的基本特征为：（1）100% 铁水采用"三脱"；（2）冶炼周期达到 20min；（3）100% 钢水炉外精炼，真空精炼比大幅度提高；（4）采用高速连铸技术，厚板坯的拉速提高到 3.5~4.5m/min；（5）100% 连铸坯高温热送、热装；（6）采用无头连续轧制。

5.1.3.7 转炉高速吹炼工艺

建立一座转炉吹炼制，使一座转炉的产量达到传统两座转炉的生产能力。转炉冶炼周期缩短到 20~25min，年产炉数不小于 15000 炉，转炉炉龄不小于 15000 炉。实现高效转炉工艺的基本技术措施为：（1）100% 铁水采用"三脱"，处理后铁水 [P]、[S] ≤ 0.01%；（2）转炉采用少渣冶炼工艺，渣量不大于 30kg/t；（3）供氧强度（标态）从 3.5m³/（t·min）提高到 5.0m³/（t·min），供氧时间缩短到 10min 以内；（4）采用全自动吹炼控制技术，控制喷溅率不大于 1%；（5）快速出钢，从终点到出钢结束时间缩短到 5min 以内；（6）采用炉龄长寿技术，使转炉炉龄提高到 15000 炉以上。

5.2 电弧炉炼钢技术的发展

电弧炉（简称 EAF）炼钢是以电能作为热源的炼钢方法，它是靠电极和炉料间放电产生的电弧，使电能在弧光中转变为热能，并借助电弧辐射和电弧的直接作用加热并熔化金属炉料和炉渣，冶炼出各种成分合格的钢和合金的一种炼钢方法。

5.2.1 电弧炉炼钢发展概述

19 世纪中叶以后，各种大规模实现电-热转换的冶炼装置陆续出现：1879 年威廉姆斯·西门子（William Siemens）首先进行了使用电能熔化钢铁炉料的研究，1889 年出现了普通感应炼钢炉，1900 年法国人赫劳特（P. L. T. Heroult）设计的第一台炼钢电弧炉投入生产。从此，电弧炉（图 5-4）炼钢得到了长足的发展，已成为最重要的炼钢方法之一。电弧炉炼钢发展过程中，经历了普通功率电弧炉→高功率电弧炉→超高功率电弧炉。其冶金功能也发生了革命性的变化，其功能由传统的"三期操作"（熔化期、氧化期和还原期）发展为只提供初炼钢水的"二期操作"（熔化期和氧化期）。

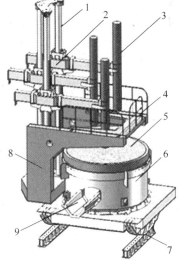

图 5-4 电弧炉三维结构示意图

1—立柱；2—横梁；3—电极；

4，8—Γ 形架；5—炉盖；6—炉体；

7—倾动平台；9—出钢槽

5.2.2 电弧炉炼钢高效化技术发展

提高电弧炉炼钢的生产率、生产速率和能量利用效率是近几十年来技术发展的主流方向，有以下几点：

（1）合理供电技术。20 世纪 60 年代，美国联合碳化物公司提出了超高功率电弧炉（UHP-EAF）的概念，超高功率电弧炉炼钢理念主导了近几十年电弧炉炼钢生产技术的发展，其中心思想是最大地发挥主变压器能力，包括以下两方面：1）提高每吨钢配置的主变压器容量，即将功率级别由 $200\sim300kV\cdot A/t$ 提高至 $500\sim600kV\cdot A/t$；70 年代以后，又提高至 $800\sim1000kV\cdot A/t$。2）极大地提高最大功率供电时间的比例。

（2）能量多元化。电弧炉冶炼速率和吨钢电耗在很大程度上取决于废钢熔化的快慢。为降低电（能）耗，提高能量输入强度以缩短冶炼周期，多种形式的能量利用技术被采用，如机械式氧碳枪、二次燃烧、炉壁氧-燃烧嘴、底吹气等。如电弧炉炼钢在钢铁料熔化过程中的热工特点使炉内存在 3 个冷区。20 世纪 80 年代，欧洲有 50% 的电弧炉、日本有 80% 的电弧炉采用氧-燃助熔辅助炼钢。90 年代，新投产的大型电弧炉几乎 100% 采用了氧-燃辅助能源技术，使用的燃料一般是天然气和轻柴油。

（3）原料多元化。电弧炉炼钢所用铁源主要是废钢和冷生铁，其配比约为 85:15，国际上有不少国家大量使用直接还原铁（DRI），中国近年来则主要配加热铁水。相继采用铁水、DRI/HBI（直接还原铁/热压铁块）、碳化铁等作为电弧炉原料，不仅使电弧炉的适应性更强，更是稀释了废钢中的残余元素，提高了钢水质量，拓展了电炉钢产品范围。

（4）减少非通电时间。减少供电功率低、占时长的还原期时间，始终是电弧炉炼钢工作者的努力方向。20 世纪 80 年代以后，由于炉外精炼技术的发展和普及，首先的受益者就是电弧炉炼钢过程，其后底出钢技术使非通电时间所占比例大大减少。减少非通电时间比例方面主要有 3 点进步：1）装备大型化、机械化和自动化水平提高；2）炉料结构改善、装料次数由 3 次减至 2 次或 1 次；3）管理水平提高，实现冶炼—精炼—连铸全流程匹配。

（5）余热利用。降低电弧炉炼钢总能耗的根本措施在于减少能量消耗，其中废气的余热再利用是很重要的一个方面。为利用炉气中的余热，各种废钢预热手段相继出现。电弧炉炼钢总能量中有 10%~20% 的能量随烟气而排放，利用这部分能量来预热废钢，可达到节能、降耗、提高生产效率的目的。目前，各种废钢预热技术应用中，主要有三种：Fuchs 竖炉-电弧炉；Consteel 电弧炉；ECO-ARC 电弧炉。这些炉型的成功应用，均从不同方面推进了电弧炉炼钢设备及工艺技术的发展。

（6）连续化生产。电弧炉炼钢过程实现连续化具有一系列优点：1）电弧非常平稳，闪烁、谐波和噪声很低；2）过程连续进行，减少非通电操作时间；3）不必周期性加料，热损失和排放大大减少；4）便于稳定控制生产过程和产品质量。

（7）绿色环保和余热回收。三级除尘、综合利用电弧炉除尘粉、炉渣再利用等已成为常规的环保措施。众多电弧炉均重视全封闭冶炼，在控制烟尘放散方面采取了专门措施，特别是 ECOARC 炉，其可将二噁英放散的可能性降至最低。除废钢预热技术外，汽化冷却回收蒸汽发电或供真空精炼用蒸汽技术，在国外应用已有 20 多年，中国曾引进但未正式使用。

5.2.3 电弧炉炼钢技术的洁净化发展

洁净化技术包括提高钢质洁净度和减轻外部环境的负荷内外两方面。电弧炉炼钢就是消化社会废弃钢铁物资，再循环利用的生产技术，不消耗不可再生资源，使用最清洁的能源——电能，发展电弧炉炼钢本身就是发展洁净化生产。

（1）洁净钢生产。1）原料中增加纯净铁源的比例（如直接还原铁和铁水）；2）低氧冶炼，控制终点钢水 $w[O] \leqslant 450 \times 10^{-6}$；3）炉渣改质；4）洁净钢精炼工艺；5）钢水保护浇铸；6）电磁制动与大型夹杂控制技术。

（2）减轻环境负荷。1）电弧炉炼钢使用清洁能源；2）采用脱硅工艺，减少渣量；3）推广煤气回收工艺技术；4）开发电弧炉废钢预热技术；5）精炼渣炼钢返回利用技术；6）粉尘回收处理技术。

5.2.4 电弧炉炼钢生产技术进展

近年来产生了一些使用前沿技术集成型的电弧炉短流程钢厂。

（1）意大利阿尔维迪公司克雷莫纳 ESP 无头轧制带钢厂。该公司建成了全球第 1 套 Arvedi ESP 无头轧制带钢厂（图 5-5），包括 1 座 250t 电弧炉、2 座 250t 钢包精炼炉和 ESP 无头轧制带钢生产线。设计年产能力为 200 万吨，可生产厚 0.8～12.0mm、宽 1590mm 带钢。

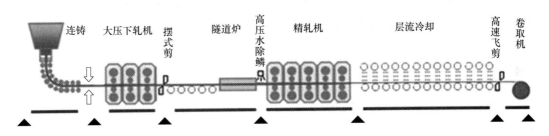

图 5-5　Arvedi ESP 无头轧制带钢生产线工艺流程示意图

（2）美国纽柯公司克劳福兹维尔厂。该公司改造后的电弧炉炼钢车间，在铸机和热轧机架间未设加热装置，带钢通过热轧机架，生产厚 0.7～2.0mm、宽 2000mm 成品薄带，设计年产能力约 50 万吨。采用 Castrip 工艺（参见图 5-6），由于冷却速率高、凝固时间短、拉速高（一般为 80～1500m/min），因而具有高生产率，并且能获得极细的微观组织。

（3）日本神户钢铁公司 Mesabi Nugget ITmk3 工厂。ITmk3（iron technology mark Ⅲ）被称为第 3 代炼铁法，是日本神户钢铁公司和美国米德兰公司联合开发的采用转底炉生产高质量生铁的煤基直接还原技术。ITmk3 技术只需一步便可从粉矿和煤粉中直接获得熔融铁。使用该技术可在 10min 内将铁矿粉冶炼成为无渣、粒度匀称且接近于纯净的粒铁（nugget）。生产粒铁直接用于动力钢公司电弧炉炼钢。ITmk3 工艺二氧化碳的排放量比高炉低 20%。而且，该技术不需要焦炉和烧结厂，致使氮氧化物、硫化物和颗粒化物的排放比传统高炉低。

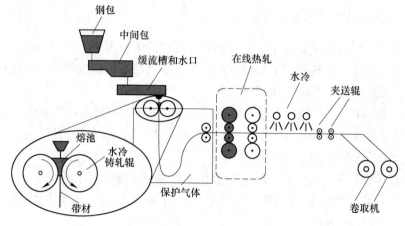

图 5-6　美国纽柯公司带钢铸轧生产工艺流程示意图

本 章 小 结

转炉炼钢法包括 LD 法、Q-BOP 法和顶底复吹纯氧转炉法，其中顶底复合吹炼工艺具有一系列的优点，每类都有多种典型代表工艺。现代转炉炼钢朝着转炉大型化、转炉长寿、转炉高速吹炼等 7 个重大技术方向发展，且炼钢节能是必然的发展趋势。溅渣护炉技术可明显提高转炉的炉龄，其推广取得了显著的经济效益。

提高电弧炉炼钢的生产率、原料多元化、能量利用效率和余热利用等是电弧炉炼钢高效化技术发展的主流方向。发展电弧炉炼钢就是发展洁净化生产。

复习思考题

5-1　氧气转炉炼钢技术发展的几个时代及其主要特征？

5-2　顶底复吹转炉的优点？

5-3　炼钢节能的主要途径有哪些？

5-4　溅渣护炉的基本原理？

5-5　电弧炉炼钢高效化技术发展的主流方向有哪些？

参 考 文 献

[1] 包燕平，冯捷. 钢铁冶金学教程 [M]. 北京：冶金工业出版社，2008.

[2] 王新华. 钢铁冶金——炼钢学 [M]. 北京：高等教育出版社，2007.

[3] 刘浏，余志祥，萧忠敏. 转炉炼钢技术的发展与展望 [J]. 中国冶金，2001（1）：17~23.

[4] 李士琦，郁健，李京社. 电弧炉炼钢技术进展 [J]. 中国冶金，2010，20（4）：1~7.

[5] 高泽平. 炼钢工艺学 [M]. 北京：高等教育出版社，2006.

[6] 雷亚，杨治立，任正德，等. 炼钢学 [M]. 北京：冶金工业出版社，2010.

[7] 马国宏，朱荣，刘润藻，等. 电弧炉炼钢复合吹炼技术的发展及应用 [J]. 工业加热，2015，44（2）：1~7.

[8] 傅杰，李京社，李晶，等. 现代电弧炉炼钢技术的发展 [J]. 2003，39（6）：70~73.

［9］ Michael Ferry. 金属及合金带材铸轧工艺［M］. 孙斌煜, 译. 北京: 国防工业出版社, 2014.

［10］ 德国钢铁协会编. 钢铁生产概览［M］. 中国金属学会, 译. 北京: 冶金工业出版社, 2011.

［11］ 巩婉峰. 转炉一次除尘新 OG 法与 LT 法选择取向探析［J］. 钢铁技术, 2009, 16（4）: 46~50.

［12］ 于学锋, 孙福利. 转炉炼钢烟气净化除尘污水处理系统的改扩建工程［J］. 工业用水与废水, 2010, 42（2）: 56~57, 86.

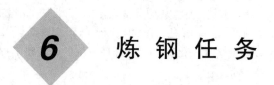

炼 钢 任 务

本章学习要点

　　本章主要学习转炉炼钢的基本任务。要求了解磷和硫等杂质元素对炼钢质量的影响，熟悉钢与生铁的区别，掌握转炉炼钢的基本任务。

6.1　钢与生铁的区别

　　钢由生铁炼成，钢的许多使用性能如强度、韧性、热加工性能和焊接性能等均优于生铁。生铁和钢之所以在性能上有较大的差异，其原因如下：

　　首先是碳含量，理论上一般把碳含量小于 2.11% 的铁碳合金称为钢，它的熔点在 1450～1500℃，而生铁的熔点在 1100～1200℃。生铁含碳高导致硬而脆、无韧性、冷热加工性能差、力学性能不好，而钢强度高、塑性好、韧性大，可以锻、压、铸。

　　其次是生铁中还含有一定量的磷、硫和其他杂质。硫引起钢的热脆，是钢中偏析最为严重的元素；磷引起钢的冷脆，钢中偏析度高，仅次于硫。此外，硫和磷对钢的表面质量、裂纹、延展性、抗腐蚀性等都有不利的影响。因此，生铁的应用范围受到限制。

6.2　转炉炼钢的基本任务

　　所谓炼钢，就是通过冶炼降低生铁中的碳和去除有害杂质，再根据对钢性能的要求加入适量的合金元素，使其成为具有高的强度、韧性或其他特殊性能的钢。炼钢的基本任务主要是脱碳、脱磷、脱硫、脱氧，去除有害气体和非金属夹杂物，提高温度和调整成分。

6.2.1　脱碳、脱硫、脱磷和脱氧（"四脱"）

6.2.1.1　脱碳

　　碳含量是控制钢性能的最主要元素，它可以增加钢的强度和硬度，但对韧性产生不利影响。钢中的碳决定了冶炼、轧制和热处理的温度制度。碳能显著改变钢的液态和凝固性质。通过采用转炉炼钢方法，将铁水中的过多的碳氧化去除，使之达到所炼钢种的范围。

6.2.1.2　脱硫、脱磷

　　对于绝大多数钢种来讲，S、P 是有害元素。钢中磷的含量高会引起钢的"冷脆"，即从高温降到 0℃ 以下，钢的塑性和冲击韧性降低，并使钢的焊接性能与冷弯性能变差。磷是降低钢的表面张力的元素，随着磷含量的增加，钢液的表面张力降低显著，从而降低了钢的抗裂性能。磷是仅次于硫在钢的连铸坯中偏析度高的元素，而且在铁固溶体中扩散速率很小，因而磷的偏析很难消除，从而严重影响钢的性能，所以脱磷是炼钢过程的重要任务之一。

钢中硫含量高，会使钢的热加工性能变坏，即造成钢的"热脆"。硫还会明显降低钢的焊接性能，引起高温龟裂，并在焊缝中产生气孔和疏松，从而降低焊缝的强度。硫含量超过 0.06% 时，会显著恶化钢的耐蚀性。硫还是连铸坯中偏析最为严重的元素。因此，要求在炼钢过程中尽量去除。

6.2.1.3 脱氧

由于在氧化炼钢过程中，向熔池输入大量氧以氧化杂质，致使钢液中含有过量的氧。如不脱氧，在出钢、浇铸中，温度降低，氧溶解度降低，促使碳氧反应，钢液剧烈沸腾，使浇铸困难，得不到正确凝固组织结构的连铸坯。钢中氧含量高，还会产生皮下气泡、疏松等缺陷，并加剧硫的热脆作用。在钢的凝固过程中，氧将会以氧化物的形式大量析出，会降低钢的塑性、冲击韧性等加工性能。

根据具体的钢种，将钢中的氧含量降低到所需的水平，以保证钢水在凝固时得到合理的凝固组织结构，使成品钢中非金属夹杂物含量最少、分布合适、形态适宜，以保证钢的各项性能指标，得到细晶结构组织。

常用的脱氧方法是向钢液中加入比铁有更大亲氧力的元素来完成（如 Al、Si、Mn 等）。

6.2.2 去除有害气体和夹杂物（"二去"）

6.2.2.1 去除氢和氮

钢液中的气体会显著降低钢的性能，而且容易造成钢的许多缺陷。钢中气体主要是指氢与氮，它们可以溶解于液态和固态纯铁和钢中。

氢在固态钢中溶解度很小，在钢水凝固和冷却过程中，氢会和 CO、N_2 等气体一起析出，形成皮下气泡、中心缩孔、疏松，造成白点和发纹。钢热加工过程中，钢中含有氢气的气孔会沿加工方向被拉长形成发裂，进而引起钢材的强度、塑性、冲击韧性的降低，即发生"氢脆"现象。在钢材的纵向断面上，呈现出圆形或椭圆形的银白色斑点称为"白点"，实为交错的细小裂纹。主要原因是钢中的氢在小孔隙中析出的压力和钢相变时产生的组织应力的综合力超过了钢的强度，产生了"白点"。一般白点产生的温度低于200℃。

钢中的氮是以氮化物的形式存在，它对钢的质量的影响体现出双重性。氮含量高的钢种长时间放置，将会变脆，这一现象称为"老化"或"时效"。原因是钢中氮化物的析出速度很慢，逐渐改变着钢的性能。钢中氮含量高时，在 250～450℃ 温度范围，其表面发蓝、钢的强度升高、冲击韧性降低，称为"蓝脆"。氮含量增加，钢的焊接性能变坏。钢中加入适量的铝，可生成稳定的 AlN，能够压抑 Fe_4N 生成和析出，不仅可以改善钢的时效性，还可以阻止奥氏体晶粒的长大。氮可以作为合金元素起到细化晶粒的作用。在冶炼铬钢、镍铬系钢或铬锰系钢等高合金钢时，加入适量的氮，能够改善塑性和高温加工性能。

6.2.2.2 去除非金属夹杂物

非金属夹杂物包括氧化物、硫化物、磷化物、氮化物以及它们所形成的复杂化合物。

由于非金属夹杂对钢的性能产生严重的影响，尤其是韧性指标。因此在炼钢、精炼和连铸过程应最大限度地降低钢液中夹杂物的含量，控制其形状、尺寸。

在一般炼钢方法中，主要靠碳-氧反应时产生 CO 气泡，当它从钢液中逸出时，引起熔池沸腾来降低钢中气体和非金属夹杂物，也可以通过真空冶炼的方法去除。

6.2.3 调整钢液成分和温度（"二调整"）

6.2.3.1 调整钢液成分

为保证钢的各种物理、化学性能，除控制钢液的碳含量和降低杂质含量外，还应加入适量的合金元素进行合金化，使其含量达到钢种规格范围。常用的合金元素有锰、硅和铝等。

锰的作用是消除钢中硫的热脆倾向，改变硫化物的形态和分布以提高钢质。锰是一种非常弱的脱氧剂，在碳含量非常低、氧含量很高时，可以显示出脱氧作用，协助脱氧，提高它们的脱氧能力。锰还可以略微提高钢的强度，并可提高钢的淬透性能，稳定并扩大奥氏体区，常作为合金元素生成奥氏体不锈钢、耐热钢等。

硅是钢中最基本的脱氧剂。普通钢中含硅在 $0.17\% \sim 0.37\%$ 之间，1450℃钢凝固时，能保证钢中与其平衡的氧含量小于与碳平衡的量，抑制凝固过程中 CO 气泡的产生。生产沸腾钢时，$[Si]$ 为 $0.03\% \sim 0.07\%$，$[Mn]$ 为 $0.25\% \sim 0.70\%$，它只能微弱控制 C-O 反应。硅能提高钢的力学性能，增加钢的电阻和导磁性。硅对整个钢液的性质影响较大。

铝是终脱氧剂，生产镇静钢时，$[Al]$ 多在 $0.005\% \sim 0.05\%$ 之间，通常为 $0.01\% \sim 0.03\%$。钢中铝的加入量因氧含量的不同而有差异，对高碳钢应少加些，而低碳钢则应多加些，加入量一般为 $0.3 \sim 1.0$ kg/t 钢。铝加到钢中将与氧发生反应生成 Al_2O_3，在出钢、镇静和浇铸时生成的 Al_2O_3 大部分上浮排除，在凝固过程中大量细小分散的 Al_2O_3 还能促进形成细晶粒钢。铝是调整钢的晶粒度的有效元素，它能使钢的晶粒开始长大并保持到较高的温度。

6.2.3.2 调整钢液温度

铁水温度一般只有 1300℃左右，而钢水温度必须高于 1500℃，才不至于凝固。钢水脱碳、脱磷、脱硫、脱氧、去气、去非金属夹杂物等过程，都需要在液态条件下进行。此外，为了将钢水浇铸为铸坯（或钢锭），也要求出钢温度在 1600℃以上，才能顺利进行。为此，在炼钢过程中，必须将钢液加热并保持在一定的高温范围内，一般在 1600 ~ 1700℃，同时根据冶炼过程的要求不断将钢液温度调整到合适的范围。

6.2.4 凝固成型

通过连续铸钢或模铸方法，将熔炼好的合格钢液浇铸成各种不同形状和不同断面尺寸的、质量良好的钢坯或钢锭，以便下一步轧制成钢材。

6.2.5 废钢、炉渣返回再利用

生产过程中的钢铁废料（如切边、切头等）以及使用后报废的设备、构件中的钢铁材料都称为废钢。废钢作为炼钢过程中的重要金属原料，对整个炼钢工序的能耗影响非常重

要。利用废钢作原料直接投入炼钢炉进行冶炼，每吨废钢可再炼成近 1t 钢，可以省去采矿、选矿、炼焦、炼铁等过程，显然可以节省大量自然资源和能源。转炉合理地应用废钢是炼钢技术开发中的一个重要课题，目前还有许多问题有待解决，如转炉合理的废钢加入量、废钢熔化速度和冶炼优质钢时合理地利用废钢等。

钢铁工业固体废物主要是炉渣，其中炼钢炉渣占钢产量的 11%～15%。目前钢渣的利用还很不充分，仅约 10%，多数仍然处于简单堆存和任意排放状态。我国已成为世界第一产钢大国，年粗钢产量逾 7 亿吨，其钢渣产生量之大不言而喻。能否合理利用这些钢渣将关系到我国钢铁工业的健康发展。

钢渣综合利用的途径主要取决于炉渣的性质，而钢渣的物理化学性质与其化学成分及结构有很大的关系。钢渣中主要化学成分有 CaO、SiO_2、Al_2O_3、FeO、Fe_2O_3、MgO、f-CaO、MnO、P_2O_5 等，有的钢渣中还含有 V_2O_5 和 TiO_2 等。炼钢过程一般有多个处理工序，不同工序钢渣的化学成分相差很大。

钢渣的合理利用和有效回收是现代钢铁工业技术进步的重要标志之一，也是现代炼钢的一个重要任务，其利用途径主要有：

（1）钢渣在钢铁企业内部循环再利用。一是从钢渣中分选、回收废钢和钢粒，这已经成为钢铁企业最基本的利用措施。二是钢渣用作烧结矿熔剂，可回收钢渣中 Fe、Ca、Mn 等有用元素，减少石灰石等熔剂的消耗，降低烧结矿的生产成本。该措施目前只在部分企业应用，且主要目的是利用其中的铁。三是钢渣用作高炉炼铁熔剂，对改善高炉运行状况有一定的益处。四是钢渣作为炼钢造渣材料。在有害元素含量较低时，钢渣可以返回再利用。

（2）钢渣在建筑领域获得应用。一是用作建筑材料，二是用于铺筑道路和回填。这两个应用方向主要对炉渣的稳定性有较高要求，是目前钢渣选铁后的主要出路。三是生产水泥。钢渣水泥具有良好的耐磨性、耐腐蚀性、耐抗融性，以及水化热低、收缩率小等一系列特性。

（3）钢渣用作农业生产。钢渣中含有较高的硅、钙及各种微量元素，有些还含有磷，可根据不同元素的含量作不同的应用，提供农作物所需要的营养元素。我国目前用钢渣生产的磷肥品种有钢渣磷肥和钙镁磷肥。目前该技术的应用十分有限。

（4）钢渣对水中的重金属元素等的吸附具有选择性，可被用作被污染水域的水质净化剂，也有利用钢渣进行尾气脱硫，还可以用钢渣生产喷磨料。

6.2.6 回收煤气、蒸汽

转炉蒸汽、煤气回收是将转炉冶炼中产生的蒸汽、煤气通过净化处理后回收利用，是一项节能降耗的环保技术，也是转炉向"负能"炼钢发展的重要途径。

转炉吹炼过程中，在炉口排出大量棕红色的浓烟。烟气的温度很高，含有大量 CO 和少量 CO_2 及微量其他成分的气体，还夹杂着大量氧化铁、金属铁粒和其他细小颗粒的固体尘埃。转炉烟气的特点是温度高、气量多、含尘量大、具有毒性和爆炸性，直接排放有很大的危害，必须净化、回收。转炉煤气正是烟气中的气体部分，烟气在经过冷却、除尘、分析、回收进煤气柜、精除尘、利用的全过程统称为转炉煤气回收再利用。煤气的全部回收综合利用，是反映钢铁企业能源利用水平及节能降耗水平的关键指标，是实现负能炼钢和降低炼钢工序能耗的关键环节，同时能降低钢厂污染物排放总量，实现节能环保双赢，具有环境效益和经济效益。转炉煤气的含氢量少，燃烧时不产生水汽，而且煤气中不含硫，可用于混铁炉加热、钢包及铁合金的烘烤、均热炉的燃料等，同时也可送入厂区煤气管网，作为生活煤气使用。转炉煤气回收的关键是安全可靠性、科学回收性及产能提高性的技术。

炼钢过程通过供氧、造渣、加合金、搅拌、升温等手段完成上述炼钢的基本任务。

────── 本 章 小 结 ──────

转炉炼钢的基本任务可归纳为："四脱"（脱碳、脱硫、脱磷和脱氧）、"二去"（去除有害气体和夹杂物）；"二调整"（调整钢液成分和温度）；"一凝固"。炼钢过程通过供氧、造渣、加合金、搅拌、升温等手段完成上述炼钢的基本任务。

磷易引起冷脆，硫含量高易导致热脆。硫是连铸坯中偏析最为严重的元素，而磷是仅次于硫在钢的连铸坯中偏析度高的元素。

复习思考题

6-1　钢与生铁的主要区别有哪些？

6-2　炼钢的基本任务是什么？

6-3　钢渣中的主要成分有什么？它有何用途？

6-4　转炉烟气的主要成分有什么？它有何用途？

参 考 文 献

[1] 包燕平，冯捷. 钢铁冶金学教程 [M]. 北京：冶金工业出版社，2008.

[2] 王新华. 钢铁冶金——炼钢学 [M]. 北京：高等教育出版社，2007.

[3] 刘浏，余志祥，萧忠敏. 转炉炼钢技术的发展与展望 [J]. 中国冶金，2001（1）：17~23.

[4] 雷亚，杨治立，任正德，等. 炼钢学 [M]. 北京：冶金工业出版社，2010.

[5] 高泽平. 炼钢工艺学 [M]. 北京：高等教育出版社，2006.

7 炼钢的基本原理

本章学习要点

  本章主要学习炼钢的基本知识和基本原理。要求了解炉渣的来源、熔池内氧的来源和回磷现象，熟悉炉渣的组成和钢中非金属夹杂物的主要危害以及降低钢中非金属夹杂物的主要途径，掌握炉渣的作用，碳氧反应的意义，铁、硅和锰的氧化原理，脱磷、脱硫的基本反应和基本条件，脱氧及合金化原理。

7.1　炼钢炉渣

  炼钢过程的实质是一个氧化过程，就是用不同来源的氧来氧化炼钢原料中的各种杂质，将其中的碳、锰、硫、磷、硅等控制在规定的范围内。为此，在炼钢过程中必须加入造渣材料，如石灰、萤石、氧化铁皮等，使炼钢各种反应（如硅锰反应，脱磷、脱硫反应）朝需要的方向进行。被加入的造渣材料和各种反应所形成的产物大多比铁液轻，浮在金属表面，这一层混合物称为炉渣。

7.1.1　炉渣的作用

  炼钢是一个复杂的高温物理化学过程，炉渣在此过程中有以下重要作用：去除铁水和钢水中的磷、硫等有害元素，同时能将铁和其他有用元素的损失控制在最低限度内。炼钢熔渣覆盖在钢液表面，保护钢液不过度氧化、不吸收有害气体、保温、减少有益元素烧损；防止热量散失，以保证钢的冶炼温度；吸收钢液中上浮的夹杂物及反应产物。熔渣在炼钢过程也有不利作用，主要表现在：侵蚀耐火材料，降低炉衬寿命，特别是低碱度熔渣对炉衬的侵蚀更为严重；熔渣中夹带小颗粒金属及未被还原的金属氧化物，降低了金属的收得率。

  因此，造好渣是炼钢的重要条件，造出成分合适、温度适当并适宜于某种精炼目的的炉渣，发挥其积极作用，抑制其不利作用。炼钢就是炼渣，这是炼钢工人丰富的经验总结。

7.1.2　炉渣的来源

  炉渣的来源主要有：

  （1）加入的造渣材料，如石灰、白云石、萤石等，金属材料中的泥沙或铁锈，也将使炉渣中含有 FeO、SiO_2 等，这是炉渣的主要来源；

  （2）氧化剂（氧气、铁矿石和氧化铁皮）和冷却剂（废钢、铁矿石、烧结矿、球团矿、氧化铁皮和石灰石）带入的脉石（非金属矿物）；

（3）金属炉料、脱氧剂和合金剂中各元素被氧化生成的氧化物（SiO_2、MnO、P_2O_5、FeO、Al_2O_3、Fe_2O_3），脱硫时的产物硫化物等；

（4）被浸蚀的耐火材料以及炉料带入的杂质。

7.1.3　炉渣的组成

炉渣组成随炼钢操作不同而不同，通常可分为三大类：（1）碱性氧化物占多数的碱性渣，其中以 CaO 为主；（2）酸性氧化物占多数的酸性渣，其中以 SiO_2 为主；（3）含有较多的双性氧化物 Al_2O_3 的炉渣，称中性渣或半酸性渣。炉渣内各种氧化物含量的比例不同，其性质也不相同。因此，可根据需要，选用不同性质的炉渣。

7.2　铁、硅、锰的氧化

7.2.1　熔池内氧的来源

熔池内氧的来源主要有三个方面：（1）向熔池吹入氧气。它是炼钢过程最主要的供氧方式。氧气顶吹转炉炼钢，通过炉口上方插入的水冷氧枪吹入高压纯氧。电弧炉通过炉门口吹氧管（氧枪）、炉壁氧枪插入熔池供氧。（2）向熔池中加入铁矿石和氧化铁皮。铁矿石的主要成分是 Fe_2O_3（赤铁矿）和 Fe_3O_4（磁铁矿），氧化铁皮的主要成分是 FeO。（3）炉气向熔池供氧。

7.2.2　铁的氧化和杂质的氧化方式

铁的氧化：铁和氧的亲和力小于 Si、Mn、P，但由于金属液中铁的浓度最大（质量分数为 90% 以上），因此铁最先被氧化。

$$[Fe] + \frac{1}{2}\{O_2\} = (FeO)$$

$$2(FeO) + \frac{1}{2}\{O_2\} = (Fe_2O_3)$$

杂质氧化方式：炼钢熔池中除铁以外的各种元素的氧化方式有两种：直接氧化和间接氧化。

直接氧化是指气相中的氧与熔池中的除铁以外的各种元素直接发生氧化反应，如：

$$[Mn] + \frac{1}{2}\{O_2\} = (MnO)$$

间接氧化是指氧首先和铁发生反应，生成（FeO），然后（FeO）扩散并溶解于钢中，钢中其他元素与溶解的氧发生氧化反应。

$$[C] + (FeO) = \{CO\} + [Fe]$$

或 $$[C] + [O] = \{CO\}$$

各种元素的氧化以间接氧化为主。

7.2.3　硅的氧化

在炼钢的铁水和废钢中，均含有一定数量的硅。硅与铁在液态无限互溶，常温下硅在固态钢中溶解度很高，它增加钢的强度，降低钢的冷加工性能。硅的氧化是炼钢中重要反应之一，有利于保持或提高钢液的温度。

直接氧化 $\qquad [Si] + \{O_2\} = (SiO_2)$ （放热）

间接氧化 $\qquad [Si] + 2(FeO) = (SiO_2) + 2[Fe]$ （放热）

硅的氧化产物 SiO_2 只溶于炉渣，不溶于钢液。

硅氧化反应的特点如下：

（1）由于硅与氧的亲和力很强，在冶炼初期，钢中的硅就能基本氧化完毕。同时由于硅的氧化产物 SiO_2 在碱性渣中完全与碱性氧化物如 CaO 结合，无法被还原出来，氧化很完全彻底。

（2）硅的氧化是一个强放热反应，低温有利于反应迅速进行。硅是转炉吹炼过程中重要的发热元素，金属液中增加硅元素含量有利于硅的氧化，但硅高会增加渣量，增大热损失。

（3）炉渣中降低 SiO_2 的成分含量，如增加 CaO、FeO 含量，有利于硅的氧化，炉渣氧化能力越强，越有利于硅的氧化。

硅的氧化对炼钢过程的热效应、成渣过程，脱碳、脱磷反应、渣量以及炉衬的侵蚀等都有重要的影响。现代化炼钢厂采用了铁水脱硅预处理工艺。

7.2.4 锰的氧化

炼钢熔池中总含有一定量的锰。锰也与铁在液态无限互溶，常温下在固态钢中溶解度很高，可增加钢的强度。锰的氧化反应如下：

直接氧化 $\qquad [Mn] + \frac{1}{2}\{O_2\} = (MnO)$ （放热）

间接氧化 $\qquad [Mn] + (FeO) = (MnO) + [Fe]$ （放热）

锰的氧化产物 MnO 只溶于渣而不溶于钢。

锰氧化反应的特点：（1）锰与氧的亲和力很强，并且锰的氧化是强放热反应，故锰的氧化也是在冶炼初期进行；（2）由于锰的氧化产物 MnO 是碱性氧化物，故碱性渣不利于锰的氧化，锰的氧化不像硅的氧化那样完全，这是由于锰与氧的结合能力低于硅与氧的结合能力；（3）当温度升高后，锰的氧化反应会逆向进行，发生锰的还原，即发生"回锰现象"，使钢中"余锰"增加。钢液中残锰的作用：（1）防止钢水的过氧化，或避免钢水中含过多的过剩氧，以提高脱氧合金的收得率，降低钢中氧化物夹杂；（2）可作为钢液温度高低的标态，炉温高有利于（MnO）的还原，残锰含量高；（3）能确定脱氧后钢水的含锰量达到所炼钢种的规格，并节约 Fe-Mn 用量。

7.3 碳的氧化

7.3.1 碳氧反应的意义

碳氧反应是炼钢过程中最重要的一个反应：一方面，把钢液中的碳含量降到了所炼钢种的规格范围内；另一方面，碳氧反应时产生的大量 CO 气泡从熔池中逸出时，引起熔池的剧烈沸腾和搅拌，对炼钢过程起到了极为重要的作用。具体如下：

（1）加速了熔池内各种物理化学反应的进行；（2）强化了传热过程；（3）CO 气泡的上浮有利于钢中气体［H］、［N］和非金属夹杂物的去除；（4）促进了钢液和熔渣温度和成分的均匀，并大大加速成渣过程；（5）大量的 CO 气泡通过渣层，有利于形成泡沫渣。

7.3.2 碳的氧化反应

7.3.2.1 氧气流股与金属液间的 C-O 反应

在氧气炼钢中，金属中一少部分碳可以直接氧化：

$$[C] + \frac{1}{2}\{O_2\} = \{CO\} + 136000J$$

该反应放出大量的热，是转炉炼钢的重要热源。在氧射流的冲击区及电炉炼钢采用吹氧管插入钢液吹氧脱碳时，氧气流股直接作用于钢液，均会发生此类反应。

7.3.2.2 金属熔池内部的 C-O 反应

金属熔池中大部分的碳是同溶解在金属中的氧相作用而被间接氧化：

$$[C] + [O] = \{CO\}$$

该反应是微弱放热反应，温度降低有利于反应的进行。在转炉和电炉炼钢吹氧脱碳时，气体氧会使熔池内的铁原子大量氧化成（FeO），或由加入矿石或氧化铁皮在钢、渣界面上还原形成（FeO），然后（FeO）扩散并溶解于钢中，钢中［C］同溶解的［O］发生作用。

7.3.2.3 金属液与渣液界面的 C-O 反应

当渣中（FeO）含量较高时，渣中的（FeO）一方面会向钢液中扩散，发生第二类反应，另一方面也会直接发生界面反应，反应式如下：

$$[C] + (FeO) = \{CO\} + [Fe]$$

7.4 脱 磷

在大多数情况下，磷对钢的质量是有害的。随着钢中磷含量的增加，使钢的塑性和韧性降低，特别是低温冲击韧性降低，称为"冷脆"。

7.4.1 脱磷的基本反应和基本条件

磷在吹炼前期其含量快速降低，进入吹炼中后期略有回升。磷在钢中是以［Fe₃P］或［Fe₂P］形式存在，为方便起见，均用［P］表示。炼钢过程的脱磷反应是在金属液与熔渣界面进行的，首先是［P］被氧化成（P₂O₅），而后与（CaO）结合成稳定的磷酸钙。

脱磷总反应式为：

$$2[P]+5(FeO)+4(CaO) = (4CaO \cdot P_2O_5)+5[Fe] \quad （放热）$$

综合脱磷反应式可以得到脱磷的基本条件为：（1）炉渣碱度 R 适当高（$R = 2.5 \sim 3.0$

最好）。（2）渣中的氧化铁适当高（15%~20%）。（3）适当的低温（1450~1500℃）。（4）大渣量。电炉炼钢采用自动流渣、放旧渣造新渣的方法。（5）炉渣流动性好。

7.4.2 回磷

回磷是指冶炼后期钢液中磷含量有所回升，以及成品钢中的磷含量比冶炼终点钢水磷含量高的现象。一般认为回磷现象的产生与以下因素有关：钢液温度过高，脱氧剂的加入使（FeO）大大降低，脱氧产物和耐火材料中 SiO_2 的溶入使炉渣碱度降低等。出钢脱氧合金操作不当也会发生回磷。

生产中抑制回磷的常用方法是：出钢前向炉内加入石灰使终渣变稠以防止出钢时下渣；或用挡渣出钢等机械方法防止下渣；出钢过程中向钢包中加入石灰粉稠化钢包内渣，保持碱度，减弱渣的反应能力；控制出钢温度不要太高；尽可能缩短钢液在钢包内的停留时间等。

7.5 脱 硫

对绝大多数钢种来讲硫是有害元素，主要使钢在进行热加工时产生裂纹甚至断裂，称为"热脆"。钢中硫含量高时，还使钢的横向力学性能和焊接性能下降。

7.5.1 脱硫的基本反应和基本条件

钢液的脱硫主要是通过两种途径来实现，即炉渣脱硫和气化脱硫。在一般炼钢操作条件下，炉渣脱硫占主导。渣钢间的脱硫反应：首先钢液中硫扩散至熔渣中即 [FeS]→（FeS），进入熔渣中的（FeS）与游离的 CaO（或 MnO）结合成稳定的 CaS 或 MnS。

脱硫的基本反应为：

$$（FeS）+（CaO）\Longrightarrow（CaS）+（FeO）\quad（吸热）$$

综合脱硫反应式可以得到脱硫的基本条件为：（1）炉渣碱度 R 适当高（$R=3.0~3.5$ 最好）。（2）渣中的氧化铁低。渣中的氧化铁低对脱硫有利；虽然氧气转炉为改善炉渣流动性，促进石灰快速成渣，形成高碱度炉渣，使用（FeO）含量15%~20%的炉渣也能脱硫，但效果远不如碱性的还原渣。（3）炉渣流动性好。常向渣中加入萤石或提高炉渣中（FeO）含量来提高炉渣的流动性。（4）高温。高温有利于提高炉渣流动性，有利于脱硫反应快速进行。（5）大渣量。

7.5.2 气化去硫

气相脱硫约占总脱硫量的10%。气化脱硫是指金属液中 [S] 以气态 SO_2 的方式被去除，反应式可表示为：

$$[S]+2[O]\Longrightarrow\{SO_2\}$$

在炼钢温度下，从热力学角度上述反应理应能进行。但在钢水中含有 [C]、[Si]、[Mn] 的条件下，则要直接气化脱硫是不可能实现的。钢水气化脱硫的最大可能是钢水中 [S] 进入炉渣后，再被气化去除。

$$(S^{2-})+\frac{3}{2}O_2 = SO_2\uparrow + (O^{2-})$$

在顶吹氧气转炉熔池的氧流冲击区，由于温度很高，硫以 S、S_2、SO 和 COS 的形态挥发是可能的。在电弧炉炉气中已证明有 COS 存在，所以发生下列的脱硫反应是可能的，即：

$$S_2 + 2CO = 2COS$$
$$SO_2 + 3CO = 2CO_2 + COS$$

7.5.3　钢液中元素去硫

在充分发挥炉渣脱硫的基础上，向钢液中加入某些元素可以进一步脱硫。元素脱硫能力由强到弱的次序为：Ca>Ce>Zr>Ti>Mn。

7.6　脱氧及合金化

在炼钢或冶炼过程中，向钢液加入一种或几种与氧亲和力比铁强的元素，使钢中氧含量减少的操作，称为脱氧。通常在脱氧的同时，使钢中的硅锰及其他合金元素的含量达到成品钢的规格要求，完成合金化的任务。

7.6.1　脱氧的目的

钢液脱氧的目的在于降低钢中的氧含量。各种炼钢方法，都是采用氧化法去除钢中的各种杂质元素和有害杂质，所以在氧化后期钢中溶解了过量的氧。这些多余的氧在钢液凝固时将逐渐从钢液中析出，形成夹杂或气泡，严重影响了钢的质量，具体表现为：（1）严重影响了钢的力学性能；（2）大量气泡的产生将影响正常的浇铸操作和破坏锭（坯）的合理结构；（3）钢中的氧能加重硫的热脆。

7.6.2　各种元素的脱氧能力

对脱氧元素的要求：炼钢时对脱氧元素的要求是：（1）脱氧元素与氧的亲和力大于铁与氧的亲和力；（2）脱氧元素在钢中的溶解度非常低；（3）脱氧产物的密度小于钢液的密度；（4）脱氧产物熔点较低，在钢液中呈液态或与钢液间的界面张力特别大，便于聚集长大，迅速上浮到渣中；（5）未与氧结合的脱氧元素对钢的性能无不良影响。

元素的脱氧能力：元素的脱氧能力是指在一定温度下，和一定浓度的脱氧元素相平衡的钢中的氧含量。这个氧含量越低，这种元素的脱氧能力越强。在 1600℃ 时，元素脱氧能力由强到弱的顺序是：Ca>Mg>Al>Ti>B>C>Si>P>V>Mn>Cr。

炼钢常用的脱氧元素有 Si、Mn 和 Al。

硅：脱氧能力强，因而常用于镇静钢的脱氧。硅的脱氧生成物为 SiO_2 或硅酸铁（$FeO\cdot SiO_2$）。硅脱氧反应为：

$$[Si]+2[O] = SiO_{2(s)}$$

炉渣碱度越高，硅的脱氧效果越好。各种牌号的 Fe-Si 是常用的脱氧剂。

锰：锰是弱脱氧剂，常用于沸腾钢脱氧，其脱氧产物并不是纯 MnO，而是 MnO 与 FeO 的熔体。

$$[Mn]+[O] =\!=\!=\!= (MnO)_{(1)}$$
$$Fe_{(1)}+[O] =\!=\!=\!= (FeO)$$
$$[Mn]+(FeO) =\!=\!=\!= (MnO)+Fe_{(1)}$$

铝：铝是强脱氧剂，常用于镇静钢的终脱氧，铝脱氧反应为：

$$2[Al]+3[O] =\!=\!=\!= Al_2O_{3(1)}$$

采用两种或两种以上脱氧元素同时使钢液脱氧，称为复合脱氧。其优点是：（1）可以提高脱氧元素的脱氧能力；（2）利于形成液态脱氧产物，便于分离与上浮；（3）利于提高易挥发元素的溶解度，减少元素的损失，提高脱氧元素的脱氧效率。

7.6.3 脱氧方法

按脱氧原理分，脱氧方法有三种，即沉淀脱氧法、扩散脱氧法和真空脱氧法。

（1）沉淀脱氧。沉淀脱氧又称直接脱氧，是指将块状脱氧剂加到钢液中，它直接与钢液中的氧反应，生成的脱氧产物上浮进入渣中的脱氧方法。沉淀脱氧效率高、操作简单、成本低、对冶炼时间无影响，但沉淀脱氧的脱氧程度取决于脱氧剂能力和脱氧产物的排出条件。

（2）扩散脱氧。扩散脱氧是将粉状的脱氧剂加到炉渣中，降低炉渣中的氧势，使钢液中的氧向炉渣中扩散，从而达到降低钢液中氧含量的一种脱氧方法。

（3）真空脱氧。将钢包内钢水置于真空条件下，通过抽真空打破原有的碳氧平衡，促使碳与氧的反应，达到通过钢中碳去除氧的目的。此法只适用于脱氧产物为气体的脱氧反应，优点是脱氧比较彻底，脱氧产物为 CO 气体，不污染钢水，而且在排出 CO 气体的同时，还具有脱氢、脱氮的作用。但需要有专门的真空设备。

7.7 钢中的气体

钢中气体是指溶解在钢中的氢和氮。炼钢所用的原材料中含有一定数量的气体，而且冶炼中钢液不可避免地要与空气接触，因此成品钢中或多或少含有氢和氮。它们对钢质量的影响见 6.2.2.1 节。

7.7.1 钢中气体的来源

钢中的氢来自原材料、耐火材料中的水分，炉气中的水蒸气和金属料中的铁锈等。钢中的氮来自铁水、氧气和炉气。

7.7.2 减少钢中气体的基本途径

减少钢中气体含量，一是减少钢液吸收气体，二是增加排出去的气体。

减少钢液吸气的措施：（1）原材料要烘烤干燥，金属料中的铁锈要少；（2）钢包要烘烤，钢液流经的地方要烘干和密封保护；（3）冶炼过程中，钢液温度不宜过高，因为氮和氢在钢中的溶解度随温度的升高而增大，同时尽量减少钢液裸露的时间；（4）提高氧气纯度。

　　增加钢液排气的措施：（1）氧化熔炼过程中，钢液要进行良好的沸腾去气；（2）采用钢液吹氩、真空处理和真空浇铸降低钢中的气体含量。

7.8　钢中的非金属夹杂物

　　钢中的非金属夹杂物是指在冶炼或浇铸过程中产生于或混入钢液中，而在其后热加工过程中分散在钢中的非金属物质。

　　钢中非金属夹杂物的来源：（1）与生铁、废钢等一起入炉的非金属物质；（2）从炉子到浇铸的整个过程中，卷入钢液的耐火材料；（3）脱氧过程中产生的脱氧产物；（4）乳化渣滴。

　　按夹杂物的化学组成分类：（1）氧化物夹杂物，如 FeO、$2FeO \cdot SiO_2$ 等。（2）硫化物夹杂物，如 FeS、MnS、CaS 等。（3）氮化物夹杂物，如 AlN、TiN 等。按夹杂物的来源分类：（1）外来夹杂物。主要是冶炼或浇铸过程中进入钢液的耐火材料和熔渣滞留于钢液中而造成。（2）内生夹杂物。这类夹杂物是在脱氧和凝固过程中生成的各种反应产物。

———————— 本 章 小 结 ————————

　　炼钢即炼渣，炉渣在炼钢过程中起重要作用。炉渣来源多种多样，但组成主要包括 CaO、SiO_2 和 Al_2O_3。炼钢实质是一个氧化过程，氧化方式有直接氧化和间接氧化。硅的氧化是强放热反应，这是转炉吹炼过程中的重要热源。碳氧反应对炼钢过程起到了极为重要的作用。炼钢后期需要脱除多余的氧，脱氧方法有沉淀脱氧法、扩散脱氧法和真空脱氧法。钢中非金属夹杂物的存在，破坏了钢的基体的连续性，使钢的性能降低，因此必须采取措施降低钢中非金属夹杂物。

复习思考题

7-1　熔渣的来源有哪些？其作用是什么？

7-2　熔渣的主要性质有哪些？

7-3　硅和锰氧化的主要特点是什么？

7-4　碳氧反应的意义有哪些？有几种类型？

7-5　磷、硫去除的基本条件是什么？

7-6　脱氧的目的和任务是什么？常用的脱氧方法有哪几种？

7-7　对脱氧元素的要求有哪些？常用的脱氧剂有哪些？

7-8　钢中气体的危害是什么？怎样减少钢中气体？

7-9　钢中非金属夹杂物的主要危害有哪些？降低钢中非金属夹杂物的途径有哪些？

参 考 文 献

[1] 包燕平，冯捷．钢铁冶金学教程 [M]．北京：冶金工业出版社，2008.

[2] 王新华. 钢铁冶金——炼钢学 [M]. 北京：高等教育出版社，2007.

[3] 刘浏，余志祥，萧忠敏. 转炉炼钢技术的发展与展望 [J]. 中国冶金，2001 (1)：17~23.

[4] 高泽平. 炼钢工艺学 [M]. 北京：高等教育出版社，2006.

[5] 雷亚，杨治立，任正德，等. 炼钢学 [M]. 北京：冶金工业出版社，2010.

8　炼钢原材料

本章学习要点

本章主要学习炼钢用金属料、辅助材料和炉衬材料。要求掌握炼钢过程对金属料铁水成分、温度和铁水带渣量的要求，对废钢质量及铁合金的要求；了解炼钢用辅助材料造渣剂、氧化剂、冷却剂、增碳剂及气体材料；熟悉转炉炼钢使用的主要耐火材料。

原材料是转炉炼钢的物质基础，原材料质量的好坏不仅直接影响炼钢生产过程和炼钢产品的质量，还关系到对资源的合理利用及环境保护。炼钢用原材料分为金属料、辅助材料和炉衬材料。金属料主要是指铁水（或生铁块）、废钢和铁合金；辅助材料主要是指造渣材料、氧化剂、冷却剂、增碳剂和气体等；炉衬材料主要是指各种耐火材料。

8.1　金　属　料

8.1.1　铁水（生铁块）

铁水是转炉炼钢的主要原材料，一般占装入量的70%～100%；电弧炉一般采用废钢冶炼，现代电弧炉也采用铁水作为金属料，个别电弧炉厂铁水量可高达60%。铁水的物理热和化学热是炼钢的主要热源，因此对入炉铁水的成分和温度具有一定的要求。

8.1.1.1　对铁水成分的要求

铁水成分直接影响炉内的温度、化渣和钢水质量，因此要求铁水成分要符合技术要求，并力求稳定。

（1）硅。硅是炼钢的重要发热元素之一，铁水中硅含量高，炉内的化学热增加。根据热平衡计算，铁水中硅含量每增加0.10%，废钢的加入量可提高1.30%～1.50%。炼钢过程中，硅几乎完全氧化，铁水硅含量高，在同样炉渣碱度条件下，必然增大石灰耗量，从而增加渣量，引起渣中铁损增加，使石灰耗量和吹损增加。渣量大，还容易引起喷溅；同时，由于渣中（SiO_2）的增加，加剧了对炉衬的侵蚀作用，使炉龄下降。铁水硅含量也不宜过低，这不仅会减少废钢的用量，而且不易成渣。

（2）锰。锰是弱发热元素，铁水中锰氧化后形成的 MnO 能有效促进石灰溶解，加速成渣，改善熔渣流动性，减少助熔剂石灰的用量，提高炉衬寿命，减少氧枪黏钢，还有利于提高金属收得率。

（3）磷。磷是高发热元素，对一般钢种来说是有害元素，是炼钢过程中要去除的元素之一，因此要求铁水中磷含量越低越好。

（4）硫。硫除了含硫易切削钢（要求硫含量在0.08%~0.30%）外，绝大多数钢中的硫都是有害元素。在炼钢的氧化性气氛下，脱硫是有限的，一般脱硫率为30%~50%。在高炉高碳和还原气氛条件下，脱硫要容易些，因此炼钢对高炉铁水提出要求，希望铁水$w[S]$<0.04%。

电弧炉炼钢以废钢为基本原料，铁水（生铁）主要用于提高炉料的碳含量，一般配加钢铁料的10%~30%。有时也用报废的钢锭模、底盘、轧辊等废铸铁代替生铁配料，以降低钢的成本。电弧炉以返回法冶炼高合金钢时往往用含碳低的工业纯铁（软铁）降低炉料的碳含量。

8.1.1.2　对铁水温度的要求

铁水温度是铁水含物理热多少的标志，铁水物理热占转炉热收入的50%。铁水温度低，热量不充足，影响熔池的升温速率和元素的氧化过程，也会影响到化渣和杂质的去除，还容易导致喷溅。因此，应努力保证入炉铁水的温度大于1300℃，且保持稳定，这样有利于操作的稳定性和转炉的自动控制。通常，高炉的出铁温度在1350~1450℃。由于在运输和待装过程中会散失热量，如要保证铁水温度合适，应选用混铁炉的方式供应铁水，在运输过程应加覆盖剂保温，以减少铁水散热和降温。

8.1.1.3　对铁水带渣量的要求

高炉渣中含硫、SiO_2和Al_2O_3量较高，过多的高炉渣进入转炉内会导致转炉钢渣量大，石灰消耗增加，易造成喷溅，降低炉衬寿命。因此，兑入转炉的铁水要求带渣量不得超过0.5%。

8.1.2　废钢

转炉和电炉炼钢均使用废钢，电炉炼钢的主要原材料是废钢，转炉用废钢量一般占总装入量的10%~30%，它是保证转炉冷却效果稳定的冷却剂，增加转炉废钢用量，可以降低转炉炼钢成本、能耗和炼钢辅助材料消耗。

废钢是电弧炉炼钢的基本原料，用量占钢铁料的70%~90%。而废钢的来源复杂、质量差异较大，因此对废钢的管理和加工非常重要。废钢的质量对炼钢的技术经济指标影响很大，从合理使用和冶炼工艺出发，对废钢有以下要求：

（1）废钢应具有合适的外形尺寸和单重，轻薄料应打包或压块，以缩短装料时间。尺寸和单重过大的废钢，应预先进行加工、切割处理，以便能顺利装炉，不撞坏炉衬，并保证在吹炼期完全熔化。

（2）废钢中不得混有铁合金。严禁混入铜、锌、铅、锡等有色金属和橡胶，不得混有封闭器皿、爆炸物和易燃易爆品以及有毒物品。废钢的硫、磷含量均不大于0.050%。

（3）废钢应清洁干燥，不得混有泥沙、水泥、耐火材料、油物等。

（4）不同性质的废钢分类存放，以免混杂。非合金钢、低合金钢废钢可混放在一起，不得混有合金废钢和生铁。

8.1.3　铁合金

铁合金用于调整钢液成分和脱除终点钢中多余的氧，常用的铁合金有：

（1）铁合金，如锰铁、硅铁、铬铁等；

（2）合金，如硅锰合金、硅钙合金、硅锰铝合金等；

（3）纯金属，如铝、锰、铬、镍、钴等。

转炉炼钢对铁合金的主要要求是：

（1）按成分分类并加工成一定块度后使用，使钢液的成分均匀和减少烧损。

（2）使用前进行烘烤以减少带入钢中的气体，锰铁、铬铁、硅铁等熔点高且不易氧化的合金，烘烤温度应大于等于 800℃，烘烤时间应大于 2h，钛铁、钒铁、钨铁加热近 200℃，时间大于 1h。

（3）在保证钢质量的前提下，选用价格便宜的铁合金，以降低钢的成本。

（4）铁合金应保持干燥、干净。

（5）铁合金成分应符合技术标准规定，以避免炼钢操作失误，如硅铁中的铝、钙含量，沸腾钢脱氧用锰铁的硅含量，都直接影响钢水的脱氧程度。

8.2 炼钢辅助材料

8.2.1 造渣材料

造渣材料包括石灰、萤石、生白云石、菱镁矿和合成造渣剂等。

8.2.1.1 石灰

石灰是碱性炼钢方法主要的造渣材料，主要成分为 CaO，是由石灰石煅烧而成，是脱磷、脱硫不可缺少的材料，其用量较大。

石灰质量好坏对吹炼工艺、产品质量和炉衬寿命等产生主要影响。特别是转炉冶炼时间短，要在很短的时间内造渣去除磷硫，保证各种钢的质量，因此对石灰质量要求很高。

（1）有效（CaO）含量高。石灰有效（CaO）含量取决于石灰中（CaO）和（SiO_2）含量，而 SiO_2 是石灰中的杂质。若石灰中含有 1 单位的（SiO_2），按炉渣碱度为 3 计算，需要 3 单位的（CaO）与（SiO_2）中和，这就大大降低了石灰中有效（CaO）的含量。

（2）硫含量低。造渣的目的之一是去除铁水中的硫，如果石灰本身硫含量高，对于炼钢中硫的去除不利。因此，石灰中硫含量应尽可能低，一般应小于 0.05%。

（3）残余 CO_2 少。石灰中残余 CO_2 量，反映了石灰在煅烧中的生过烧情况。一般要求石灰中残余 CO_2 量为 2%左右，相当于石灰灼减量 2.5%~3.0%。

（4）石灰块度适中。石灰块度不能过大，以免在炉内难以熔化。石灰块度要小而均匀，且无细粉；转炉用石灰块度为 20~50mm，电炉 20~60mm。块度大小和工艺要求、冶炼时间长短有关。

（5）活性度高。石灰的活性是指石灰同其他物质发生反应的能力，用石灰的溶解速度来表示，石灰在高温炉渣中的溶解能力称为热活度。一般盐酸消耗大于 300mL 属于优质活性石灰。

（6）石灰存放时间。石灰不能潮解，应保持干燥、新鲜，仓内保存时间不应超过两天。

为了减少炉渣对碱性炉衬的侵蚀，很多炼钢厂都采用了含镁的造渣材料，由此而产生了镁质石灰，有的地方也称为白云石质石灰。

8.2.1.2　萤石

萤石的主要成分是 CaF_2，纯净的 CaF_2 熔点为 1418℃。萤石中含有其他杂质，如 SiO_2、Al_2O_3 等，因此熔点比纯净的 CaF_2 低些。对转炉用萤石的要求：

$w(CaF_2)$ ≥85%，$w(SiO_2)$ ≤5.0%，$w(S)$ ≤0.10%，$w(P)$ ≤0.06%，块度为 5～50mm，且要干燥、清洁。近年来，由于萤石供应不足且价格昂贵，各钢厂从环保角度考虑，使用多种萤石代用品，如铁锰矿石、氧化铁皮、转炉烟尘、铁矾土等。

8.2.1.3　白云石

白云石的主要成分是 $CaCO_3 \cdot MgCO_3$。经焙烧可成为轻烧白云石，其主要成分为 $CaO \cdot MgO$。转炉采用生白云石或轻烧白云石代替部分石灰造渣，其目的是保持渣中有一定的 MgO 含量，以减轻初期酸性渣对炉衬的侵蚀，提高炉衬寿命，自 20 世纪 60 年代初开始采用此技术以来，在实践中已经取得了很好的效果。此外，白云石也是溅渣护炉的调渣剂。

由于生白云石在炉内会分解吸热，影响废钢的加入量，因此有条件的钢铁厂宜使用轻烧白云石。

8.2.1.4　火砖块

火砖块是浇铸系统的废弃品，其主要成分为 $w(SiO_2)$ = 60%左右、$w(Al_2O_3)$ = 35%左右。它的作用是改善炉渣的流动性，特别是对 MgO 含量高的炉渣，稀释作用优于萤石。火砖块中的 Al_2O_3 可改善炉渣的透气性，并易使熔渣发泡。但 SiO_2 能大大降低熔渣的碱度及氧化能力，对脱磷、脱硫极为不利。因此在电炉炼钢的氧化期应禁止使用，但在还原期炉渣碱度较高时，用一部分火砖块代替萤石是比较经济的。

8.2.1.5　菱镁矿

菱镁矿是天然矿物，主要成分为 $MgCO_3$，煅烧后可用作耐火材料，也是目前转炉溅渣护炉的调渣剂。

8.2.1.6　合成造渣剂

合成造渣剂是用石灰加入适量的氧化铁皮、萤石、氧化锰或其他氧化物等熔剂，在低温下预制成型。这种造渣剂熔点低、碱度高、成分均匀、粒度小，且在高温下易碎裂，成渣速度快，因而改善了冶金效果，减轻了转炉造渣负荷。高碱度烧结矿或球团矿也可作合成造渣剂使用，它的化学成分和物理性能稳定、造渣效果良好。近年来，国内一些钢厂用转炉污泥为基料制备复合造渣剂，也取得了较好的使用效果和经济效益。

8.2.2　氧化剂

8.2.2.1　氧气

氧气是转炉炼钢的主要氧源，其纯度应达到或超过 99.5%，压力要稳定，且脱除水分。氧气也是电炉炼钢最主要的氧化剂。它可使钢液迅速升温，加速杂质氧化，提高脱碳速率，去除钢中气体和夹杂物，强化冶炼过程，降低电耗。电炉炼钢要求氧气含氧量不低于 98%，水分不高于 $3g/m^3$，具有一定氧压，熔化期吹氧助熔时一般为 0.3～0.7MPa，氧化期吹氧脱碳时为 0.7～1.2MPa。

8.2.2.2 铁矿石

铁矿石中铁的氧化物存在形式是 Fe_2O_3、Fe_3O_4 和 FeO，其氧含量分别是 30.06%、27.64%和22.28%。在炼钢温度下，Fe_2O_3 不稳定，在转炉中较少使用。

电炉用铁矿石要求含铁量高。因为含铁量越高，密度越大，入炉后易穿过渣层直接与钢液接触，加速氧化反应的进行。矿石中有害元素硫、磷、铜和杂质含量要低。对铁矿石成分要求为：$w(Fe) \geqslant 55\%$、$w(SiO_2) < 8\%$、$w(S) < 0.10\%$、$w(P) < 0.10\%$、$w(Cu) < 0.20\%$、$w(H_2O) < 0.50\%$，块度为 30~100mm。

铁矿石入库前用水冲洗表面杂物，使用前须在500℃以上烘烤2h以上，以避免钢液降温过大，并且可减少铁矿石带入的水分。

8.2.2.3 氧化铁皮

氧化铁皮也称铁磷，是钢坯加热、轧制和连铸过程中产生的氧化壳层，含铁量占70%~75%。氧化铁皮还有助于化渣和冷却作用。电炉用氧化铁皮造渣，可以提高炉渣中（FeO）含量、改善炉渣的流动性、稳定渣中脱磷产物、提高炉渣脱磷能力。要求氧化铁皮的成分为：$w(Fe) \geqslant 70\%$、$w(SiO_2) \leqslant 3\%$、$w(S) \leqslant 0.04\%$、$w(P) \leqslant 0.05\%$、$w(H_2O) \leqslant 0.5\%$。氧化铁皮的铁含量高、杂质少，但黏附的油污和水分较多，因此使用前应在500℃以上烘烤4h以上。

除以上三种氧化剂外，电炉有时还使用一些金属的氧化物。如在冶炼某些合金钢时，为了节省合金元素的用量，有时使用它们的矿石或精矿粉代替部分相应的铁合金，如锰矿、铬矿、钒渣以及镍、钼、钨的氧化物（NiO、MoO_3、WO_3），这些矿石在使钢液合金化的同时，也起到氧化剂的作用。

8.2.3 冷却剂

铁矿石——此类冷却剂主要指富铁矿、团矿、烧结矿、氧化铁皮等，主要利用它们所含 Fe_xO_y 氧化金属中的杂质时，吸收大量的热量而起到冷却的作用。使用时不必停炉加入，它们又是助熔剂，可降低铁损，使用时应注意带入的脉石量，SiO_2 多，渣量变大。一次加入量过多时会造成喷溅。

废钢——废钢是氧气转炉炼钢调整冶炼温度的冷却剂之一，采用废钢可节省钢铁料、造渣材料和氧气，废钢比铁矿石冷却效果稳定、喷溅少。同时，因废钢价格较生铁低，可降低钢的成本。

石灰石——在缺少铁矿石和废钢的地方，也可用石灰石作冷却剂，因 $CaCO_3$ 分解需大量吸热。石灰石比加废钢冷却时的铁损多，又没有加铁矿石冷却时铁的收益，钢铁料消耗较高。但它比加铁矿石时喷溅少，在去除磷硫程度相同的情况下渣中 $w(\sum FeO)$ 要低些。

8.2.4 增碳剂

在冶炼过程中，由于配料或装料不当以及脱碳过量等原因，有时造成钢中碳含量没有达到预期的要求，这时要向钢液中增碳。常用的增碳剂有增碳生铁、电极粉、石油焦粉、木炭粉和焦炭粉。转炉冶炼中、高碳钢种时，使用含杂质很少的石油焦作为增碳剂。对顶吹转炉炼钢用增碳剂的要求是固定碳要高，灰分、挥发分和硫、磷、氮等杂质含量要低，且要干燥、干净、粒度适中，其 $w(C) \geq 96\%$、$w(挥发分) \leq 1.0\%$、$w(S) \leq 0.5\%$、$w(水分) \leq 0.5\%$，粒度为 $1 \sim 5mm$。

8.2.5　气体

随着顶底复合吹炼转炉的出现，使炼钢用气体的种类和数量日趋增多。除氧气在炼钢中广泛使用外，底吹气体还使用了氮气、氩气、一氧化碳、二氧化碳、天然气等气体。

（1）氮气和氩气。氮气和氩气是制氧机制取氧气过程中的副产品，根据氮气和氩气的沸点比氧气低，通过液态空气加热精馏而得到工业氮气和氩气。氩气与氧气的沸点非常接近，因此制取氩气更困难一些。氮气和氩气广泛作为复合吹炼转炉的底吹搅拌气体，炼钢生产中要求氮气纯度达 99%，氩气纯度达 95% 以上。

（2）一氧化碳。一氧化碳是可燃性气体，在燃气中得到广泛应用。作为复合吹炼转炉的搅拌用气体，要求其纯度很高，如日本在复合吹炼中应用的 CO 含量都在 98% 以上。但也有采用转炉回收煤气（CO 含量为 65% 左右）作为底吹用气体的试验报道。总之，在使用 CO 气体作为转炉底吹用气体时，主要的问题是防止爆炸和中毒，故应谨慎对待。

（3）二氧化碳。二氧化碳是复合吹炼转炉底吹搅拌所用气体之一，使用 CO_2 作为底吹搅拌用气体，要求纯度达 80% 以上。CO_2 气体的制取，既可以从石灰窑废气中回收，也可以从转炉煤气中制取。目前采用 CO_2 作为底吹气体的复合吹炼转炉年产钢近亿吨，是一种极具前景的底吹搅拌气体。

（4）天然气。天然气是蕴藏在地下的烃和非烃气体混合物，天然气主要成分为甲烷，其 $w(CH_4) = 80\% \sim 90\%$，是一种可燃性气体。在转炉炼钢中，天然气可用作底吹气体，既可搅拌熔池，又能助燃。但 CH_4 分解的 H_2 则对钢水氢含量有影响，故在吹炼后期要切换为惰性气体，以去除钢中的氢。

8.3　炼钢用耐火材料

转炉是高温冶金设备，必须用耐火材料堆砌。特别是转炉炉衬，不仅要承受高温钢水和熔渣的化学侵蚀，还要承受钢水、熔渣、炉气的冲刷作用以及废钢的机械冲撞等，它对耐火材料的要求更高。耐火材料的性能不仅关系到内衬的寿命，还影响着钢的质量。

凡是具有抵抗高温及在高温下能够抵抗所产生的物理化学作用的材料统称为耐火材料。一般来讲，耐火材料可以分为以下几种：碱性耐火材料，是指以 MgO 或 MgO+CaO 为主要成分的耐火材料，它能抵抗碱性熔渣，但可与酸性熔渣反应；酸性耐火材料，通常是指 SiO_2 含量大于 93% 的氧化硅质耐火材料，它能抵抗酸性熔渣，但可与碱性熔渣反应；中性耐火材料，指的是在高温下与碱性或酸性熔渣都不易反应的耐火材料，如碳质及铬质耐火材料。

衡量耐火材料好坏的主要性能指标有耐火度、荷重软化温度、耐压强度、抗热震性、热膨胀性、导热性、抗渣性、气孔率等。下面介绍实际中应用的一些耐火材料。

8.3.1　转炉用耐火材料

转炉用耐火材料主要有以下几种：

（1）焦油白云石砖。焦油白云石砖在我国的应用时间最长、使用量最大。虽然它的生产成本低，但由其砌筑的炉衬寿命比较短，现在已很少使用。

（2）白云石砖。用二步煅烧法生产的白云石砂或镁白云石砂，同竖窑煅烧成的白云石砂相比，其杂质含量低，烧结程度好，抗水化性能优异，制砖后的炉衬寿命也较高。

（3）镁白云石碳砖。镁白云石碳砖可以砌筑炉衬，它是以优质的白云石砂、镁白云石砂为基本原料，同时添加优质石墨，并以焦油沥青或树脂为结合剂机压成型生产而成的。由于添加了石墨，这种砖的抗侵蚀性能得以大幅度提高。

（4）镁碳砖。目前转炉均采用镁碳砖砌炉。这种砖以优质烧结镁砂、电熔镁砂为基本原料，同时添加优质石墨，并以焦油沥青或树脂为结合剂进行混料，最后用高吨位压砖机机压成型。镁碳砖兼备了镁质和碳质耐火材料的优点，克服了传统碱性耐火材料的缺点。它的抗渣性强，导热性能好，避免了镁砂颗粒产生的热裂；同时由于存在结合剂固化后形成的碳网络，氧化镁颗粒被紧密牢固地连接在一起。使用镁碳砖可以大幅度提高炉衬的寿命。

8.3.2　转炉炉衬

炉衬寿命影响转炉的工作时间及生产成本，炉龄是钢厂一项重要的生产技术指标。对耐火材料的研究正是为了延长转炉炉衬的寿命，提高炉龄。

转炉内衬的结构可以分为炉底、熔池、炉壁、炉帽、渣线、耳轴、炉口、出钢口、底吹供气砖等部分。

为了节约材料，可以综合砌炉，均衡炉衬。在冶炼过程中由于各个部位工作条件不同，工作层各部位的损坏情况也不一样。针对这一点，应视其损坏程度的难易砌筑不同的耐火材料，容易损坏的地方砌筑高档镁碳砖，损坏较轻的地方可以砌筑中档或低档镁碳砖，这样整个炉衬的蚀损情况较为均匀，此即为综合砌炉。

转炉的内衬由永久层和工作层组成，部分转炉还有绝热层。永久层用焦油白云石砖或低档镁碳砖砌筑，在砌筑新的炉衬时，这一层是不需要拆除的。工作层都是用镁碳砖砌筑的，根据位置的不同应采用不同材质的镁碳砖。绝热层一般用石棉板或耐火纤维砌筑。

转炉的损坏有以下一些原因：铁水、废钢及炉渣等的机械碰撞和冲刷；炉渣及钢水的化学侵蚀；炉衬自身矿物组成分解引起的层裂；急冷急热等因素。

为了提高炉龄可采取的措施有：提高耐火材料的质量；优化炼钢工艺；采用补炉及护炉操作。

———— 本 章 小 结 ————

原材料是转炉炼钢的物质基础，原材料质量的好坏，直接影响炼钢生产过程和炼钢产品的质量，并关系到对资源的合理利用及环境保护。

炼钢用原材料分为金属料、辅助材料和炉衬材料。金属料主要是指铁水（或生铁块）、废钢和铁合金，辅助材料主要是指造渣材料、氧化剂、冷却剂、增碳剂和气体等，炉衬材料主要是指各种耐火材料。

复习思考题

8-1　炼钢用原材料有哪些？

8-2　氧气转炉炼钢用的主要金属料组成有哪些？对铁水有何要求？

8-3　电炉炼钢用的主要金属料组成有哪些？对废钢的要求是什么？

8-4　炼钢用氧化剂主要有哪些？对它们有何要求？

8-5　炼钢用造渣材料主要有哪些？对它们有何要求？

8-6　铁矿石作冷却剂与废钢相比有何不同？

8-7　简述转炉炼钢使用哪些耐火材料？

8-8　转炉炉衬损坏的原因有哪些？提高炉龄应采取哪些措施？

参 考 文 献

［1］包燕平，冯捷．钢铁冶金学教程［M］．北京：冶金工业出版社，2008：230~239.

［2］王新华．钢铁冶金——炼钢学［M］．北京：高等教育出版社，2007：100~104.

［3］陈家祥．钢铁冶金学（炼钢部分）［M］．北京：冶金工业出版社，2004：23~44.

［4］朱苗勇．现代冶金学（钢铁冶金卷）［M］．北京：冶金工业出版社，2005：184~188.

［5］戴云阁，李文秀，龙腾春．现代转炉炼钢［M］．沈阳：东北大学出版社，1998：44~54.

［6］王雅贞，张岩，张红文．氧气顶吹转炉炼钢工艺与设备［M］．北京：冶金工业出版社，2005：3~7.

［7］翟玉春，刘喜海，徐家振．现代冶金学［M］．北京：电子工业出版社，2001：101~103.

9 氧气转炉炼钢

本章学习要点

本章主要学习氧气转炉炼钢方法。要求掌握氧气顶吹转炉炼钢的主要特点，钢的冶炼过程及吹炼过程中金属成分、炉渣成分、熔池温度的变化规律，熟悉氧气顶吹转炉炼钢的工艺过程；了解底吹氧气转炉的结构特点、复合吹炼转炉炼钢法的类型及少渣冶炼的冶金特性；熟悉底吹氧气转炉和复合吹炼转炉炼钢法的炉内反应。

氧气转炉炼钢是目前世界上最主要的炼钢方法。它是使用转炉，以铁水作为主要原料，靠杂质的氧化热提高钢水温度，在 30~40min 内完成一次精炼的快速炼钢法。转炉按炉衬耐火材料性质可分为碱性转炉和酸性转炉；按供入氧化性气体种类分为空气和氧气转炉；按供气部位分为顶吹、底吹、侧吹及复合吹转炉；按热量来源分为自供热和外加热燃料转炉。现在，全世界主要的转炉炼钢法是氧气顶吹转炉炼钢法（LD 法）和氧气顶底复合吹转炉炼钢法（复合吹炼法）。在我国主要采用 LD 法（小转炉）和复合吹炼法（大中型转炉）。

自 1856 年英国人贝塞麦发明酸性空气底吹转炉炼钢法起，开始了转炉大量生产钢水的历史。20 世纪 50 年代用氧气代替空气炼钢是炼钢史上的一次重大变革，70 年代出现的氧气底吹转炉和顶吹复合转炉，是氧气转炉在发展和完善道路上取得的丰硕成果。氧气转炉的高速发展是其他炼钢法所无法比拟的，图 9-1 是以 LD 法为主体的自供热转炉的发展演变过程，图 9-2 是从传统供热方法向外加燃料联合供热法转炉发展的演变过程。目前转炉炼钢已经形成了多种高效的生产工艺，充分发挥和保护着转炉炼钢的技术优势和强大竞争优势。图 9-3 所示为转炉炼钢功能的发展与完善。

9.1 氧气顶吹转炉炼钢法

9.1.1 氧气顶吹转炉炼钢特点

氧气顶吹转炉炼钢法具有以下优点：吹炼速度快，生产率高；吹炼钢水的品种多、质量好；热效率高、成本低；基建投资省、建设速度快；氧气顶吹转炉容易与连铸相匹配。

氧气顶吹转炉炼钢法的缺点是：吹损大（达 10%左右），金属收得率低；相对底吹法与复吹法，其氧气射流对熔池搅拌不均匀，从而影响氧气顶吹转炉的吹炼强度、吹炼稳定性和生产效率的提高。因此氧气顶吹转炉将逐渐被顶底复吹转炉所代替。

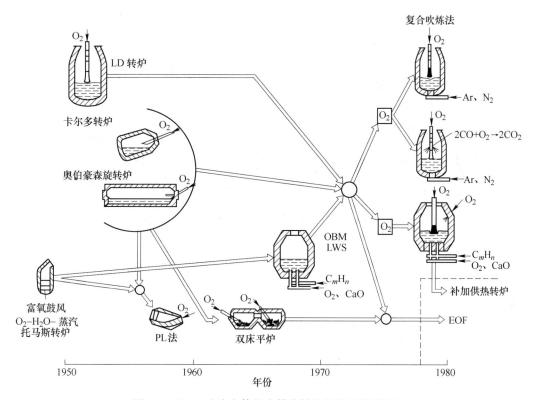

图 9-1　以 LD 法为主体的自供热转炉的发展演变过程

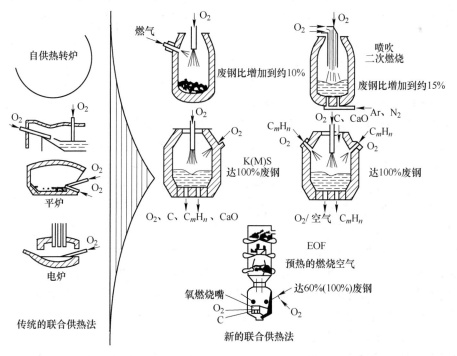

图 9-2　由传统供热方法向外加燃料联合供热法转炉发展的演变过程

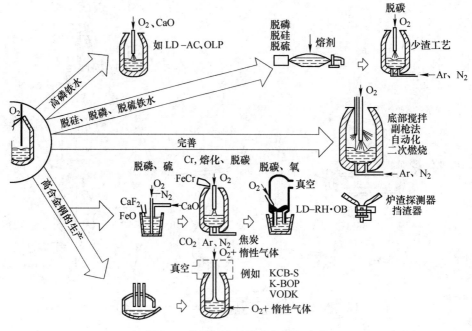

图 9-3　转炉炼钢功能的发展与完善

9.1.2　钢的冶炼过程

上炉钢出完后，根据炉况，加入调渣剂调整炉渣成分，并进行溅渣护炉（必要时补炉），倒完残余炉渣，然后堵出钢口，装废钢和兑铁水后，摇正炉体。下降氧枪的同时，由炉口上方的辅助材料溜槽加入第一批渣料（白云石、石灰、萤石、氧化铁皮）和作为冷却剂的铁矿石，其量约为总渣料量的 2/3。当氧枪降至规定枪位时，吹炼正式开始。

当氧流与熔池面接触时，硅、锰、碳开始氧化，称为点火。点火后的几分钟，初渣形成并覆盖在熔池表面。随着硅、锰、磷、碳的氧化，熔池温度升高，火焰亮度增加，炉渣起泡，并有小铁粒从炉口喷溅出来，此时应适当降低氧枪高度。

吹炼中期脱碳反应激烈，渣中氧化铁降低，致使炉渣熔点增高和黏度加大，并可能出现稠渣（即"返干"）现象。此时应适当提高枪位，并可分批加入铁矿石和第二批渣料（其余 1/3），以提高渣中氧化铁含量及调整炉渣性能。如果炉内化渣不好，则加入第三批渣料（萤石），其加入量视炉内化渣情况决定。

吹炼末期，金属碳含量大大降低，脱碳反应减弱，火焰变短而透明。最后根据火焰状况，供氧数量和吹炼时间等因素，按所炼钢种的成分和温度要求，确定吹炼终点，并提枪停止供氧（称为拉碳），倒炉、测温、取样。根据分析结果，决定出钢或补吹时间。

当钢水成分（主要是碳、硫、磷的含量）和温度符合终点要求，打开出钢口，倒炉挡渣出钢。当钢水流出总量的 1/4 时，向钢包内加入铁合金进行脱氧和合金化。出完钢后，溅渣护炉（或喷补），倒渣之后，便组织装料，继续炼钢。

通常将相邻两炉钢之间的间隔时间（即从装入钢铁料至倒渣完毕的时间）称为冶炼周期或一炉钢冶炼时间，一般为 30~40min（或为 30min 左右）。它与炉子吨位大小和工艺的不同有关。其中吹氧过程的时间称为供氧时间或纯吹炼时间，通常为 12~18min。

9.1.3 转炉吹炼过程金属成分的变化规律

通常情况下，吹炼时喷枪是埋没在炉渣中，炉渣由于含有大量 CO 气泡而膨胀。熔池受到氧气射流的强烈冲击和熔池沸腾作用，一部分钢液飞溅成金属液滴弥散在熔渣中，形成气-渣-金属乳化相。图 9-4 为转炉吹炼过程中金属成分、熔渣成分变化情况。当然，吹炼过程中炉内变化并不是固定不变的，随着吹炼条件会发生变化，但符合一些基本规律。

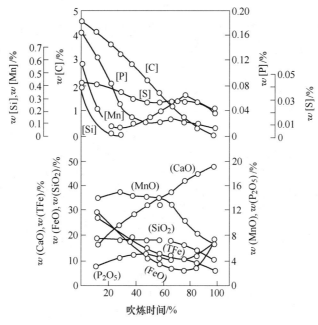

图 9-4 转炉吹炼过程中金属、熔渣成分变化

9.1.3.1 硅的氧化规律

[Si] 在吹炼初期就大量氧化。在吹炼初期，一般在 5min 内就被氧化到很低，一直到吹炼终点，也不会发生硅的还原。在开吹时，铁水中 [Si] 和氧的亲和力大，而且 [Si] 氧化反应为放热反应，低温下有利于此反应的进行，因此，[Si] 在吹炼初期就大量氧化。其反应式可表示如下：

$$[Si]+O_2 = (SiO_2) \quad （氧气直接氧化）$$
$$[Si]+2[O] = (SiO_2) \quad （熔池内反应）$$
$$[Si]+2(FeO) = (SiO_2)+2[Fe] \quad （界面反应）$$
$$2(FeO)+(SiO_2) = (2FeO \cdot SiO_2) \quad （熔渣内反应）$$

随着吹炼的进行，石灰逐渐溶解，$2FeO \cdot SiO_2$ 转变为 $2CaO \cdot SiO_2$，即 SiO_2 与 CaO 牢固地结合为稳定化合物，SiO_2 活度很低，在碱性渣中 FeO 的活度较高，这样不仅使 [Si] 被氧化到很低程度，而且在碳剧烈氧化时，也不会被还原，即使温度超过 1530℃，[C] 与 [O] 的亲和力也超过 [Si] 与 [O] 的亲和力，终因（CaO）与（SiO_2）结合为稳定的 $2CaO \cdot SiO_2$，[C] 也不能还原（SiO_2）。

9.1.3.2 锰的氧化规律

在吹炼初期，由于铁水中［Mn］含量较高，同时［Mn］和氧的亲和力大，［Mn］氧化反应为放热反应，低温有利于反应进行，所以［Mn］在吹炼初期迅速氧化，但不如［Si］氧化得快。其反应式可表示为：

$$［Mn］+［O］══（MnO） \quad （熔池内反应）$$
$$2［Mn］+\{O_2\}══2（MnO） \quad （氧气直接氧化反应）$$
$$［Mn］+（FeO）══（MnO）+［Fe］ \quad （界面反应）$$
$$（SiO_2）+（MnO）══MnO \cdot SiO_2$$

锰的氧化产物是碱性氧化物，在吹炼前期形成（MnO·SiO₂）。但随着吹炼的进行和渣中 CaO 含量的增加，会发生（MnO·SiO₂）+2（CaO）═（2CaO·SiO₂）+（MnO）反应，（MnO）呈自由状态，吹炼后期炉温升高后，（MnO）被还原，即（MnO）+［C］═［Mn］+\{CO\} 或（MnO）+［Fe］═（FeO）+［Mn］。因此，吹炼终了时，钢中的锰含量也称余锰或残锰。

9.1.3.3 碳的氧化规律

碳的氧化规律主要表现为吹炼过程中碳的氧化速度，影响碳氧化速度的主要因素有熔池温度、熔池金属成分、熔渣中（$\sum FeO$）含量和炉内搅拌强度。在吹炼的前、中、后期，这些因素是在不断发生变化，从而体现出吹炼各期不同的碳氧化速度。

吹炼前期：熔池平均温度低于 1400~1500℃，［Si］、［Mn］含量高且与［O］亲和力均大于［C］与［O］的亲和力，（$\sum FeO$）较高，但化渣、脱碳消耗的（FeO）较少，熔池搅拌不强烈，碳的氧化速度不如中期高。

吹炼中期：熔池温度高于 1500℃，［Si］、［Mn］含量降低，［P］与［O］亲和力小于［C］与［O］亲和力，碳氧化消耗较多的（FeO），熔渣中（$\sum FeO$）有所降低，熔池搅拌强烈，反应区乳化较好，结果此期的碳氧化速度高。

吹炼后期：熔池温度很高，超过 1600℃，［C］含量较低，（$\sum FeO$）增加，熔池搅拌不如中期，碳氧化速度比中期低。

转炉吹炼过程中碳氧反应速度变化可见图 9-5。

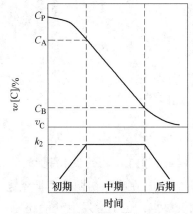

图 9-5 转炉内碳氧反应速度变化

9.1.3.4 磷的氧化规律

磷的变化规律主要表现为吹炼过程中的脱磷速度。脱磷速度的变化规律主要受熔池温度、熔池中［P］含量、熔渣中（$\sum FeO$）含量、熔渣碱度、熔池的搅拌强度或脱碳速率的影响。

在氧气转炉吹炼的各个时期，影响脱磷速度的因素是变化的，其变化见表 9-1。

表 9-1 氧气顶吹转炉吹炼各期的影响脱磷速度的因素

时期 \ 因素	熔池温度	（$\sum FeO$）	炉渣碱度	降碳速度
前期	较低	较高	低	低于中期
中期	较高	较低	较高	高于初期
后期	高	高	高	低于中期

9.1.3.5 硫的氧化规律

硫的变化规律也主要表现在吹炼过程中的脱硫速度。脱硫速度变化规律主要受熔池温度、熔池中 [S] 含量、熔渣中（$\sum FeO$）含量、熔渣碱度、熔池的搅拌强度或脱碳速率的影响。不同时期其表现不同。

在吹炼前期，由于温度和碱度较低，（FeO）较高，渣的流动性差，因此脱硫能力较低，脱硫速度很慢；吹炼中期，熔池温度逐渐升高，（FeO）比前期有所降低，碱度因大量石灰熔化而增大，熔池乳化比较好，是脱硫的最好时期；吹炼后期，熔池温度已升至出钢温度，（FeO）回升，比中期高，碱度高，熔池搅拌不如中期，因此，脱硫速度低于或稍低于中期。

综上所述，熔池中 [Si]、[Mn]、[C]、[P]、[S] 在吹炼过程中的变化规律各有其特点，它们也存在相互影响的关系。

9.1.4 熔池内炉渣成分的变化规律

转炉吹炼过程中熔池内的炉渣成分影响着元素的氧化和脱除规律，而元素的氧化和脱除又影响着炉渣成分的变化。

9.1.4.1 炉渣中（FeO）的变化规律

炉渣中（FeO）的变化取决于它的来源和消耗两方面。（FeO）的来源主要与枪位、加矿量有关，（FeO）的消耗主要与脱碳速度有关。

枪位：枪位低时，高压氧气流股冲击熔池，熔池搅拌剧烈，渣中金属液滴增多，形成渣、金属乳浊液，脱碳速度加快，消耗渣中（FeO），（FeO）降低。枪位高时，脱碳速度低，渣中（FeO）增高。

矿石：渣料中加的矿石多，则渣中（FeO）增高。

脱碳速度：脱碳速度高，渣中（FeO）低；脱碳速度低，渣中（FeO）高。

开吹氧后，大量铁珠被氧化，表面生成一层氧化膜，或生成 FeO 进入熔渣，此时脱碳速度低，所以渣中 $w(FeO)$ 很快升高。有时采用高枪位操作和加矿石造渣，也能使渣中 w（FeO）很快达到最高值，一般可达到 18%~25%，平均 20%左右。

中期温度升高，[C] 还原（FeO）的能力增强，脱碳速度大，枪位较低，所以中期渣中 w(FeO) 比前期低，一般可降到 7%~12%。

后期脱碳速度降低，渣中 w(FeO) 又开始增加。

根据上面讲到的渣中（FeO）与枪位、脱碳速度之间的关系，在氧压一定的条件下，改变枪位的高低，可达到操作工艺上所要求的化渣或脱碳的目的，见表 9-2。

表 9-2 控制枪位的效果

操作工艺要求	控制枪位	控制枪位的效果	
		脱碳速度	w(FeO)
化渣	高	降低	增加
脱碳	低	增加	降低

氧气顶吹转炉通过改变枪位可达到化渣、降碳的不同目的，它与其他炼钢方法相比，

具有操作灵活的特点。

9.1.4.2　炉渣碱度的变化规律

炉渣碱度的变化规律取决于石灰的熔解、渣中（SiO₂）和熔池温度。在吹炼各期中，石灰的溶解情况、渣中（SiO₂）的来源及温度的高低都不一样，因此炉渣碱度也不一样。

吹炼初期，熔池温度不高，渣料中石灰还未大量熔化。而吹炼一开始，［Si］迅速氧化，渣中（SiO₂）很快提高，有时可高达30%。因此，初期炉渣碱度不高，一般为1.8~2.3，平均为2.0左右。

吹炼中期，熔池的温度比初期提高，促进大量石灰熔化，熔池中［Si］已氧化完毕，SiO₂来源中断。中期脱磷速度、熔池搅拌均比前期强，这些因素均有利于形成高碱度炉渣。

吹炼后期，熔池的温度比中期进一步提高，接近出钢温度，有利于石灰渣料熔化，在中期炉渣碱度较高的基础上，吹炼后期，仍能得到高碱度、流动性良好的炉渣。

9.1.5　熔池温度的变化规律

熔池温度的变化与熔池的热量来源和热量消耗有关。

吹炼初期，兑入炉内的铁水温度一般为1300℃左右，铁水温度越高，带入炉内的热量就越高，［Si］、［Mn］、［C］、［P］等元素氧化放热，但加入废钢可使兑入的铁水温度降低，加入的渣料在吹炼初期大量吸热。吹炼前期终了熔池温度可升高至1500℃左右。

吹炼中期，熔池中［C］继续大量氧化放热，［P］也继续氧化放热，均使熔池温度提高，可达1500~1550℃。

吹炼后期，熔池温度接近出钢温度，可达1650~1680℃，具体因钢种、炉子大小而异。在整个一炉钢的吹炼过程中，熔池温度约提高350℃。

综上所述，氧气顶吹转炉开吹以后，熔池温度、炉渣成分、金属成分相继发生变化，它们各自的变化又彼此相互影响，形成高温下多相、多组元同时进行的极其复杂的物理化学变化。

9.1.6　氧气顶吹转炉炼钢工艺

氧气顶吹转炉炼钢工艺主要包含装料、供氧、造渣、温度及终点控制、脱氧及合金化等内容。

9.1.6.1　装料制度

A　装料次序

对使用废钢的转炉，一般先装废钢后装铁水。先加洁净的轻废钢，再加入中型和重型废钢，以保护炉衬不被大块废钢撞伤，过重的废钢最好在兑铁水后装入。为了防止炉衬过分急冷，装完废钢后，应立即兑入铁水。炉役末期，以及废钢装入量比较多的转炉也可以先兑铁水，后加废钢。

B　装入量

装入量指炼一炉钢时铁水和废钢的装入数量，它是决定转炉产量、炉龄及其他技术经济指标的主要因素之一。装入量中铁水和废钢配比应根据热平衡计算确定。通常，铁水配比为 70%~90%，其值取决于铁水温度和成分、炉容比、冶炼钢种、原材料质量和操作水平等。确定装入量时，必须考虑以下因素：

（1）炉容比。它是指转炉内自由空间的容积与金属装入量之比（m^3/t），通常在 0.7~1.0 m^3/t 之间波动，我国转炉炉容比一般不低于 0.75 m^3/t，见表9-3。

表 9-3　国内一些企业顶吹转炉的炉容比

厂　名	宝钢	首钢	鞍钢	本钢	攀钢	首钢	太钢
吨位/t	300	210	180	120	120	80	50
炉容比/$m^3 \cdot t^{-1}$	1.05	0.97	0.86	0.91	0.90	0.84	0.97

（2）熔池深度。合适的熔池深度应大于顶枪氧气射流在熔池中的最大穿透深度，以保证生产安全、炉底寿命和冶炼效果。不同公称吨位转炉熔池深度见表9-4。

表 9-4　不同公称吨位转炉熔池深度

公称吨位/t	300	210	100	80	50
熔池深度/mm	1949	1650	1250	1190	1050

（3）转炉附属设备，应与钢包容量、浇铸吊车起重能力、转炉倾动力矩大小、连铸机的操作等相适应。

目前国内采用三种控制装入量的方法，即定量装入量、定深装入量和分阶段定量装入法。定量装入量是指整个炉役期间，保证金属料装入量不变；定深装入量是指整个炉役期间，随着炉子容积的增大依次逐渐增大装入量，保证每炉的金属熔池深度不变；分阶段定量装入法是指将转炉按炉膛的扩大程度划分为若干阶段，每个阶段实行定量装入法。分阶段定量装入法兼有两者的优点，是生产中最常见的装入制度。

9.1.6.2　供氧制度

供氧制度就是使氧气流最合理的供给熔池，创造良好的物化反应条件。其主要内容包括确定合理的喷头结构、供氧强度、氧压和枪位控制。

氧枪是转炉供氧的主要设备，它是由喷头、枪身和尾部结构组成的。喷头是用导热性能良好的紫铜经锻造和切割加工而成，也有用压力浇铸而成的。喷头的形状有拉瓦尔型（图9-6）、直筒型和螺旋型等。

枪身由三层同心套管构成，中心管道通氧气，中间管是冷却水的进水通道，外层管是出水通道。喷头与中心套管焊接在一起。

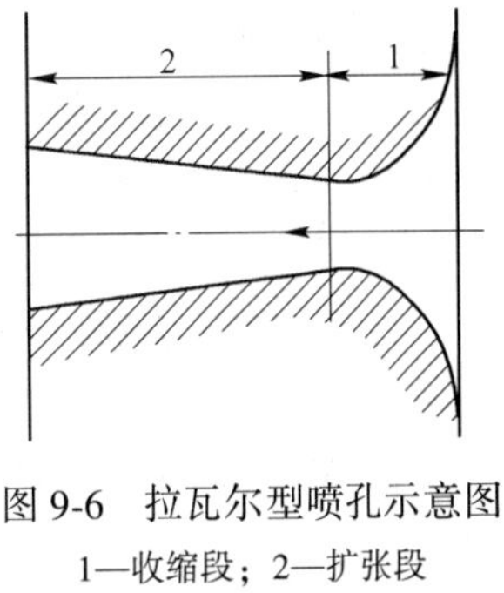

枪尾部连接供氧管、进水管和出水管。

图 9-6　拉瓦尔型喷孔示意图
1—收缩段；2—扩张段

供氧强度是指在单位时间内每吨钢的氧耗量。供氧强度的大小根据转炉的公称吨位、炉容比来确定。目前国内小型转炉的供氧强度为 2.5~4.5 $m^3/$（$t \cdot min$），120t 以上的转炉供氧强度为 2.8~3.6 $m^3/$（$t \cdot min$）。国外转炉供氧强度波动范围为 2.5~4.0 $m^3/$（$t \cdot min$）。

供氧压力应保证射流出口速度达到超声速，并使喷头出口处氧压稍高于炉膛内的炉气压力。目前，大型转炉的供氧压力为 0.8~1.2MPa。

氧气流量是指在单位时间内向熔池供氧的数量，常用标准状态下的体积量度。氧气流量是根据吹炼每吨金属料所需要的氧气量、金属装入量、供氧时间等因素决定的。

供氧操作是指调节氧压或枪位，达到调节氧气流量、喷头出口气流压力及射流与熔池的相互作用程度，以控制化学反应进程的操作。供氧操作分为恒压变枪、恒枪变压和分阶段恒压变枪几种方法。国内多采用第三种操作方法。

9.1.6.3　造渣制度

造渣是转炉炼钢的一项重要操作。造渣制度是确定合适的造渣方法、渣料的种类、渣料的加入数量和时间以及加速成渣的措施。

转炉冶炼各期，都要求炉渣具有一定的碱度、合适的氧化性和流动性、适度的泡沫化。

吹炼初期，要保持炉渣具有较高的氧化性，（ΣFeO）稳定在25%～30%，以促进石灰熔化，迅速提高炉渣碱度，尽量提高前期脱磷、脱硫率，避免酸性渣侵蚀炉衬；吹炼中期，炉渣的氧化性不得过低，（ΣFeO）保持在10%～16%，以避免炉渣返干；吹炼末期，要保证去除 P、S 所需的炉渣高碱度，同时控制好终渣氧化性。

转炉成渣过程：

（1）吹炼初期，炉渣主要来自铁水中［Si］、［Mn］、［Fe］的氧化产物。加入炉内的石灰块由于温度低，表面形成冷凝外壳，造成熔化滞止期，对于块度为40mm左右的石灰，渣壳熔化需数十秒。由于发生［Si］、［Mn］、［Fe］的氧化反应，炉内温度升高，促进了石灰熔化，这样炉渣的碱度逐渐得到提高。

（2）吹炼中期，随着炉温的升高和石灰的进一步熔化，同时脱碳反应速度加快导致渣中（FeO）逐渐降低，使石灰熔化速度有所减缓，但炉渣泡沫化程度迅速提高。由于脱碳反应消耗了渣中大量的（FeO），再加上没有达到渣系液相线正常的过热度，使化渣条件恶化，引起炉渣异相化，并出现返干现象。

（3）吹炼末期，脱碳速度下降，渣中（FeO）再次升高，石灰继续熔化并加快了熔化速度。同时，熔池中乳化和泡沫现象趋于减弱和消失。

根据铁水成分和所炼钢种来确定造渣方法。常用的造渣方法有单渣法、双渣法和双渣留渣法。

（1）单渣法。整个吹炼过程中只造一次渣，中途不倒渣、不扒渣，直到吹炼终点出钢。

（2）双渣法。整个吹炼过程中需要倒出或扒出 1/2～2/3 炉渣，然后加入渣料重新造渣。根据铁水成分和所炼钢种的要求，也可以多次倒渣造新渣。

（3）双渣留渣法。将双渣法操作的高碱度、高氧化铁、高温、流动性好的终渣留一部分在炉内，然后在吹炼第一期结束时倒出，重新造渣。

9.1.6.4　温度制度

吹炼任何钢种，对其出钢温度都有一定的要求。温度制度主要是指炼钢过程温度控制和终点温度控制。如果出钢温度过低，可能造成不能顺利浇铸、水口套眼、钢包粘钢，甚至要回炉处理。如果出钢温度过高，不仅会增加钢中的夹杂物和气体含量，影响钢的质量，而且还会增加铁的烧损，降低合金元素收得率，降低炉衬和钢包内衬寿命，造成连铸坯多种缺陷甚至浇铸漏钢。吹炼过程温度过高或过低，都会影响化渣速度，还可能造成喷溅。吹炼终点温度过高或过低，都会影响以火焰判断拉碳的准确性。

9.1.6.5　终点控制和出钢

终点控制是转炉吹炼末期的重要操作。终点控制主要是指终点温度和成分的控制。由于脱磷、脱硫比脱碳操作复杂，总是尽可能提前让磷、硫达到终点所需的范围，因此，终点的控制实质就是脱碳和温度的控制，把停止吹氧又俗称"拉碳"。

达到终点的具体表现为：钢中碳达到所炼钢种要求的控制范围；钢中 S、P 含量低于规定下限要求的一定范围；出钢温度保证能顺利进行精炼和浇铸；达到钢种要求控制的氧含量。

终点碳含量主要根据所炼钢种要求来控制，但应考虑到脱氧剂和铁合金碳含量的影响。吹炼中钢水的碳含量和温度达到吹炼目标要求时刻的一次拉碳，如能准确命中，则可以避免后吹，否则需要进行补吹。目前，出钢采用的挡渣法有挡渣球法、挡渣塞法、气动挡渣器法、气动吹渣法等（图 9-7）。

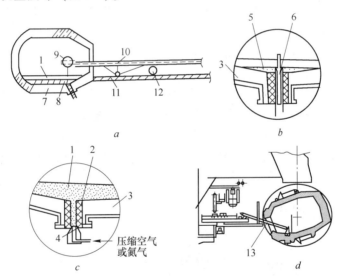

图 9-7　挡渣示意图

a—挡渣球法；b—挡渣塞法；c—气动挡渣器法；d—气动吹渣法

1—炉渣；2—出钢口砖；3—炉衬；4—喷嘴；5—钢渣界面；6—挡渣锥；7—炉体；8—钢水；9—挡渣球；
10—挡渣小车；11—操作平台；12—平衡球；13—气动吹渣装置

9.1.6.6　脱氧及合金化制度

在转炉吹炼过程中，由于不断向金属熔池吹氧，当达到吹炼终点时，钢液中必然残留一定数量的溶解氧，吹炼结束后，如果不将氧脱除到一定程度，就不能顺利浇铸，也得不到结构合理的铸坯。因此在出钢前或者在出钢及以后的过程中根据钢种要求选择合适的脱氧剂及加入量，加入到钢水中使其达到规定的脱氧程度。在脱氧的同时，也使钢水中的硅、锰及其他合金元素的含量达到成品钢的规格，达到合金化的目的。

9.1.6.7　溅渣护炉

溅渣护炉目前是生产中的常规操作，是维护炉衬的主要手段。它是利用 MgO 含量达到饱和或过饱和的炼钢终点渣，通过高压氮气的吹溅，使其在炉衬表面形成一层高熔点的熔渣层，并与炉衬很好地黏结。通过溅渣形成的溅渣层其耐蚀性较好，同时可抑制炉砖表面的氧化脱碳，又能减轻高温熔渣对炉衬砖的侵蚀冲刷，从而保护炉衬，提高炉衬使用寿命。

溅渣护炉操作要点：调整好熔渣成分。控制终点渣合适的（MgO）和（TFe）含量，（MgO）含量应控制在 8%～10%，（TFe）含量高时，（MgO）含量应高一些。留渣量要合适，在确保炉衬内表面形成足够厚度的溅渣层后，还要留有满足对装料侧和出钢侧进行倒炉挂渣的需要量。控制溅渣枪位，最好使用溅渣专用枪，控制在喷枪最低枪位溅渣。控制氮气的压力与流量，要根据转炉吨位的大小选择氮气的压力与流量。保证溅渣时间，溅渣时间一般在 3min 左右。

9.2　底吹氧气转炉炼钢法

1967 年，德国马克西米利安公司引进了双层管氧气喷嘴技术，并成功开发了底吹氧气转炉炼钢技术，称为 OBM 法（oxygen bottom blowing maxhutfe）。此喷嘴内层钢管通氧气，环缝中通碳氢化合物，利用包围在氧气外层的碳氢化合物的裂解吸热和形成还原性气幕冷却保护氧气喷嘴。与此同时，比利时、法国研制成功与 OBM 相似的方法，法国命名为 LMS（learning managed system）法，他们以液态的燃料油作为氧气喷嘴的冷却介质，在 30t OBM 炉上取得了较好的结果，钢中 $w[N]$ 从 100×10^{-6} 降到 20×10^{-6}，炉子寿命由 100 次增到 200 次以上。1971 年，美国钢铁公司引进了 OBM 法；1972 年建设了 3 座 200t 底吹氧气转炉，命名为 Q-BOP 法（Quiet-BOP）。此后，底吹氧气转炉在欧洲、美国和日本又得到了进一步发展。

9.2.1　底吹氧气转炉结构特点

底吹氧气转炉结构如图 9-8 所示。炉身和炉底可拆卸分开，不同吨位的炉子，在底吹上安装不同数目的吹氧喷嘴，一般为 6～22 支。例如，230t 底吹氧气转炉有 18～22 个喷嘴，150t 有 12～18 个喷嘴。

喷嘴在炉底上的布置，最常用的是炉底和喷嘴垂直，而且与炉子转动轴对称。为了改善熔池搅拌，也有喷嘴与炉底倾斜布置，而且与炉子转动轴不对称。

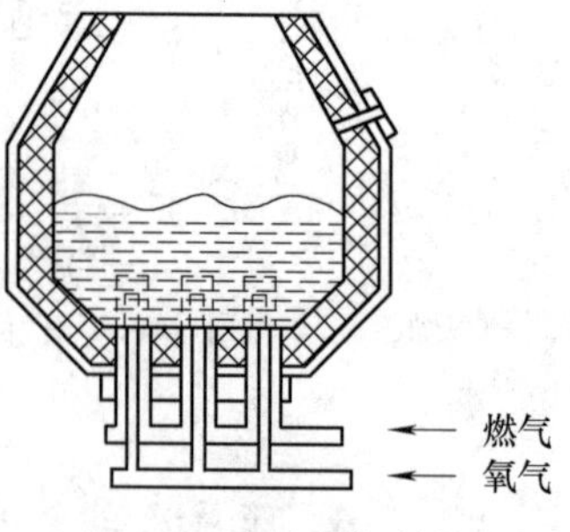

燃气
氧气

图 9-8　底吹氧气转炉
结构示意图

9.2.2　底吹氧气转炉炉内反应

9.2.2.1　吹炼过程中钢水和炉渣成分的变化

吹炼初期，铁水中 [Si]、[Mn] 优先氧化，但 [Mn] 的氧化只有 30%～40%，这与 LD 转炉吹炼初期有 70% 以上锰的氧化不同。

吹炼中期，铁水中碳大量氧化，氧的脱碳利用率几乎 100%，而且铁矿石、铁皮分解出来的氧也被脱碳反应消耗，这体现了底吹氧气转炉比顶吹氧气转炉具有熔池搅拌良好的特点。由于良好的熔池搅拌贯穿整个吹炼过程，渣中的（FeO）被 [C] 还原，渣中

（FeO）含量低于 LD 转炉，铁合金收得率高。

9.2.2.2　[C]-[O] 平衡

底吹氧气转炉和顶吹氧气转炉吹炼终点钢水含碳量 w[C] 与含氧量 w[O] 的关系，如图 9-9 所示。

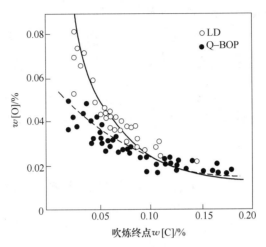

图 9-9　吹炼终点 w[C] 和 w[O] 的关系

在钢水中 w[C] >0.07% 时，底吹氧气转炉和顶吹氧气转炉的 [C]-[O] 关系，都比较接近 p_{CO} 为 0.1MPa、T 为 1600℃ 时的 [C]-[O] 平衡关系，但当钢水中 w[C] <0.07% 时，底吹氧气转炉内的 [C]-[O] 关系低于 p_{CO} 为 0.1MPa 时 [C]-[O] 平衡关系，这说明底吹氧气转炉和顶吹氧气转炉在相同的钢水氧含量下，与之相平衡的钢水碳含量，底吹转炉比顶吹转炉的要低。原因是底吹转炉中随着钢水碳含量的降低，冷却介质分解产生的气体对 [C]-[O] 反应的影响大，使 [C]-[O] 反应的平衡 CO 分压低于 0.1MPa。

9.2.2.3　锰的变化规律

底吹氧气转炉熔池中 [Mn] 的变化有两个特点：吹炼终点钢水残 [Mn] 比顶吹转炉高；[Mn] 的氧化反应几乎达到平衡。

底吹转炉钢水残 [Mn] 高的原因是底吹氧气转炉渣中（FeO）含量低于顶吹转炉，而且 CO 分压（约 0.04MPa）低于顶吹转炉的 0.1MPa，相当于顶吹转炉中的 [O] 活度高于底吹转炉的 2.5 倍。此外，底吹转炉喷嘴上部的氧压高，易产生强制氧化，[Si] 氧化为 SiO_2 并被石灰粉中 CaO 所固定，这样 MnO 的活度增大，钢水残锰增加。

9.2.2.4　铁的氧化和脱磷反应

A　低磷铁水条件下铁的氧化和脱磷反应

[P] 的氧化与渣中（TFe）含量密切相关。底吹氧气转炉渣中（TFe）含量低于顶吹氧气转炉，这样不仅限制了底吹氧气转炉不得不以吹炼低碳钢为主，而且也使脱磷反应比顶吹转炉滞后进行，但渣中（TFe）含量低，金属的收得率就高。

在低碳范围内，底吹氧气转炉的脱磷并不逊色 LD 炉。其原因可归纳为在底吹喷嘴上部气体中 O_2 分压高，产生强制氧化，[P] 生成 PO（气），并被固体石灰粉迅速化合为 $3CaO \cdot P_2O_5$，从而具有 LD 转炉所没有的比较强的脱磷能力。在 LD 转炉火点下生成的

$Fe_2O_3 \cdot P_2O_5$ 则比较稳定，再还原速度缓慢，尤其是在低碳范围时，脱磷明显，也说明了这个问题。为了提高底吹氧转炉高碳区的脱磷能力，通过炉底喷入铁矿石粉或返回渣和石灰粉的混合料，已取得明显的效果。

B　高磷铁水条件下脱磷反应

可采用留渣法吹炼高磷铁水，将前炉炉渣留在炉内一部分，前期吹入石灰总量的35%左右，后期吹入65%左右造渣，中期不吹石灰粉。前期可脱去铁水中磷含量的50%，吹炼末期的炉渣为 CaO 所饱和，供下炉吹炼用。

9.2.2.5　脱硫反应

230t 底吹转炉吹炼过程中，当熔池中的碳达到 0.8% 左右时，$w[S]$ 达到最低值，说明吹炼初期固体 CaO 粉末有一定的直接脱硫能力。但随着炉渣氧化性的提高，熔池有一定量的回硫，吹炼后期随着流动性的改善，熔池中 [S] 又降低。

9.2.2.6　钢中的 [H] 和 [N]

底吹氧气转炉钢中 [H] 比顶吹转炉的高，其原因是底吹转炉用碳氢化合物作为冷却剂，分解出来的氢被钢水吸收。图 9-10 为底吹转炉内终点 [C] 与 [N] 的关系，从中可以看出底吹转炉钢水的含 [N] 量，尤其是在低碳时比顶吹转炉的低，原因是底吹转炉的熔池搅拌一直持续到脱碳后期，有利于脱气。

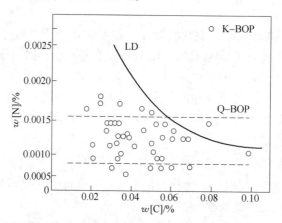

图 9-10　底吹转炉内吹炼终点 [C] 与 [N] 的关系

9.2.2.7　底吹转炉与顶吹转炉的比较

与顶吹转炉相比，底吹氧气转炉的优点有：金属收得率高；Fe-Mn、Al 等合金消耗降低；脱氧剂和石灰降低；氧耗降低；烟尘少，是顶吹的 1/2 ~ 1/3；喷溅少；脱碳速度快，冶炼周期短，生产率高；废钢比增加；搅拌能力大，氮含量低。

底吹转炉所反映出来的缺点有：炉龄较低；（ΣFeO）少，化渣比较困难，脱磷不如 LD；钢中 [H] 含量较高。

9.3　顶底复合吹炼转炉炼钢法

氧气转炉顶底复吹冶炼法（图 9-11）可以说是顶吹转炉和底吹转炉冶炼技术不断发展

的必然结果。1978 年，法国钢铁研究院（IRSID）在顶吹转炉上进行了底吹惰性气体搅拌的实验并获得成功；1979 年，日本住友金属发表了转炉复合吹炼的报告，从而加速了各国对 LD 转炉的改造。由于复合法在冶金效果、操作以及经济上均体现出一系列的优点，加之容易改造，因此，在世界范围普及速度相当快。我国首钢、鞍钢分别在 1980 年和 1981 年开始进行复吹的实验研究，并于 1983 年分别在首钢 30t 转炉和鞍钢 180t 转炉上推广使用。

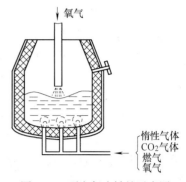

图 9-11　顶底复吹转炉示意图

9.3.1　顶底复合吹炼转炉炼钢法的类型

国内外所采用的顶底复合吹炼法，主要是为解决顶吹氧气转炉，特别是大型炉子熔池搅拌强度不足问题而发展起来的。虽然各厂根据自身条件开发了多种顶底复吹方式，但归纳起来主要有四类：

（1）顶吹氧、底吹惰性气体的复吹工艺。其代表方法有 LBE、LD-KG、LD-OTB、NK-CB、LD-AB 等，顶部 100% 供氧气，并采用二次燃烧技术以补充熔池热源；底部供给惰性气体，吹炼前期供氮气，后期切换为氩气，供气强度在 $0.03\sim0.12\mathrm{m}^3/(\mathrm{t\cdot min})$ 范围。底部多使用集管式、多孔塞砖或多层环缝管式供气元件。

（2）顶、底复合吹氧工艺。其代表方法有 BSC-BAP、LD-OB、LD-HC、STB、STB-P 等。顶部供氧比为 60%~95%，底部供氧比为 5%~40%。底部的供氧强度为 $0.2\sim2.5\mathrm{m}^3/(\mathrm{t\cdot min})$，属于强搅拌类型，目的在于改善炉内动力学条件的同时，使氧与杂质元素直接氧化，加速吹炼过程。底部供气元件多使用套管式喷嘴。

（3）底吹氧喷熔剂工艺。其典型代表有 K-BOP。从顶吹转炉底部，通过底枪，在吹氧的同时，还可以喷吹石灰等熔剂，吹氧强度一般为 $0.8\sim1.3\mathrm{m}^3/(\mathrm{t\cdot min})$，熔剂的喷入量取决于钢水脱磷、脱硫的量。除加强熔池搅拌外，还能使氧气、石灰和钢水直接接触，加大反应速度。

（4）喷吹燃料型工艺。这种工艺是在供氧的同时喷入煤粉、燃油或燃气等燃料，燃料的供给既可从顶部加入，也可从底部喷入。通过向炉内喷吹燃料，可使废钢比提高，如 KMS 法可使废钢比达 40% 以上；而以底部喷煤粉和顶底供氧的 KS 法还可使废钢比达 100%，即转炉全废钢冶炼。

9.3.2　复合吹炼转炉少渣冶炼

铁水经预脱硅、预脱磷和预脱硫处理后，为转炉提供低硅、低磷和低硫的铁水，这样就可以不大量造渣，简化转炉操作，转炉内只进行脱碳和升温操作。这就是转炉少渣冶炼的基本含义。

1979 年，新日铁室兰厂开发了脱硅铁水在转炉内的小渣量冶炼法，即 SMP 法（slag minimizing process）。在此基础上，新日铁君津厂于 1982 年投产了采用石灰熔剂脱磷、脱硫预处理的 ORP 法（optimizing the refining process）。同年日本住友金属也投产采用了苏打粉进行铁水预处理的 SARP 法（sumitomo alkali refining process）。1983 年神户制钢开发了石灰和苏打粉联合预处理铁水的 OLTPS（oxygen lime injection dephosphorization）法。由此，开创了转炉少渣冶炼的发展历程，并逐渐完善形成了当今的转炉生产中的先进工艺流程。

复吹转炉少渣冶炼的冶金特性：

（1）还原性功能。由于渣量少，复吹转炉中 $\Sigma(FeO)$ 低，底部吹 Ar 或 N_2 搅拌熔池，使熔池中渣、钢的氧分压都降低，而具有一定程度的还原性功能。这样吹入的锰矿粉，可利用渣量少、$\Sigma(FeO)$ 低、熔池温度高的特点，使 MnO 直接还原，回收锰矿粉中的 Mn，从而提高钢液中锰含量。

（2）钢中的氢明显减少。由于散装料及铁合金消耗量减少，少渣精炼时钢水和炉渣的氢含量明显减少，可以稳定地得到终点 $w[H] < 2.0 \times 10^{-6}$ 的钢水。

（3）铁损明显减少。由于渣量减少，渣带走的铁损明显减少。由于覆盖钢水的渣层薄，因此使烟气带走的烟尘量增多。

—————— 本 章 小 结 ——————

氧气转炉炼钢是目前世界上最主要的炼钢方法。转炉炼钢是以铁水为主要原料，通过高速氧气射流与钢液中的元素发生氧化反应，完成造渣、脱碳、脱磷、部分脱硫、除气、去除非金属夹杂物及升温等基本任务。

氧气转炉炼钢分为氧气顶吹转炉炼钢、底吹氧气转炉炼钢和顶底复合吹炼转炉炼钢等方法，复合吹炼转炉炼钢是集顶吹转炉和底吹转炉的特点于一身的炼钢方法，该方法已成为目前转炉炼钢的主要方法。

复习思考题

9-1 简述氧气顶吹转炉冶炼一炉钢的过程，并分析其中钢液成分、炉渣成分和温度的变化。

9-2 什么是转炉的炉容比？确定装入量应考虑哪些因素？

9-3 供氧制度的主要内容是什么？氧枪的枪位对熔池中的冶金过程产生哪些影响？

9-4 转炉的成渣过程有何特点？成渣速度主要受哪些因素影响？如何来提高成渣速度？

9-5 造渣的方法有哪几种？各有什么特点？

9-6 什么是终点控制？终点的标志是什么？

9-7 什么是溅渣护炉？其操作有什么要求？

9-8 底吹转炉炼钢法与顶吹转炉炼钢法相比体现出哪些工艺特征？

参 考 文 献

[1] 王新华. 钢铁冶金——炼钢学 [M]. 北京：高等教育出版社，2007：81～85.

[2] 包燕平，冯捷. 钢铁冶金学教程 [M]. 北京：冶金工业出版社，2008：241～263.

[3] 朱苗勇. 现代冶金学（钢铁冶金卷）[M]. 北京：冶金工业出版社，2005：189～210，215～220.

[4] 陈家祥. 钢铁冶金学（炼钢部分）[M]. 北京：冶金工业出版社，2004：140～146.

[5] 戴云阁，李文秀，龙腾春. 现代转炉炼钢 [M]. 沈阳：东北大学出版社，1998：74～110.

[6] 翟玉春，刘喜海，徐家振. 现代冶金学 [M]. 北京：电子工业出版社，2001：111～123.

电弧炉炼钢

+-+

本章学习要点

  本章主要学习电弧炉炼钢方法。要求了解电弧炉炼钢的特点及操作方法；掌握传统电弧炉及现代电弧炉炼钢的工艺过程；熟悉传统电弧炉炼钢和现代电弧炉炼钢的主要特点。

+-+

10.1　电弧炉炼钢概述

  电弧炉（简称 EAF）炼钢是以电能作为热源的炼钢方法，它是靠电极和炉料间放电产生的电弧，使电能在弧光中转变为热能，并借助电弧辐射和电弧的直接作用加热并熔化金属炉料和炉渣，冶炼出各种成分合格的钢和合金的一种炼钢方法。图 10-1 是电弧炉炼钢过程示意图。

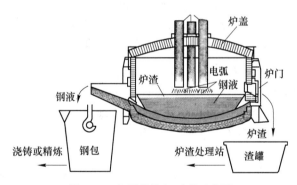

图 10-1　电弧炉炼钢过程示意图

  目前，世界上电炉钢产量的 95% 以上都是由电弧炉生产的，因此电炉炼钢主要指电弧炉。传统电炉是以废钢为主要原料，以三相交流电作电源，利用电流通过石墨电极与金属料之间产生电弧的高温来加热、熔化炉料，是用来生产特殊钢和高合金钢的主要方法。电弧炉从诞生至今已经历了一百多年的历史。在这百年中，电弧炉的设备工艺技术不断发展，产量不断提高，其原因在于电弧炼钢的经济效益与环境优势。

  电弧炉炼钢从诞生以来，其发展速度虽然不如 20 世纪 60 年代前的平炉，也比不上 60年代后的转炉的发展。但随着科技的进步，电弧炉钢产量及其比例始终在稳步增长，尤其是 20 世纪 70 年代以来，电力工业的进步，科技对钢的质量和数量的要求提高，大型超高功率电炉技术的发展以及炉外精炼技术的采用，使电弧炉炼钢技术有了很大的进步。

  电炉钢除了在传统的特殊钢和高合金钢领域继续保持其相对优势外，正在普钢领域表现出强劲的竞争态势。在产品结构上，电弧炉钢几乎覆盖了整个长材生产领域，如圆钢、钢筋、线材、小型钢、无缝管，甚至部分中型钢材等，并且正在与转炉钢争夺板材（热轧板）市场。

10.1.1 电弧炉炼钢特点

10.1.1.1 传统电弧炉炼钢特点

（1）温度高而且容易控制。电弧炉弧光区温度高达 $3000 \sim 6000 ℃$，远远高于冶炼一般钢种所需的温度，不但可以熔化各种高熔点的合金，而且升温也比较迅速准确。电弧炉热效率一般可达 65% 以上。

（2）可以造成还原性气氛。转炉炼钢中，由于吹入大量氧，使熔炼自始至终在不同程度的氧化性气氛下进行。而传统电弧炉，在还原期采取加入还原性材料（碳粉或硅铁粉等）、杜绝空气进入等措施，可以迅速造成还原性气氛，有利于钢的脱氧和脱硫，并大大减少易氧化合金元素如铝、钛、硼等的烧损，为冶炼某些特殊钢种提供了条件。

（3）冶炼设备简单。与其他炼钢方法相比，电弧炉炼钢法的设备简单，因此基建投资较少、投产快。

由于碱性电弧炉炼钢法具有上述优点，能够生产多种当前转炉仍然不能生产的高质量合金钢，特别是高合金钢，所以近年来电弧炉钢在世界全部钢产量中所占的比重逐年稳步上升。

但电弧炉炼钢法有一定的缺点：其一是耗电量较大，目前熔炼 1t 钢所消耗的电能约为 $400 kW \cdot h$，在电力供应紧张的地区，电弧炉的建立比较困难；其二是在电弧作用下，炉中的空气和水汽大量离解，使成品钢中含有较多的氢和氮。

10.1.1.2 现代电弧炉炼钢特点

现代电弧炉炼钢特点：多种能源，除电能外还有化学能和物理能（50%）；冶炼过程连续化，流程紧凑；原料多样化，除废钢外还有生铁或 DRI/HBI（30%~40%）；采用现代生产方法，配合精炼与连铸/连铸连轧；重视环保，从源头治理，力求实现绿色制造，重视生态平衡与循环经济。

10.1.1.3 两者的比较

传统电弧炉炼钢与现代电弧炉炼钢特点的比较见表 10-1。

表 10-1 传统电弧炉炼钢与现代电弧炉炼钢特点比较

比较项目	传统电弧炉	现代电弧炉
能源	电能	电能、化学能、物理能
冶金过程	熔化、氧化、还原三期操作；熔毕含碳高于 0.2%	取消电弧炉还原期，采用炉外精炼；高配碳，可停电、不停氧操作
主要原料	废钢、10%~15%生铁	废钢、30%~40%生铁/铁水及 DRI/HBI
产品	钢锭	连铸坯
环境	环保意识差	重视环保、绿色制造

当今钢铁生产可分为"从矿石到钢材"和"从废钢到钢材"两大流程。相对于钢铁联合企业中以高炉-转炉炼钢为代表的常规流程，以废钢为主要原料的电弧炉炼钢生产具

有工序少、投资低和建设周期短的特点，因而被称为短流程。

近年来，短流程更特指那些电弧炉炼钢与连铸-连轧相结合的紧凑式生产流程。由最近的统计可将两种流程作一比较（表10-2），可见在投资、效率和环保等方面，以电弧炉为代表的短流程炼钢具有明显的优越性。

表10-2 高炉-转炉炼钢和电弧炉炼钢两大流程的比较

类　别	高炉-转炉流程	电弧炉流程
投资/美元·t 钢$^{-1}$	1000~1500	500~800
从原料到钢水的能耗/标煤·t 钢$^{-1}$	703.17	213.73
从原料到成品材的运输力需求/t·t 钢$^{-1}$	15.8	9.48
二氧化碳排放/kg·t 钢$^{-1}$	2000~3000	800

10.1.2　电弧炉炼钢技术的发展

钢铁冶金的本质是高温化学反应，因而冶金中传统的能源是基于碳-氧反应的化学能，而电弧炉炼钢所使用的能源以电能为主。

电能具有清洁、高效、方便等多种优越的特性，是工业化发展的优选能源。19 世纪中叶以后，各种大规模实现电-热转换的冶炼装置陆续出现；1879 年威廉西门子 William Siemens 首先进行了使用电能熔化钢铁炉料的研究，1889 年出现了普通感应炼钢炉，1900 年法国人赫劳特 P. L. T. Heroult 设计的第一台炼钢电弧炉投入生产。从此，电弧炉炼钢在 100 多年中得到了长足的发展，目前已成为最重要的炼钢方法之一。

20 世纪以来世界总钢产量中电弧炉钢产量所占百分比的变化见图 10-2。从图中可以看出：

（1）20 世纪 50 年代前电弧炉钢占百分比很低，它是一类特殊的炼钢方法。

（2）20 世纪 50 年代以后，电弧炉钢得到迅速发展，1950~1990 年间世界电弧炉钢总产量增长近 17 倍。电弧炉钢所占百分比也由 6.5% 增至 27.5%。

（3）20 世纪 90 年代以来，世界电弧炉钢保持高速发展，1990~1998 年间世界电弧炉钢年产量增加 5123 万吨，电弧炉钢占百分比增长至 33.9%。

（4）进入 21 世纪以来，由于中国电弧炉钢占比逐年下降（由于成本增加和废钢短缺），拉低了世界电弧炉钢占比，而其他国家电弧炉钢占比则逐年上升。

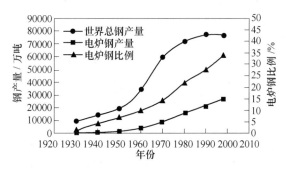

图 10-2　世界、中国和其他国家年总钢产量、电弧炉钢产量比例变化

电弧炉炼钢发展过程中，经历了普通功率电弧炉→高功率电弧炉→超高功率电弧炉。其冶金功能也发生了革命性的变化，其功能由传统的"三期操作"发展为只提供初炼钢水的"二期操作"。

10.1.2.1　现代炼钢流程冶炼工序的功能演变

随着炼钢技术的进步，传统转炉和电弧炉的功能在发生转变。现代转炉的功能逐步演变为快速高效脱碳器、快速升温器、能量转换器和优化脱磷器，现代电弧炉的功能演变为：

（1）快速废钢熔化。现代电弧炉冶炼的一个重要特征是冶炼周期大大缩短，已降低到35~45min，可满足高效连铸多炉连铸的节奏要求，现代电弧炉已成为一个废钢快速熔化装置。

（2）熔池快速升温。电弧炉原料中的废钢和生铁熔化后，为满足出钢温度要求，熔池快速升温，现代电弧炉成为一个快速升温装置。

（3）能量转换。现代电弧炉的能源结构包括电能、化学能和物理热。为缩短冶炼周期，必须充分利用变压器功率，增加电能输入；增加化学能和物理热，在一定的冶炼周期条件下，三种能量可以互相转换。

（4）高效脱碳脱磷。为了缩短冶炼周期以满足高效连铸的节奏要求，需要强化供氧，致使脱碳速度加快。在废钢熔化和升温过程中，现代电弧炉成为一个高效的脱碳、脱磷装置。

（5）废弃塑料、轮胎等回收。现代转炉流程中的焦炉、高炉工序可以回收部分废弃塑料，而现代电弧炉流程也具有废弃塑料、轮胎等的回收功能且成本较低。

如上所述，转炉和电弧炉的功能已演变为基本相近，只是由于炉型和原料成分（主要是 C、P）不同，在脱碳量、脱碳速率和脱磷要求方面有所不同，从而工艺有所差别。

10.1.2.2　电弧炉炼钢工艺的进步

传统的电弧炉炼钢操作集炉料熔化、钢液精炼和合金化于同一熔池内，它要经历熔化期、氧化期和还原期，这使得在电弧炉内既要完成熔化、脱磷、脱碳、升温，又要进行脱氧、脱硫、除气、去除夹杂物、合金化以及成分的调整，因而冶炼周期长，这既难以保证对钢材越来越严格的质量要求，又限制了电弧炉炼钢生产率的提高。现代电弧炉炼钢工艺只保留了熔化、升温和必要的精炼操作，如脱磷、脱碳，而把其余的精炼过程均转移到炉外精炼工序中进行。

10.1.3　电弧炉炼钢操作方法

电弧炉冶炼操作方法一般是根据造渣工艺特点来划分的，可分为双渣氧化法（氧化法）、双渣还原法（返回吹氧法）和不氧化法三种类型。目前普遍采用双渣还原法和双渣氧化法。

10.1.3.1　双渣还原法

双渣还原法（返回吹氧法）的特点是冶炼过程中有较短的氧化期（≤15min），造氧化渣，又造还原渣，能吹氧去碳、去气、去夹杂。但由于该方法去磷较难，故要求炉料应由含磷低的返回废钢组成。

双渣还原法由于采取了小脱碳量、短氧化期，不但能去除有害元素，还可以回收大量的合金元素。此法适合冶炼不锈钢、高速钢等含 Cr、W 高的钢种。

10.1.3.2　双渣氧化法

双渣氧化法（氧化法）的特点是冶炼过程有氧化期，能去碳、去磷、去气、去夹杂等杂质。对炉料无特殊要求，冶炼过程既有氧化期，又有还原期，有利于钢质量的提高。目前，几乎所有的钢种都可以用氧化法冶炼，后面主要介绍氧化法冶炼工艺。

10.1.3.3　不氧化法

不氧化法的特点是没有氧化期，没有去磷、去碳和去除气体的要求，要求配入的成分在熔化终了时［C］和［P］应达到氧化末期的水平。因此，不氧化法冶炼对炉料质量有严格的要求，如废钢清洁无锈、干燥、磷含量低、配碳量较准确等。因钢液温度不高，故需 15~20min 的加热升温时间，然后扒除熔化渣进入还原期。由于没有氧化期，可缩短冶炼时间 15min 左右，并可回收废钢中大部分的合金元素，可减少电耗、渣料和氧化剂的消耗，对炉衬维护也有利，因此不氧化法是一种经济的冶炼方法。

10.2　传统电弧炉炼钢工艺

传统的氧化法冶炼工艺操作过程由补炉、装料、熔化、氧化、还原与出钢 6 个阶段组成，主要分为三期，俗称老三期。传统电炉老三期工艺，因其设备利用率低、生产率低、能耗高等缺点，满足不了现代冶金工业的发展，必须进行改革，但它是电弧炉炼钢的基础。

10.2.1　补炉

炉衬寿命的高低是高产、优质、低耗的关键。

10.2.1.1　影响炉衬寿命的主要因素

影响炉衬寿命的主要因素：炉衬的种类、性质和质量（包括制作、打结、砌筑质量）；高温电弧辐射和熔渣的化学侵蚀；吹氧与钢液、炉渣等的机械冲刷以及装料的冲击。为了提高炉衬的寿命，除选择高质量的耐火材料与先进的筑炉工艺外，还要加强维护，即在每炉钢出完后，要进行补炉。如遇特殊情况，还须采用特殊的方式进行修砌垫补。

10.2.1.2　补炉部位

炉衬各部位的工作条件不同，损坏情况也不一样。炉衬损坏的主要部位是炉壁渣线，渣线受到高温电弧的辐射、渣钢的化学侵蚀与机械冲刷以及冶炼操作等损坏严重，尤其渣线的 2 号热点区还受到电弧功率大、偏弧等影响，侵蚀严重，渣线 2 号热点区的损坏程度常常成为换炉的依据；出钢口附近因受渣、钢的冲刷也极易减薄，炉门两侧常受热震的作用，流渣的冲刷及操作与工具的碰撞等，损坏也比较严重。因此，一般电炉在出钢后要对渣线、出钢口及炉门附近等部位进行修补，无论进行喷补或投补，均应重点补好这些部位。

10.2.1.3　补炉原则

补炉的原则是高温、快补、薄补。补炉是将补炉材料喷投到炉衬损坏处，并借助炉内的余热在高温下使新补的耐火材料和原有的炉衬烧结成为一个整体，而这种烧结需要很高的温度才能完成。一般认为，较纯镁砂的烧结温度约为 1600℃，白云石的烧结温度约为

1540℃。电弧炉出钢后，炉衬表面温度下降很快，因此应该抓紧时间趁热快补。薄补的目的是为了保证耐火材料良好的烧结。

10.2.1.4　补炉方法

补炉方法可分为人工投补和机械喷补，根据选用材料的混合方式不同，又分为干补和湿补两种。人工投补，补炉质量差、劳动强度大、作业时间长、耐火材料消耗也大，故仅适合小炉子。目前，在大型电炉上多采用机械喷补。

10.2.1.5　补炉材料

碱性电弧炉人工投补的补炉材料是镁砂、白云石或部分回收的镁砂。所用黏结剂湿补时选用卤水或水玻璃，干补时一般均掺入沥青粉。机械喷补材料主要用镁砂、白云石或两者的混合物，还可掺入磷酸盐或硅酸盐等黏结剂。

10.2.2　装料

目前电弧炉广泛采用炉顶料筐装料，每炉钢的炉料分 1~3 次加入。装料的好坏影响着炉衬寿命、冶炼时间、电耗、电极消耗以及合金元素的烧损等。因此要求装料合理，而装料是否合理主要取决于炉料在料筐中的布料合理与否。

合理布料的顺序如下：先将部分小块料装在料筐底部，借以保护料筐的链板或合页板，减缓重料对炉底的冲击，以保护炉底，及早形成熔池；在小块料的上面、料筐的中心部位装大块料或难熔料，并填充小块料，做到平整、致密、无大空隙，使之既有利于导电，又可消除料桥及防止塌料时折断电极，即保护电极；其余的中、小块料装在大料或难熔料的上边及四周；最后在料筐的上部装入小块轻薄料，以利于起弧、稳定电流和减轻弧光对炉盖的辐射损伤，即保护炉顶。

总之，布料时应做到：下致密、上疏松、中间高、四周低、炉门口无大料。使得送电后穿井快，不搭桥，有利熔化的顺利进行。

10.2.3　熔化期

传统工艺的熔化期占整个冶炼时间的 50%~70%，电耗占 60%~80%。因此熔化期的长短影响生产率和电耗的高低，熔化期的操作影响氧化期、还原期的顺利与否。

10.2.3.1　熔化期的主要任务

熔化期的主要任务：将块状的固体炉料快速熔化并加热到氧化温度；提前造渣，早期去磷；减小钢液吸气和挥发。

10.2.3.2　熔化期的操作

熔化期的操作主要是合理供电、及时吹氧、提前造渣。

A　炉料熔化过程及供电

装料完毕即可通电熔化。但在供电前，应调整好电极，保证整个冶炼过程中不切换电极，并对炉子冷却系统及绝缘情况进行必要的检查。

炉料熔化过程如图 10-3 所示，可分为四个阶段，由于各阶段熔化情况不同，因此供电情况也不同，炉料熔化过程与操作见表 10-3。

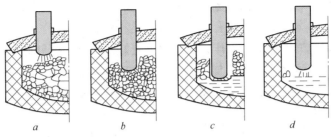

图 10-3 炉料熔化过程示意图

a—起弧；b—穿井；c—主熔化；d—熔末升温

表 10-3 炉料熔化过程与操作

熔化过程	电极位置	必要条件	操作方法	
起弧期	送电→1.5$d_{电极}$	保护炉顶	较低电压	炉顶布轻废钢
穿井期	1.5$d_{电极}$→炉底	保护炉底	较大电压	石灰垫底
主熔化期	炉底→电弧暴露	快速熔化	最大电压	
熔末升温期	电弧暴露→全熔	保护炉壁	低电压、大电流	炉壁水冷+泡沫渣

（1）起弧期。从通电起弧至电极端部下降 1.5$d_{电极}$深度为起弧期（2~3min），该阶段在电弧的作用下，一少部分元素挥发，并被炉气氧化、生产红棕色的烟雾，从炉中逸出。该阶段电流不稳定，电弧在炉顶附近燃烧辐射。二次电压越高、电弧越长，对炉顶辐射越厉害，热量损失越多。为了保护炉顶，在炉上部布一些轻薄小料，以便让电极快速插入炉料中，以减少电弧对炉顶的辐射。供电上采用较低电压、电流。

（2）穿井期。起弧结束至电极端部下降到炉底为穿井期。该阶段虽然电弧被炉料所遮蔽，但因不断出现塌料现象，电弧燃烧不稳定，供电上采用较大的二次电压、大电流或采用高电压带电抗操作，以增加穿井的直径和速度。但该阶段应注意保护炉底，方法是：加料前采取石灰垫底，炉中部布大、重废钢以及采用合理的炉型。

（3）主熔化期。电极下降至炉底后开始回升为主熔化期开始。随着炉料不断地熔化，电极逐渐上升，至炉料基本熔化（>80%），仅炉坡、渣线附近存在少量炉料，电弧开始暴露给炉壁时，主熔化期结束。在主熔化期，由于电弧埋入炉料中，电弧稳定、热效率高、传热条件好，故应以最大功率供电，即采用最高电压、最大电流供电。主熔化期时间约占整个熔化期的 70%。

（4）熔末升温期。电弧开始暴露给炉壁至炉料全部熔化为熔末升温期。该阶段因炉壁暴露，尤其是炉壁热点区的暴露受到电弧的强烈辐射，故应注意保护。此时供电上可采取低电压、大电流，否则应采取泡沫渣埋弧工艺。

B 吹氧与元素氧化

吹氧是利用元素氧化热加热、熔化炉料。当固体料发红时（900℃左右）开始吹氧最为合适，吹氧过早浪费氧气，过迟增加熔化时间。熔化期吹氧助熔，初期以切割为主，当炉料基本熔化形成熔池时，则以吹氧为主。

C 提前造渣

为提前造渣，用 2%~3% 石灰垫炉底（留钢操作、导电炉底等除外），这样在熔池形成的同时就有炉渣覆盖，使电弧稳定，有利于炉料的熔化与升温，并可减少热损失，防止吸气和金属的挥发。由于初期渣具有一定的氧化性和较高的碱度，可脱除一部分磷；当磷高时，可采取自动流渣、换新渣操作，脱磷效果更好，为氧化期创造条件。

脱磷任务主要在熔化期完成。加料前在炉底加 2%~3% 左右造渣料，提前造高碱度、高氧化性炉渣，并采用流渣造新渣的操作等在熔化期基本完成脱磷任务。

10.2.3.3 缩短熔化期的措施

缩短熔化期的措施：减少热停工时间；提高变压器输入功率；强化用氧，如吹氧助熔、氧-烧助熔；余钢、渣回炉；废钢预热等。

10.2.4 氧化期

要去除钢中的磷、气体和夹杂物，必须采用氧化法冶炼。氧化期是氧化法冶炼的主要过程。传统冶炼工艺当废钢完全熔化，并达到氧化温度，磷脱除 70% 以上进入氧化期。为保证冶金反应的进行，氧化开始温度应高于钢液熔点 $50 \sim 80 ℃$。

10.2.4.1 氧化期的主要任务

当脱磷任务重时，继续脱磷到要求（<0.02%）；脱碳至规格下限；去气、去夹杂（利用 C-O 反应）；提高钢液温度。

10.2.4.2 造渣与脱磷

氧化期要造好高氧化性、高碱度和流动性良好的渣；及时流渣、换新渣，抓紧氧化前期（低温）快速脱磷。

10.2.4.3 氧化与脱碳

氧化期操作分为矿石氧化、吹氧氧化及矿氧综合氧化法三种。除钢中磷含量特别高而采用矿氧综合氧化外，均采用吹氧氧化，尤其当脱磷任务不重时，通过强化吹氧，氧化钢液降低钢中碳含量。

10.2.4.4 气体与夹杂物的去除

电弧炉炼钢钢液去气、去夹杂是在氧化期进行的。它是借助碳-氧反应、一氧化碳气泡的上浮，使熔池产生激烈沸腾，促进气体和夹杂物的去除，均匀成分与温度。为此，一定要控制好脱碳反应速度，保证熔池有一定的激烈沸腾时间。

10.2.4.5 氧化期的温度控制

氧化期的温度控制要兼顾脱磷与脱碳两者的需要，并优先脱磷。在氧化前期应适当控制升温速度，待磷达到要求后再放手提温。一般要求氧化末期的温度略高于出钢温度 $20 \sim 30 ℃$。这主要考虑两点：扒渣、造新渣以及加合金将使钢液降温；不允许钢液在还原期升温，否则将使电弧下的钢液过热、大电流弧光反射损坏炉衬，以及钢吸气。

当钢液的温度，磷含量、碳含量等符合要求时，扒除氧化铁渣、造稀薄渣，进入还原期。

10.2.5 还原期

传统电弧炉炼钢工艺中，还原期的存在显示了电弧炉炼钢的特点。

10.2.5.1 还原期的主要任务

尽可能地除去钢液中溶解的氧量（脱至 0.003%～0.008%）；将钢液中的硫去除至所炼钢种规定要求；调整钢液成分，保证成品钢中所有元素的含量都符合标准要求；调整钢液温度，确保冶炼正常进行并有良好的浇铸温度；调整炉渣成分，使炉渣碱度合适、流动性良好，有利于脱氧去硫。这些任务相互之间有着密切的联系，一般认为，脱氧是核心、温度是条件、造渣是保证。

10.2.5.2 脱氧操作

电弧炉常用综合脱氧法，其中还原操作以脱氧为核心。（1）当钢液的温度、磷含量、碳含量符合要求，扒渣量大于 95%；（2）加 Fe-Mn、Fe-Si 块等预脱氧（沉淀脱氧）；（3）加石灰、萤石、火砖块，造稀薄渣；（4）稀薄渣形成后还原，加碳粉、Fe-Si 粉等脱氧（扩散脱氧），分 3～5 批，7～10min/批（这就是老三期炼钢还原期时间长的原因）；（5）搅拌，取样，测温；（6）调整成分——合金化；（7）加 Al 或 Ca-Si 块等终脱氧（沉淀脱氧）；（8）出钢。

10.2.5.3 温度的控制

考虑到出钢到浇铸过程中的温度损失，出钢温度应比钢的熔点高出 100～140℃。

由于氧化期末控制钢液温度大于出钢温度 20～30℃以上，扒渣后还原期的温度控制实际上是保温过程。如果还原期大幅度升温，一是钢液吸气严重；二是高温电弧加重对炉衬的侵蚀；三是局部钢水过热。为此，应避免还原期后进行升温操作。

10.2.6 出钢

传统电弧炉炼钢的合金化一般是在氧化末期、还原初期进行预合金化，在还原末期、出钢前或出钢过程进行合金成分微调。

钢液经氧化、还原后，当化学成分合格、温度合乎要求、钢液脱氧良好、炉渣碱度与流动性合适时即可出钢。因出钢过程的钢-渣接触可进一步脱氧与脱硫，故要求采取"大口、深冲、钢-渣混合"的出钢方式。

10.3 现代电弧炉炼钢工艺

现代电弧炉冶炼从过去包括熔化、氧化、还原精炼、温度、成分控制和质量控制的炼钢设备，变成仅保留熔化、升温和必要精炼功能（脱磷、脱碳）的化钢设备，而把那些只需要较低功率的工艺操作转移到钢包精炼炉内进行。钢包精炼炉对钢液进行成分、温度、夹杂物、气体含量等的严格控制，以满足用户对钢材质量越来越严格的要求。尽可能把脱磷甚至部分脱碳提前到熔化期进行，而在熔化后的氧化精炼和升温期只进行碳的控制和不适宜在加料期加入的较易氧化而加入量又较大的铁合金的熔化，对缩短冶炼周期、降低消耗、提高生产率特别有利。

电弧炉采用留钢留渣操作，熔化一开始就有现成的熔池，加之强化吹氧和底吹搅拌，为提前进行冶金反应提供良好的条件。从提高生产率和降低消耗方面考虑，要求电弧炉具有最短的熔化时间和最快的升温速度以及最少的辅助时间（如补炉、加料、更换电极、出钢等），以达到最佳经济效益。

10.3.1　快速熔化与升温操作

为了在尽可能短的时间内把废钢熔化并使钢液温度达到出钢温度，在电弧炉中一般采用以下操作手段来完成。

以最大可能的功率供电、氧-燃烧嘴助熔、吹氧助熔和搅拌、底吹搅拌、泡沫渣，以及其他强化冶炼和升温技术，这些都是为了实现最终冶金目标，即为炉外精炼提供成分、温度都符合要求的初炼钢液为前提，因此还应有良好的冶金操作相配合。

10.3.2　脱磷操作

脱磷操作的三要素，即磷在渣-钢间分配的关键因素有炉渣的碱度、炉渣的氧化性和温度。因此，在电弧炉中脱磷主要就是通过控制上面三个因素来进行的，所采取的主要工艺有：

（1）强化吹氧和氧-燃助熔，提高初渣的氧化性。

（2）提前造成氧化性强、碱度较高的泡沫渣，并充分利用熔化期温度较低的有利条件，提高炉渣脱磷的能力。

（3）及时放掉磷含量高的初渣并补充新渣，防止温度升高后和出钢时下渣回磷。

（4）采用喷吹操作强化脱磷，即用氧气将石灰与萤石粉直接吹入熔池，脱磷率一般可达 80%，并能同时进行脱硫，脱硫率接近 50%。

（5）采用无渣出钢技术，严格控制下渣量，把出钢后磷降至最低。

出钢磷含量控制应根据产品规格、合金化等情况来综合考虑，一般应小于 0.02%。

10.3.3　脱碳操作

电弧炉配料采取高配碳，其目的主要是：

（1）熔化期吹氧助熔时，碳先于铁氧化，从而减少了铁的烧损。

（2）渗碳作用可使废钢熔点降低，加速熔化。

（3）碳-氧反应造成熔池搅动，促进了渣-钢反应，有利于早期脱磷。

（4）在精炼升温期，活跃的碳-氧反应扩大了渣-钢界面，有利于进一步脱磷，有利于钢液成分和温度的均匀化和气体、夹杂物的上浮。

（5）活跃的碳-氧反应有助于泡沫渣的形成，提高传热效率，加速升温过程。

10.3.4　合金化

现代电弧炉炼钢合金化一般是在出钢过程中在钢包内完成，那些不易氧化、熔点又高的合金，如 Ni、W、Mo 等合金可在熔化后加入炉内，但采用留钢操作时应充分考虑前炉留钢对下一炉钢液所造成的成分影响。合金加入的原则是：

（1）不易氧化的元素（比铁和氧结合能力差的），可在装料时、氧化期或还原期加入，较易氧化的元素，一般在还原初期加入。

（2）熔点高、密度大的铁合金，加入后应加强搅拌。例如，钨铁的密度大、熔点高，沉于炉底，其块度应小些。

（3）加入量大、易氧化的元素，应烘烤加热，以便快速熔化。

（4）在许可的条件下，优先使用便宜的高碳铁合金，然后再考虑使用中碳合金或低碳合金。

（5）贵重的铁合金应尽量控制在中下限，以降低钢的成本。

出钢时钢包中合金化为预合金化，精确的合金成分调整最终是在精炼炉内完成的。

10.3.5 温度控制

良好的温度控制是顺利完成冶金过程的保证，如脱磷不但需要高氧化性和高碱度的炉渣，也需要有良好的温度相配合。早期脱磷温度较低有利于脱磷；而在氧化精炼期，为造成活跃的碳氧沸腾，要求有较高的温度（>1550℃）；为使炉后处理和浇铸正常进行，根据所采用的不同工艺，要求电弧炉初炼钢液有一定的过热度，以补偿出钢过程、炉外精炼以及钢液的输送等过程中的温度损失。

出钢温度应根据钢种并充分考虑以上各因素来确定。出钢温度过低，钢液流动性差，浇铸后易造成短尺或包中凝钢；出钢温度过高，使钢清洁度变坏，铸坯（或锭）缺陷增加，消耗量增大。总之，出钢温度应在能顺利完成浇铸的前提下尽量控制得低些。

10.3.6 泡沫渣操作

泡沫渣是指在不增大渣量的情况下，使炉渣呈现很厚的泡沫状。

10.3.6.1 泡沫渣操作的优点

采用长弧泡沫渣操作可以增加电炉输入功率、提高功率因数及热效率；降低电炉冶炼电耗，缩短了冶炼时间；减少电弧热辐射对炉壁及炉盖的热损失；泡沫渣有利于炉内化学反应，特别有利于脱 P、C 及去气（N、H）。

10.3.6.2 影响泡沫渣的因素

影响泡沫渣的因素主要有吹氧量、熔池碳含量、炉渣的物理性质（黏度和表面张力）、炉渣的化学性能（FeO 含量和碱度），以及熔池温度。

10.3.6.3 泡沫渣的控制

良好的泡沫渣是通过控制 CO 气体发生量、渣中 FeO 含量和炉渣碱度来实现的。足够的 CO 气体量是形成一定高度的泡沫渣的首要条件。形成泡沫渣的气体不仅可以在金属熔池中产生，也可以在炉渣中产生。

———————— 本 章 小 结 ————————

电弧炉炼钢是以电能作为热源的炼钢方法，它是靠电极和炉料间放电产生的电弧，使电能在弧光中转变为热能，直接作用加热并熔化金属炉料和炉渣，冶炼出各种成分合格的钢和合金的一种炼钢方法。传统的氧化法冶炼工艺操作过程由补炉、装料、熔化、氧化、还原与出钢 6 个阶段组成，主要分为熔化期、氧化期和还原期。现代电炉炼钢只保留了熔化、升温和必要的精炼功能（脱磷、脱碳），把那些只需要较低功率的工艺操作转移到钢包精炼炉内进行，俗称新二期。

复习思考题

10-1　传统电弧炉炼钢和现代电弧炉炼钢各有何特点？并进行比较。

10-2　传统电炉氧化法冶炼过程包括哪几个阶段？其中熔化、氧化及还原各期的主要任务是什么？

10-3　试述现代电炉炼钢工艺操作特点？

参 考 文 献

[1] 王新华. 钢铁冶金——炼钢学 [M]. 北京：高等教育出版社，2007：144~158.

[2] 朱苗勇. 现代冶金学（钢铁冶金卷）[M]. 北京：冶金工业出版社，2005：221~248.

[3] 包燕平，冯捷. 钢铁冶金学教程 [M]. 北京：冶金工业出版社，2008：292~322.

[4] 陈家祥. 钢铁冶金学（炼钢部分）[M]. 北京：冶金工业出版社，2004：212~237.

[5] 翟玉春，刘喜海，徐家振. 现代冶金学 [M]. 北京：电子工业出版社，2001：142~149.

11 炉外精炼

本章学习要点

本章介绍炉外精炼的主要任务、目的及手段；要求熟悉常用的炉外精炼方法，了解 LF、VOD 等冶炼设备的组成结构、精炼工艺及其过程特点。

11.1 概　　述

随着现代科学技术进步和工业发展，对钢的质量（如钢的纯净度）要求越来越高。用普通炼钢炉（转炉、电炉）冶炼出来的钢液已经难以满足质量要求，并且随着连铸技术的发展，对钢液的成分、温度和气体的含量等也提出了严格的要求。总之，几方面的因素迫使炼钢工作者寻求一种新的炼钢工艺，于是就产生了炉外精炼方法。

将转炉或电炉中初炼过的钢液移到另一个容器中进行精炼的炼钢过程，称为"炉外精炼"，也称"二次炼钢"。该方法是把一般炼钢炉中要完成的精炼任务，如脱硫、脱氧、除气、去除非金属夹杂物、调整钢的成分和钢液温度等，在炉外的"钢包"或者专用的容器中进行。这样就把原来的炼钢工艺分成两步进行：第一，在一般炼钢炉中进行熔化和初炼；第二，在钢包或专用的容器中进行精炼。这些"钢包"或者专用的容器称为精炼炉。炼钢过程因此分为初炼和精炼两步。

20 世纪 60 年代，钢液真空提升脱气（DH）法和钢液真空循环脱气（RH）法被发明应用，随后真空电弧加热脱气（VAD）炉、真空吹氧脱碳（VOD）炉和氩氧精炼（AOD）炉以及喂线（WF）法和 LF 钢包炉、钢包喷粉法等相继出现。

20 世纪 70 年代中期以后，工业技术进步对钢材质量提出更高的要求，进一步推动炉外精炼技术的应用。工业先进国家拥有炉外精炼设备的转炉车间占 50% 以上，其应用的广泛程度已达到或超过电炉车间，并逐步形成炼钢工艺中的一个新的分支。

我国炉外精炼设备配置的特点是：以转炉炼钢为主的大型钢铁企业主要应用钢包吹氩、钢包加合成渣吹氩、钢包喷粉、喂线、LF、CAS-OB 或 IR-UT、VD 和 RH 等真空处理技术；以电炉炼钢为主的中型钢铁企业则多采用 VOD/VAD、AOD、LF、VD 和喂线等炉外精炼技术，钢包喷粉技术目前已应用较少。

11.2 炉外精炼的主要目的和任务

11.2.1 主要目的

质量方面：降低钢中的有害杂质和非金属夹杂物的含量，改善夹杂物的形态和分布，使钢的化学成分均匀，精确控制过程温度，使之能满足后续生产工艺要求的方向发展。

经济方面：提高生产率、降低原材料、能源和劳动力消耗。

工艺方面：提高生产多钢种的适应能力。

11.2.2 主要任务

炉外精炼的主要任务如下：

（1）降低钢中氧、硫、氢、氮和非金属夹杂物含量，改变夹杂物形态，以提高钢的纯净度，改善钢的力学性能。

（2）深脱碳，满足低碳或超低碳钢的要求。在特定条件下，把碳脱到极低的水平。

（3）微调合金成分，把合金成分控制在很窄的范围内，并使其分布均匀，尽量降低合金的消耗，以提高合金收得率。

（4）调整钢液温度到浇铸所要求的温度范围内，最大限度地减小钢包内钢液的温度梯度。

完成上述任务就能达到提高质量、扩大品种、降低消耗和成本、缩短冶炼时间、提高生产率、协调好炼钢和连铸生产配合等目的。

11.2.3 炉外精炼手段

到目前为止所采用的炉外精炼手段有渣洗、真空、搅拌、喷吹和加热 5 种。此外，还有连铸中间包的过滤。当今，名目繁多的炉外精炼方法都是这五种精炼手段的不同组合，采用一种或几种手段组成一种炉外精炼方法。

（1）渣洗。根据要求将各种渣料配置成满足某种冶金功能的合成炉渣；通过在专门的炼渣炉中熔炼，出钢时钢液与炉渣混合，实现脱硫及脱氧去夹杂功能；使渣和钢充分接触，通过渣-钢之间的反应，有效去除钢中的硫和氧（夹杂物）；不能去除钢中气体；必须将原炉渣去除。

（2）真空。将钢液置于真空室内，由于真空作用使反应向生成气相方向移动，达到脱气、脱氧、脱碳等目的。代表性装置：RH（钢液真空循环脱气装置）、VD（给钢包通氩气，主要脱氢和氮气的装置）、VOD（在真空下吹氧、脱碳、除气、合金成分微调的装置）。

（3）搅拌。通过搅拌扩大反应界面，加速反应物质的传递过程，提高反应速度，均匀成分、温度。搅拌方法有吹气搅拌和电磁搅拌。

（4）喷吹。喷吹的冶金功能取决于精炼剂的种类，它能完成不同程度的脱硫、脱氧、合金化和控制夹杂物形态等精炼任务。其方法有单一气体喷吹 VOD、混合气体喷吹 AOD、固体加入喂线。

（5）加热。加热目的是使炼钢与连铸更好地衔接。加热方法有电弧加热法、感应加热法、等离子加热法、电阻加热法和化学加热法。

11.3 炉外精炼主要方法

11.3.1 钢包炉精炼法（LF 法）

LF（V）是钢包炉的缩写，无真空工位的称为 LF 法，带有真空工位的称为 LFV 法。

LFV 法是在 ASEA-SKF 法和 VAD 法的基础上改进而来的，这三种方法统称为钢包精炼炉。此法是把电弧炉的还原精炼原样移到钢包中操作。将电弧埋到钢液面以上的熔渣层中加热钢液，吹氩搅拌，在还原气氛下采用高碱度合成渣精炼，又称为埋弧桶炉法。

11.3.1.1　LF 炉的设备组成

LF 炉是以电弧加热为主要技术特征的炉外精炼方法，LF 炉主要设备（图 11-1）包括炉体、电弧加热系统、合金和渣料加料系统、底吹氩搅拌系统、喂线系统、炉盖及冷却水系统、除尘系统、测温取样系统、钢包台车控制系统等。

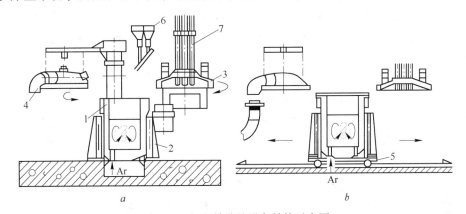

图 11-1　钢包精炼炉设备结构示意图

a—固定式钢包炉；*b*—移动式钢包炉

1—炉体；2—感应搅拌装置；3—炉盖及冷却水系统；4—真空密封炉盖；5—钢包台车；
6—合金和渣料加料系统；7—电弧加热系统

按照供电方式分为交流钢包炉和直流钢包炉。现在国内多数使用交流钢包炉。炉体由一个普通钢包制成，包盖上加有三个加热用的电极，包底装有底吹氩气用的透气砖。

11.3.1.2　LF 法的特点

LF 法的特点是炉内还原性气氛、底吹氩气搅拌、电极埋弧加热、高碱度合成渣精炼。

（1）炉内还原性气氛。LF 炉本身一般不具备真空系统。在精炼时，即在不抽真空的大气压下进行精炼，靠钢包上的水冷法兰盘，水冷炉盖及密封橡胶圈的作用可以起到隔离空气的密封作用。再加上还原性渣以及加热时石墨电极与渣中 FeO，MnO，Cr_2O_3 等氧化物作用生成 CO 气体，增加炉气的还原性。钢液在还原性条件下精炼可以进一步的脱氧、脱硫以及除去非金属杂质，有利于钢液质量的提高。

（2）底吹氩气搅拌。氩气搅拌有利于钢渣之间的化学反应，它可以加速钢渣之间的物质传递，有利于钢液的脱硫、脱氧的进行。底吹氩气还有助于去除非金属杂质。底吹氩气的另一作用是可以加速钢液的温度和成分均匀，能精确地调整复杂化学反应的组成，而这对优质钢又是不可缺少的要求。此外吹氩搅拌可加速渣中氧化物的还原，对回收铬、钼、钨等有价值的合金元素有利。

（3）电极埋弧加热。LF 炉三根电极插入渣层中进行埋弧加热，这种方法辐射热小，对炉衬有保护作用，热效率高，浸入渣中的石墨与渣中氧化物反应，不仅提高渣的还原性，而且还可提高合金回收率，生成 CO 使 LF 炉内气氛更具还原性。

（4）白渣精炼。LF 炉是利用白渣进行精炼的。白渣以 CaO-CaF$_2$ 为主要成分，一般渣量为钢液的 3%~7%，渣对钢液中氧化物吸附和溶解，达到脱氧效果。LF 炉由于有温度补偿，吹氩强烈搅拌，随渣中碱度提高，硫的分配增大，可炼出含［S］仅为 0.0005% 的低硫钢。

11.3.1.3　LF 炉的精炼工艺

（1）加热与温度控制。LF 炉采用电弧加热，加热效率>60%，高于电炉升温热效率。吨钢水平均升温 1℃ 耗电 0.5~0.8kW·h。升温速度决定于供电比功率（kV·A/t），而其大小又决定于钢包耐火材料的熔损指数。通常 LF 炉的供电比功率为 150~200kV·A/t，升温速度可达 3~5℃/min，采用埋弧泡沫技术可以提高加热效率 10%~15%。采用计算机动态控制终点温度可以保证控制精度在 ±5℃。

（2）白渣精炼工艺。利用白渣进行精炼，实现脱硫、脱氧、生产超低硫和低氧钢。白渣精炼是 LF 炉工艺操作的核心。出钢挡渣，控制下渣量不超过 5kg/t。钢包渣改质，控制碱度 R 不小于 2.5。一般采用 Al$_2$O$_3$-CaO-SiO$_2$ 系炉渣，控制 R 不小于 4。控制炉内气氛为弱氧化，避免炉渣再氧化。适当搅拌，避免钢液面裸露，并保证熔池内具有较高的传质速度。

（3）合金微调于窄成分控制。在线建立快速分析设施，保证分析相应时间不超过 3 分钟。精确估算钢水重量和合金收得率。钢水脱氧良好，实现白渣精炼。

（4）吹氩工艺。从钢包进入 LF 站开始，就要进行全程吹氩操作，并且在冶炼过程中，要选择不同的氩气流量，尤其是在冶炼中期，要创造深脱硫的动力学条件，又要防止钢液增碳及吸氮。

11.3.2　真空吹氧脱碳法（VOD 法）

VOD 法是 vacuum oxygen decarburization（真空吹氧脱碳）的缩写，由德国威登特殊钢厂于 1967 年研制成功，故有时称为 Witten 法，是为了冶炼不锈钢所研制的一种炉外精炼方法。由于在真空条件下很容易将钢液中的碳和氮去除到很低的水平，因此该精炼方法主要用于超纯、超低碳不锈钢和合金的炉外精炼。

11.3.2.1　VOD 法的设备及其特点

VOD 法的主要设备由钢包、真空罐、抽真空系统、吹氧系统、吹氩系统、自动加料系统、测温取样装置和过程检测仪表等部分组成，如图 11-2 所示。

VOD 法钢包承担着真空吹氧、脱碳精炼和浇铸等功能。其特点是：工作温度高，为 1700℃ 左右；精炼过程钢液搅动激烈，包衬砖受化学侵蚀和机械冲刷严重，因此，尽管使用高温烧成的耐火材料，其寿命一般也只有 10~30 次。

真空罐是盛放钢包、获得真空条件的熔炼室。它由罐体、罐盖、水冷密封法兰和罐盖开启机构组

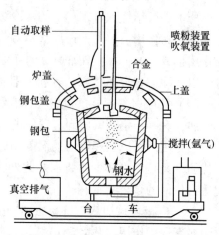

图 11-2　VOD 法主要设备示意图

成。罐盖上有测温、取样、加合金料和吹氧的设备，为了防止喷溅，在钢包和真空盖之间设中间保护盖，盖上砌有耐火砖。

VOD 具有吹氧脱碳、升温、氩气搅拌、真空脱气、造渣、合金化等冶金功能，适用于不锈钢、工业纯铁、精密合金、高温合金和合金结构钢的冶炼，尤其是超低碳不锈钢和合金的冶炼。

11.3.2.2　吹氧脱碳保铬

真空吹氧脱碳过程可分为两个阶段：高碳区（$w(C) > 0.05\% \sim 0.08\%$），脱碳速度与钢中碳含量无关，由供氧量大小决定。脱碳速度随温度升高、吹氧量增大、真空度提高、吹氧枪位降低而增加，因此，在温度和压力一定时，可以通过增大供氧量、降低枪位，提高脱碳速度。但过快的脱碳速度容易导致喷溅和溢钢事故，所以，VOD 在高碳区脱碳速度一般控制在每分钟 $0.02\% \sim 0.03\%$。低碳区（$w(C) < 0.05\% \sim 0.08\%$），脱碳速度随钢中碳量含减少而降低。

11.3.2.3　吹氧升温

VOD 法主要靠合金元素的氧化反应提高钢液温度，主要放热元素有碳、硅、锰、铬、铁、铝等。吹氧升温与元素氧化速度、开吹温度、供氧强度、吹氧期真空度、氧枪高度、钢包与罐体温度高低有关。

11.3.2.4　脱气

VOD 法因为吹氧脱碳产生钢液沸腾，加上吹氩搅拌，为去除钢中气体创造了良好的动力学条件。提高 VOD 脱气效果的措施有：降低初炼钢液的氢、氮含量，提高冶炼过程的真空度，增加有效脱碳速度，增大氮气流量，使用干燥的原材料，尤其石灰应防止吸收水分，减少设备泄漏和浇铸超低氮钢种时采取保护措施防止吸氮。

11.3.2.5　造渣、脱氧、脱硫、去夹杂

VOD 法利用吹氧产生的高温熔化渣料，形成碱度为 $1.5 \sim 2.5$、流动性良好的炉渣，添加硅铁、铝、硅钙等颗粒脱氧剂，还原氧化铬的同时对钢液进行脱氧、脱硫。

———— 本 章 小 结 ————

本章主要介绍了炉外精炼目的及任务，常用精炼设备及组成。常用的炉外精炼方法、LF 炉外精炼的基本工艺，LF、VOD 等冶炼设备的组成及其特点。

复习思考题

11-1　炉外精炼的主要目的是什么？

11-2　炉外精炼的主要任务是什么？

11-3　炉外精炼的主要手段是什么？

11-4　LF 炉的精炼特点是什么？

11-5　VOD 炉的精炼工艺是什么？

参 考 文 献

[1] 冯聚和. 铁水预处理与钢水炉外精炼 [M]. 北京：冶金工业出版社，2006.

[2] 蒋国昌. 纯净钢及二次精炼 [M]. 上海：上海科技出版社，1994.

[3] 姜钧普. 钢铁生产短流程新技术——沙钢的实践　炼钢篇 [M]. 北京：冶金工业出版社，2000.

[4] 俞海明. 转炉钢水的炉外精炼技术 [M]. 北京：冶金工业出版社，2011.

[5] 徐曾告. 炉外精炼 [M]. 北京：冶金工业出版社，1994.

[6] 牟宝喜. 钢铁企业的风险与风险管理 [M]. 北京：冶金工业出版社，2008：211.

12 连 铸 技 术

+·+

本章学习要点

    本章主要学习连铸技术的基本设备及基本工艺。要求了解连铸机的主要设备，生产准备工作，熟悉浇钢设备、连铸机本体等设备特点，掌握钢水运送过程、钢水温降、浇铸温度的确定以及拉速控制等内容。

+·+

    连铸是把液态钢用连铸机浇铸、冷凝、切割而直接得到铸坯的工艺。它是连接炼钢和轧钢的中间环节，是炼钢生产厂（或车间）的重要组成部分。连铸机设备型式从半连续垂直式开始，经立弯连续式逐步降低设备高度，到 20 世纪 60 年代成为现在通用的弧型连铸机。

    按照所浇铸的断面形状可把连铸机分为板坯连铸机、带坯连铸机、小方坯连铸机、大方坯连铸机、圆坯连铸机、异形（如工字形和八角形）断面坯连铸机。

12.1 连铸机主要设备

12.1.1 浇钢设备

    浇钢设备担负着将钢水注入连铸机本体设备结晶器中的任务，同时使钢水在浇铸过程中得到防氧化保护和净化的作用。

12.1.1.1 钢包回转台

    钢包回转台（图 12-1）是钢包支承和承运设备，具有回转、升降、称量、锁紧及保温等多种功能，用来接受来自炼钢车间的满包钢水并转运到连铸车间连铸机浇注位置进行浇铸，同时将浇铸完毕的空钢包返回至接收位置，以便吊车运走，实现多炉连浇。

12.1.1.2 中间包

    中间包（中包）（图 12-2）是钢包与结晶器之间的盛钢容器，钢包中的钢水先注入中间包，再通过浸入式水口注入结晶器中，目的是控制钢水的静压力，减少钢流对结晶器内钢水的冲击和搅动，多炉连浇时，中间包可以贮存一定量的钢水以保证更换钢包时能够继续浇铸。中间包内衬在承载钢水前要经过燃气（焦炉煤气、天然气、柴油或其他气体）烘烤，使其达到 1100℃。

12.1.2 连铸机本体设备

    连铸机本体是其核心中的关键设备，它的作用是把高温钢水变成固体铸坯，可以说是核心中的核心。

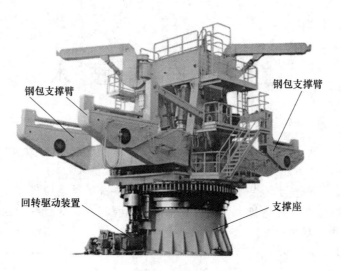

图 12-1 二流板坯连铸系统示意图

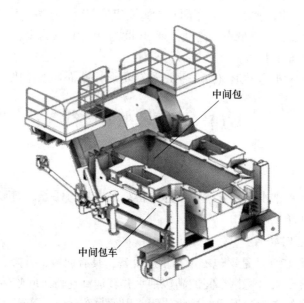

图 12-2 单流板坯连铸中间包和中间包车的结构图

12. 1. 2. 1 结晶器

结晶器是连铸中的铸坯成型的关键部件。它的功能是将连续不断注入其内腔的高温钢水通过水冷铜壁强制冷却，导出其热量，使之逐渐凝固成为具有所要求断面形状和坯壳厚度的铸坯，并使这种芯部仍为液态的铸坯连续不断地从结晶器下口拉出，为其在二次冷却区域内完全凝固创造条件。

一个组合式结晶器可以浇铸一流铸坯，也可以通过插装件浇铸多流铸坯。

组合式结晶器按结构又可分为带支撑框架和不带支撑框架两大类。后者由于结构紧凑、重量轻，也有的厂家称为紧凑式结晶器，近年来应用逐渐增多。结晶器主要由内、外弧冷却水箱与铜板的装配件，内、外弧足辊，左、右窄面水箱与铜板装配件，窄面足辊，调宽装置、支撑框架、夹紧装置、设备冷却水、二冷喷水及干油润滑配管等主要部件组成。

12.1.2.2　结晶器振动装置

结晶器振动装置（以下简称振动装置）主要功能是使结晶器按给定的振幅、频率和波形偏斜特性沿连铸机外弧线运动。其目的是便于"脱模"，防止铸坯在凝固过程中与结晶器铜壁发生黏结而出现粘挂漏钢事故。

结晶器振动装置种类很多，但目前用于板坯连铸机的振动装置按驱动方式分主要有机械振动（近似正弦振动曲线）和液压振动（正弦和非正弦振动曲线）。新建的板坯连铸机很多已采用液压振动装置，国外的连铸技术公司20世纪90年代中末期纷纷推出这一关键技术。

结晶器振动装置无论机械式（图12-3）还是液压式（图12-4、图12-5），其基本结构组成主要有振动框架（或台架）、振动发生装置、振动质量缓冲装置、振动台导向装置、配水装置、安装定位装置、零号扇形段支座等。其中，振动发生装置包括电机驱动装置或液压系统。

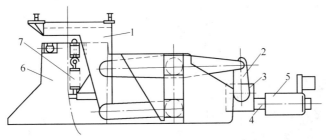

图 12-3　结晶器四连杆振动机构
1—振动台；2—振动臂；3—变速器；4—安全联轴器；5—电动机；6—箱架；7—平衡弹簧

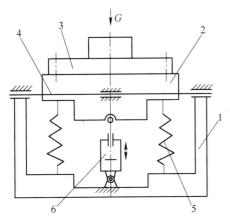

图 12-4　结晶器液压振动装置机构图
1—固定台；2—振动台；3—结晶器；4—导向板；
5—缓冲器；6—液压缸

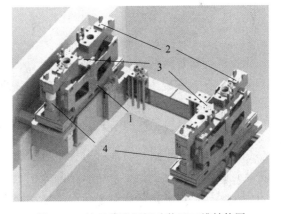

图 12-5　结晶器液压振动装置三维结构图
1—固定台；2—振动台；3—导向板；4—缓冲器

12.1.3　引锭杆

12.1.3.1　功能

连铸设备在开浇前，引锭杆用于堵塞结晶器底部，使最先注入结晶器内的钢水快速凝固并与引锭杆头连成一体，然后在扇形段驱动辊的驱动下把带着铸坯的引锭杆连续不断地拉出连铸机。因此，引锭杆是引导铸坯进入夹送辊必不可少的设备。板坯连铸机的引锭杆基本上都是链式结构（图12-6）。

与引锭杆的送入、存放、收集及脱离铸坯相适应的设备有脱锭装置、引锭杆收集存放装置等设备。脱锭装置用来将引锭杆和铸坯分离，大多设置在连铸机本体的最后一个扇形段（或送尾坯辊）与切割前辊道之间，结构型式有液压缸顶升式、液压连杆式，还有利用切割前的一个辊道升降进行脱锭的方式。如图12-7所示，引锭头做成带钩形状6，在拉矫机下矫直辊3或上矫直辊4的配合下能自动脱钩。有的连铸机不在线脱锭，而是将连在引锭杆头部的坯头用切割机切下后横移到线外，利用专门的脱锭装置脱锭，这种方式避免了生产中偶尔脱不掉引锭杆的事故。

图12-6　板坯连铸机的链式引锭杆装置

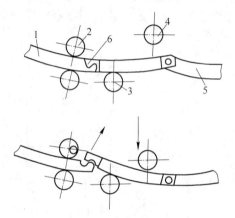

图12-7　引锭杆脱锭示意图
1—铸坯；2—拉辊；3—下矫直辊；4—上矫直辊；
5—引锭杆；6—引锭杆钩形头

引锭杆与铸坯脱钩后，存放在一定位置，准备下次开浇使用。其存放方式有：（1）利用框架吊起存放在辊道上面的空间；（2）存放在辊道上方的斜槽装置内；（3）存放在辊道的侧面或末端。

12.1.3.2　分类

引锭杆收集及输送设备能够分为下装引锭杆系统和上装引锭杆系统。前者是从出坯辊道进入连铸机，由结晶器下方送入结晶器中，伴随着板坯连铸机的出现从简陋到完善，类型也多种多样。后者是从浇铸平台上经结晶器上方送入结晶器中，它是早期批量大的大型板坯连铸机广泛应用的系统。

12.2　连铸生产工艺

要想使连铸生产稳定、高效地进行，并且保证铸坯质量，首先要准备好成分、温度、脱氧程度及纯净度都合格的钢水。这里重点介绍钢水温度的要求。另外，炼钢工序和连铸工序要紧密配合、步调一致，而主要参数是浇铸温度。

12. 2. 1　钢水出钢温度

$$T_{出钢} = T_{浇} + \Delta T_{总}$$

控制好出钢温度是保证目标浇铸温度的首要前提。

具体的出钢温度要根据每个钢厂在自身温降规律调查的基础上，根据每个钢种所要经过的工艺路线来确定。

12. 2. 1. 1　钢水温度控制要点

（1）出钢温度控制。1）提高终点温度命中率；2）确保从出钢到炉外精炼站，钢包钢水温度处于目标范围之内。

（2）充分发挥钢包精炼的温度与时间的协调作用。

（3）控制和减少从钢包到中间包的温度损失，采用长水口保护浇铸；钢包、中间包加保温剂。

12. 2. 1. 2　钢水在钢包中的温度控制

根据冶炼钢种严格控制出钢温度，使其在较窄的范围内变化；其次，要最大限度地减少从出钢、钢包中、钢包运送途中及进入中间包的整个过程中的温降。

实际生产中调整钢包内钢水温度的措施：（1）钢包吹氩调温；（2）加废钢调温；（3）在钢包中加热钢水技术；（4）钢水包的保温。

12. 2. 2　钢水温降

钢水过程温降分析：钢水从出钢到进入中间包经历 5 个温降过程，且总温降公式如下：

$$\Delta T_{总} = \Delta T_1 + \Delta T_2 + \Delta T_3 + \Delta T_4 + \Delta T_5$$

式中　ΔT_1——出钢过程的温降；

　　　ΔT_2——钢水在运输和静置期间的温降，1.0~1.5℃/min；

　　　ΔT_3——钢包精炼过程的温降，6~10℃/min；

　　　ΔT_4——精炼后钢水在静置和运往连铸平台的温降，0.5~1.2℃/min；

　　　ΔT_5——钢水从钢包注入中间包的温降。

ΔT_1 为钢水从炼钢炉的出钢口流入钢包这个过程的温降，主要由 3 种热量损失所决定，即钢流辐射热损失、对流热损失、钢包吸热。

ΔT_2 为钢水在精炼开始前运输和静置过程产生的温降，主要由两方面热量损失所决定，即钢水上表面通过渣层的热损失、钢包包衬吸热。

ΔT_3 为钢包精炼过程的温降，热量损失主要取决于炉外精炼的时间和方法。

ΔT_4 为精炼结束后钢水在静置和运往连铸平台的温降，其热损包括钢水上表面通过渣层的热损失、钢包包衬吸热。加入保温剂，温降会减小。

ΔT_5 为钢水从钢包注入中间包过程中产生的温降，其主要的热损是辐射热损失、对流热损失、钢包吸热这 3 种，主要是由钢流保护状况、中间包的容量和材质来决定的。

12. 2. 3　浇铸温度

浇铸温度是指钢水进入结晶器时的温度，也可以指中间包内的钢水温度。通常一炉钢水需在中间包内测温 3 次, 即开浇后、浇铸中期及结束前 5min, 这 3 次温度的均值被视为平均浇铸温度。

钢水温度过高则会出现危害:(1)出结晶器坯壳薄, 容易漏钢;(2)耐火材料侵蚀加快, 易导致铸流失控, 降低浇铸安全性;(3)增加非金属夹杂物, 影响板坯内在质量;(4)铸坯柱状晶发达;(5)中心偏析加重, 易产生中心线裂纹。

但钢水温度过低:(1)容易发生水口堵塞, 浇铸中断;(2)连铸坯表面易产生结疤、夹渣、裂纹等缺陷;(3)非金属夹杂物不易上浮, 影响铸坯内在质量。显然, 钢水温度的控制决定钢坯的品质。

浇铸温度的确定(浇铸温度也称目标浇铸温度), 公式如下:

$$T_{浇} = T_L + \Delta T$$

式中　T_L——液相线温度, ℃;

　　　ΔT——钢水过热度, ℃。

12.2.4　拉速的确定和控制

拉坯速度是每分钟从结晶器拉出的铸坯长度。拉速在连铸过程中具有重要意义, 当拉速控制合理时, 可以保证连铸生产顺利进行, 还可以提高连铸生产能力, 改善铸坯的质量。拉速确定原则是:确保铸坯出结晶器时能承受钢水的静压力而不破裂, 对于参数一定的结晶器, 拉速高时坯壳薄;拉速低时坯壳厚。一般出结晶器的坯壳厚度为 8~15mm, 影响拉速的因素有:

(1)机身长度的限制。根据凝固的平方根定律, 铸坯完全凝固时达到的厚度为:

$$D = K\sqrt{t}$$

式中　D——板坯厚度, mm;

　　　K——冷却凝固系数。

拉速可以根据下式计算:

$$v = \frac{L_g \cdot K^2}{D_{min}^2}$$

式中　L_g——机身长度, mm;

　　　D_{min}——最小板坯厚度, mm。

(2)拉坯力的限制。拉速提高, 铸坯中的未凝固长度变长, 各相应位置上凝固壳厚度变薄, 铸坯表面温度升高, 铸坯在辊间的鼓肚量增多, 拉坯时负荷增加。超过拉拔转矩就不能拉坯, 所以限制了拉速的提高。

(3)结晶器导热能力的限制。根据结晶器散热量计算得出最高浇铸速度:板坯为 2.5m/min, 方坯为 3~4m/min。

(4)拉坯速度对铸坯质量的影响:

1)降低拉速可以阻止或减少铸坯内部裂纹和中心偏析;

2)提高拉速可以防止铸坯表面产生纵裂和横裂;

3)为防止矫直裂纹, 拉速应使铸坯通过矫直点时表面温度避开钢的热脆区。

(5)钢水过热度的影响。一般连铸规定允许最大的钢水过热度, 在允许过热度下拉速随着过热度的降低而提高。

（6）钢种影响。就碳含量而言，拉坯速度按低碳钢、中碳钢、高碳钢的顺序由高到低；就钢中合金含量而言，拉速按普碳钢、优质碳素钢、合金钢顺序降低。

12.3　连铸的生产准备

连铸的生产准备工作是一项十分繁杂而要求仔细认真的工作，主要包括以下几个方面。

12.3.1　中间包的准备

12.3.1.1　中间包包衬的准备
中间包内侧砌有永久层和工作层两部分耐火材料。

按照中间包砌筑图，用中间包打结胎具成型中间包耐火材料永久衬，永久层耐火材料有砖砌和整体浇注两种方式。材质通常有黏土质、高铝质和镁质。

12.3.1.2　中间包水口的安装
如果连铸机中间包浇铸方式采用定径水口浇铸方法，需要做好相应准备工作。按定径水口快换机构的组装要求，安装好定径水口组件。

12.3.1.3　中间包的烘烤
将准备好的中间包吊运到操作平台的中间包小车上，并开启烘烤位点火装置烘烤，直至中间包内壁达到或超过1100℃。

12.3.2　引锭的生产准备工作

12.3.2.1　送引锭前的检查工作
送引锭前先检查结晶器，如有漏水需及时更换；做好结晶器内壁的清洁工作；检查足辊段、一段、二段的喷嘴是否畅通，如损坏需及时更换；检查引锭头是否完好并及时更换，安装引锭棒。

12.3.2.2　送引锭操作
在操作台实施自动或手动送引锭操作，当引锭头进入一段喷淋区足辊下200~300mm时，可通过结晶器上口在引锭头保护板四周嵌入石棉线，然后放入适当的冷料，等待开浇。

12.3.3　开浇前的检查工作

12.3.3.1　连铸机各种能源介质的检查
（1）检查结晶器总管水压及结晶器水流量；检查高位事故水箱水位。

（2）检查二冷段循环高压水的供水情况并根据钢种及浇铸规格，设定好二冷配水的数学模型及相关系数。

（3）检查净循环设备冷却水的供水情况。

（4）检查压缩空气及氮气的供气情况。

（5）检查切割用燃气及氧气的供气情况。

12.3.3.2 检查连铸机后部设备的运转状况

（1）检查火焰切割机的运转状况并根据作业计划，设定好连铸坯切割的定尺长度。

（2）检查切后辊道、运输辊道、出坯辊道的运转状况是否良好。

（3）检查双向移钢机、推分钢机、液压步进式翻转冷床及热送方向的推钢机、热送辊道的运转状况。

12.3.3.3 浇铸前的准备工作

（1）检查各类操作工具是否准备好，如撬棒、吹氧管、事故割枪等。

（2）各种辅料是否准备好，如中间包覆盖剂、结晶器润滑油。

（3）对于定径水口的中间包，用木塞堵塞水口下端，再加注引流砂；对于使用塞棒的中间包，检查水口内是否有垃圾堵塞，确认畅通后关闭塞棒。

12.4 基本作业技术指标

12.4.1 连铸钢水成分相关指标

为了提高连铸坯的质量，主要对钢水成分、纯净度和温度三个方面提出要求。

当碳含量在 0.08% ~ 0.12% 时，铸坯表面的裂纹敏感性大大增加。这是因为在凝固过程中，当 δ-铁向 γ-铁转变时会发生体积的突然缩小，导致裂纹的形成。这时需降低拉速，调整好保护渣。

12.4.1.1 磷和硫

磷和硫被看作是钢中的有害元素。一般磷含量不大于 0.030%，在连铸过程中不会发生问题。硫对铸坯的质量特别是对内部裂纹有直接的影响。

12.4.1.2 合金和微量金属元素

（1）合金。钢水中含有合金，如铜、铬、镍、钼以及钒铌等，不会影响浇铸性能，但会降低钢水的液相线温度，这必须在炼钢阶段就要严格控制好。

（2）微量金属元素。如同合金一样，钢水中含有微量金属元素，就连铸过程本身而言，它不会影响浇铸性能。然而，有些微量金属元素会增加铸坯裂纹敏感性，在不同条件下还会影响后工序的加工性能。比如对于某些深冲薄板钢，当镍、铜、锡的总量大于0.2%时，深冲性能将受到影响。

12.4.1.3 氢、氮、氧

（1）氢。钢水中含氢量应该越低越好。因为过高的氢含量会导致铸坯产生皮下气泡和裂纹，影响钢的抗时效性能。

（2）氮。尽管钢水中含有一定量的氮不会对浇铸性能产生影响，但是，氮是一种有害元素，会影响钢材的抗时效性能。

（3）氧。提供给连铸的钢水应该是完全镇静的，而不能是沸腾钢或是半镇静钢。如果经过脱氧的钢水还残留一定数量的游离氧，则无论对连铸过程的安全性还是对连铸坯的质量均会有明显的影响。

控制氧含量的主要措施：（1）转炉终点避免补吹，防止钢水过氧化；（2）转炉终点避免过低碳、过高温度出钢；（3）挡渣出钢，防止高氧化铁的炉渣进入钢包。

12.4.2 钢水温度控制

浇铸温度是指中间包内的钢水温度，通常一炉钢水需测 3 次温度，即开浇后 5min、浇铸中期和浇铸结束前 5min，这 3 次温度的平均值为平均浇铸温度。第一罐钢液温度比正常浇铸温度高 10~20℃；中间包开浇温度应在钢种液相线以上 20~50℃ 为宜。根据钢种质量的要求控制较低的过热度，并保持均匀稳定的浇铸温度。为此，在浇铸初期、浇铸末期，换罐时，可采用中间包加热技术，补偿钢液温降损失；在正常浇铸过程也可适当加热，以补偿钢液的自然温降。

12.4.3 中间包液面控制

钢包浇铸过程中，应根据钢水温度和相应拉速进行中间包液面高度的调整。正常液面高度为 800mm，溢流钢水高度为 900mm；最低钢水深度不小于 600mm，在更换钢包时中间包液面应控制在 800mm 以上。

———————— 本 章 小 结 ————————

本章简要介绍了浇钢设备、结晶器、引锭杆等连铸技术的主要设备及作用，分析了连铸过程控制钢水温降的作用及意义。简述了连铸机的生产准备工作，连铸过程中浇铸温度的确定、拉速确定与控制的意义，以及连铸过程的主要技术指标。

复习思考题

12-1 名词解释：连铸浇铸温度，出钢温度。

12-2 连铸之前需要做哪些准备工作？

12-3 结晶器振动的目的是什么？

12-4 结晶器振动装置有几种？目前常用的有哪几种？

12-5 连铸机的主要设备由哪些部分组成？

参 考 文 献

[1] 杨拉道，谢东钢. 常规板坯连铸技术 [M]. 北京：冶金工业出版社，2002.

[2] 史宸兴. 实用连铸冶金技术 [M]. 北京：冶金工业出版社，1998.

[3] 黄静. 连铸生产技术 [M]. 昆明：云南大学出版社，2014.

[4] 刘玠. 连铸及炉外精炼自动化技术 [M]. 北京：冶金工业出版社，2006.

[5] 王天义. 薄板坯连铸连轧工艺技术实践 [M]. 北京：冶金工业出版社，2005.

[6] 王中丙，等. 电炉-薄板坯连铸连轧生产技术 [M]. 北京：冶金工业出版社，2004.

[7] 王雅贞，张岩，刘术国. 新编连续铸钢工艺及设备 [M]. 北京：冶金工业出版社，1999.

13 ◆ 炼钢新技术

本章学习要点

本章主要学习我国炼钢技术的主要发展历史，"负能炼钢"所采取的工艺措施，以及炼钢工艺的创新发展，主要包括溅渣护炉、高效吹炼等新工艺。

13.1　中国炼钢技术发展的主要成就

建国初期，由于受到西方国家的技术封锁，我国炼钢生产技术与国际水平有很大差距，中小型钢铁企业占相当大的比例。20 世纪 50~60 年代国际上使用的氧气转炉、连铸、钢水炉外精炼和铁水预处理等新工艺、新技术，国内迟迟未能推广应用。但这一阶段培养了大批优秀的技术、管理人才，为中国钢铁工业的振兴和发展奠定了基础。

改革开放阶段（1978~1996 年）：这一阶段通过学习、引进、消化和吸收国外先进技术使我国炼钢生产技术逐步实现了现代化。通过宝钢和武钢以及其他企业的建设和发展，国内炼钢生产技术逐步提高，并掌握了铁水预处理、大型转炉炼钢、复合吹炼、终点动态控制、炉外精炼和连铸等重大的现代化炼钢生产技术。

集成创新阶段（1997 年至今）：20 世纪 90 年代中期国内开始引进美国溅渣护炉技术，通过不断的技术再创新和集成创新形成了具有中国特色的溅渣护炉技术，在全国广泛推广，获得巨大成功。随着我国基本建设的发展，钢产量快速增长，从 2005 年的 3.49 亿吨增加到 2016 年的 8.08 亿吨，占到全世界钢产量的 1/2，其生产技术的发展令全世界瞩目。我国转炉炼钢技术进步主要体现在以下几方面。

13.1.1　转炉装备日趋大型化

由于我国废钢资源短缺、电力缺乏、电价偏高，因此电炉钢的产量增长受到一定程度的制约，平炉钢的淘汰和生铁资源的充裕也给转炉钢产量的增长提供了良好条件，因此转炉钢产量近年来获得了快速增长。目前我国转炉钢所占的比例约为 93%，远高于电炉钢，转炉炼钢法在我国炼钢生产中占据绝对主导地位。

从技术装备水平来看，我国转炉大型化取得了较快进展，少数大中型转炉已达国际先进水平。据统计，至 2013 年大型转炉增加到 345 座，产能超过 5.08 亿吨，其中 300t 转炉增加到 11 座。据不完全统计，2009 年新投产转炉中 100t 及以上转炉的产能占 80% 以上，随着不断加大淘汰落后产能的力度，转炉将进一步朝着大型化的方向发展。

13.1.2　大幅度提高钢的纯净度

目前，国内绝大多数炼钢厂均已实现了炼钢生产现代化，建立起包括铁水脱硫预处理

—转炉复合吹炼—炉外精炼—连铸的现代化转炉炼钢生产流程和以大型超高功率电炉为主体，实现了炼钢—精炼—连铸—连轧四位一体的短流程生产，淘汰了平炉、模铸、化铁炼钢等落后的生产工艺。2014年重点钢铁企业连铸比已经达到99.71%，几乎达到全连铸；转炉平均炉龄达到5647炉，武钢第二炼钢厂1号转炉2004年最高炉龄超过30000炉，为世界最高纪录；炉外精炼比接近30%。现代化炼钢生产流程的确立为我国迅速提高炼钢生产效率、改善产品质量和扩大生产品种发挥了极为重要和关键的作用。

现代化炼钢生产流程的建立为我国大幅度提高钢材质量特别是提高钢的纯净度做出了巨大的贡献，使我国钢水的纯净度，即钢中杂质元素质量分数的总量 $\sum(S+P+T[O]+N+H)$ 从传统流程的 $(550\sim600)\times10^{-6}$ 直接跨越到现代化钢铁流程的 $(200\sim250)\times10^{-6}$，宝钢、武钢等先进钢铁企业已经达到小于 100×10^{-6} 的国际先进水平。

为提高钢材质量且扩大冶炼钢种，原有大、中型转炉炼钢厂都相继增建了铁水脱硫装置和炉外精炼装置。近年来新建的转炉炼钢厂大多配置了铁水脱硫装置，并根据冶炼钢种的要求配置了相应的炉外精炼装置，一般多采用 LF 精炼，有些转炉炼钢厂还配置了 VD 精炼装置，从而为高附加值钢种的生产提供了有利条件。

13.1.3 "负能炼钢"的发展

总结国内"负能炼钢"的技术发展，分为以下3个阶段：

(1) 技术突破期（20世纪90年代）：1989年宝钢300t转炉实现转炉工序负能炼钢，转炉工序能耗达到-11kg/t 钢；1996年宝钢实现全工序（包括连铸工序）负能炼钢，能耗为-1.12kg/t 钢。

(2) 技术推广期（1999~2003年）：1999年武钢三炼钢250t转炉实现转炉工序负能炼钢；2002~2003年马钢一炼钢、鞍钢一炼钢、本溪炼钢厂等一批中型转炉基本实现负能炼钢；2000年12月莱钢25t小型转炉初步实现负能炼钢。但多数钢厂"负能炼钢"的效果均不太稳定。

(3) 技术成熟期（2004年至今）：近几年，国内钢厂更加注重转炉"负能炼钢"技术，许多钢厂已能够较稳定地实现"负能炼钢"。特别是100t以上的中型转炉，实现"负能炼钢"的钢厂日益增多。

国内"负能炼钢"技术的迅速发展得益于以下三方面：一是炼钢工艺结构的优化，随着国内新建100t以上大、中型转炉的增多，配备了煤气、蒸汽回收与余热发电等设施，为"负能炼钢"打下设备基础。二是"负能炼钢"工艺不断完善，多数钢厂已初步掌握"负能炼钢"的基本工艺。三是2005年，国家统计局将电力折算系数调整为电热当量值（即 $1kW\cdot h=0.1229kg$）替换原来沿用的电煤耗等价值（即 $1kW\cdot h=0.404kg$）。炼钢能耗统计值降低，利于实现"负能炼钢"。

13.1.4 实现负能生产的工艺措施

目前国内已有少数钢厂实现炼钢-连铸全工序负能生产。如表13-1所示，武钢、太钢、沙钢、济钢等钢厂已实现全工序负能生产；邯钢、莱钢、鞍钢第三炼钢连轧厂、酒钢等钢厂已接近实现全工序负能生产。这是近几年国内"负能炼钢"技术发展的重要标志。

表 13-1　2008 年国内转炉钢厂炼钢-连铸全工序负能生产概况

钢厂	容积/t	工序能耗/kg·t^{-1}	煤气回收量/m^3·t^{-1}	蒸汽回收量/kg·t^{-1}	精炼工序能耗/kg·t^{-1}	连铸工序能耗/kg·t^{-1}	综合能耗/kg·t^{-1}	备注
沙钢	3×180	14.27	99.87	89.04			-14.27	已实现
武钢	3×250	-22.67	103.07	87.91	2.99	6.91	-12.77	
济钢	3×120	-11.3667	93.28	28.18	3.96	3.91	-3.4967	
太钢	2×180	24.62	116	99.8	16.14	5.74	-2.74	
邯钢	3×100	5.1	70.65	58	3.6	3.2	1.7	接近实现
莱钢	3×120	-6.25	78.48	25.36	3.86	4.41	2.02	
鞍钢	2×260	-7.61	69	0.04	3.9	6.59	2.88	
酒钢	2×120	9.07	65	97	9.75	4.06	4.74	

为实现"负能炼钢",应围绕提高转炉生产效率、优化转炉冶炼工艺、降低能耗和稳定铁水质量来开展工作。所以,强化冶炼的工艺需要采取的措施:

(1) 高供氧强度,缩短吹炼时间。通常吹炼时间决定于供氧强度,而供氧强度受限于炉容比和吹炼、造渣工艺。炉容比为 $0.95 \sim 1.1 \mathrm{m}^3/\mathrm{t}$,供氧强度可提高到 $3.5 \sim 4.0 \mathrm{m}^3/(\mathrm{t} \cdot \min)$,吹炼时间可缩短到 15min 以内。

(2) 高成渣速度。提高供氧强度必须解决喷溅问题,技术关键是提高初渣成渣速度。除优化氧枪和供氧工艺外,更重要的是要提高石灰质量、加快石灰熔化。

(3) 复合吹炼工艺。转炉冶炼的特点是存在碳氧反应限速环节的转变。当钢水碳含量 [C] 位于临界碳含量 $[C]_E$ 以上,为氧扩散控制,供氧不会造成渣钢氧化,并保证煤气回收安全。当 $[C] < [C]_E$ 时,碳扩散控制脱碳反应,随供氧量增加钢渣过氧化,煤气氧含量增加,不宜回收。优化复吹工艺可使 $[C]_E$ 向低碳区转移,既可避免钢渣氧化也能延长煤气回收时间,提高煤气回收量。

13.2　炼钢技术的创新发展

13.2.1　溅渣护炉与长寿复吹转炉工艺技术

自 1997 年以来,国内大力开展溅渣护炉技术的研究开发和推广应用工作,使转炉炉龄大幅度提高。至 2002 年国内 95.2% 的转炉采用了溅渣护炉技术,大型转炉平均炉龄达 10181.5 炉,中型转炉达 15298.2 炉。国内在引进美国溅渣护炉技术的基础上开展了以下技术创新:

(1) 针对国内大量的中、小型转炉以生产中、高碳钢、长型材为主,针对炉渣 FeO 含量较低的特点,研究开发了低 FeO 渣溅渣工艺,获得成功。

(2) 研究提出不同溅渣工艺,溅渣层与炉衬的结合机理,以及溅渣层熔损的热力学、动力学条件,选择开始溅渣的正确时机,实现炉衬零浸蚀的工艺技术。

(3) 研究开发出适宜钒、钛铁水冶炼的溅渣护炉工艺,通过添加含碳镁球对终渣进行改质,降低炉渣 FeO 含量,保证溅渣效果。

转炉采用溅渣护炉后炉龄大幅度提高。转炉复合吹炼技术开发成功近 30 年，但如何提高底吹喷嘴的寿命，进而提高复吹比和复吹转炉的作业率是全世界炼钢工作者多年来致力于解决的重大技术难题。为了解决这一问题，武钢与钢研总院合作，率先发明了炉渣蘑菇头保护底吹透气砖的先进技术，使底吹喷嘴的一次寿命与炉龄同步，并保证复吹比 100%。

表 13-2 给出国际上主要国家发明的各种提高复吹转炉作业率的工艺技术比较。从表中可以看出，中国研究开发的长寿复吹转炉技术保证了炉底喷嘴与溅渣后转炉炉龄同步，转炉平均寿命达到 10000 炉，最高炉龄可长达 30000 炉，并实现复吹比 100%，各项技术指标优于国外开发的各种工艺方法。

表 13-2　提高复吹转炉作业率的各种新工艺技术比较

发明国家	工艺措施	炉衬寿命/炉	底吹喷嘴寿命/炉	复吹比/%
日本	高 MgO 炉渣快速吹炼更换底吹喷嘴	5000~6000	2000~2500	100
德国	金属蘑菇头保护底枪（用于不锈钢）	200~300	200	100
瑞典	快速更换炉体	1000~2000	1000~2000	100
美国	溅渣护炉（更换底吹喷嘴）	>10000	2000	<20（100）
中国	溅渣护炉炉渣蘑菇头保护底枪	>10000	>10000	100

长寿复吹转炉技术的开发成功，对炼钢生产技术的发展产生了深刻的影响，不仅降低了转炉炼钢的生产成本、提高了转炉作业率，而且改变了转炉的操作制度，使我国炼钢厂均不再采用"三吹二"或"二吹一"的生产模式，实现了"三吹三"，充分发挥每个转炉的生产效率。

13.2.2　转炉高效吹炼工艺技术

近年来，国内各大钢企陆续开展了提高转炉生产效率、加大供氧强度、实现平稳吹炼的技术研究，并开发出一整套转炉高效冶炼技术，使转炉生产效率大幅提高。采用以下技术有利于进一步提高供氧强度，从而使转炉生产效率得到提高。

（1）提高我国转炉底吹搅拌强度，优化底吹搅拌工艺，保证全炉役内底吹效果，并结合该工艺进行转炉长寿技术研究。

（2）采用复合吹炼工艺，加快炉渣熔化速度，保证吹炼平稳是提高供氧强度的技术保证。随着供氧强度的提高，吹炼时间明显缩短，要求用更短的时间实现化渣，并尽可能减小炉渣金属喷溅。实践证明，采用底吹强搅拌技术可以加速转炉初渣的熔化，避免中期炉渣返干，减少喷溅。大幅减少渣量，对于少渣冶炼转炉，可大幅提高供氧强度。

（3）优化改进氧枪结构，加快研发集束氧枪在转炉中的应用、CO_2 和高比例 $CaCO_3$ 在转炉生产中的应用等全新工艺与装备，提高喷枪化渣速度，减少熔池喷溅和避免产生大量 FeO 粉尘是大幅提高供氧强度的关键。

（4）采用计算机终点动态控制，实现不倒炉出钢以及提高出钢口寿命，缩短出钢时间，进而缩短转炉辅助作业时间，也是提高转炉生产效率的重要技术措施。

为实现大批量、低成本、稳定生产高洁净度钢水的目标，日本近 20 年开发成功铁水"三脱"预处理和转炉少渣冶炼新工艺，取得了明显的节能效果：降低炼钢能耗 66%；降低石灰消耗 25%；降低铁损 29%；降低锰铁合金消耗 48%；降低渣量 33%；增加粉尘回收利用率 60%。

13.2.3　电炉兑铁水高效冶炼工艺

实践证明各国电炉生产技术的发展深受地区资源特点的影响，如瑞典的水、电发达，电价便宜，通常采用超高功率电炉冶炼技术，比功率每吨钢高达 1000kV·A，不采用强化供氧技术，冶炼周期可以缩短到 1h。而日本电价较高，通常采用高功率电炉强化供氧技术，也使电炉的冶炼周期缩短到 1h。而德国通常采用炉壁烧嘴、熔池吹氧、二次燃烧和废钢预热等综合供氧技术，达到降低电耗、缩短冶炼时间的目的。

我国大型电炉最初的发展受德国的影响较深，曾大量引进直流电弧炉、交流高阻抗电炉、竖炉电炉和 Consteel 等国际上最先进的电炉装备技术，综合采用了超高功率供电、炉门氧枪和炉壁烧嘴以及废钢预热等先进工艺技术，但并未达到预期的效果。由于我国煤炭资源丰富，炼铁成本较低，结合国内的这一资源特点，为进一步缩短电炉冶炼周期、降低电耗，推广采用了电炉兑铁水冶炼工艺，取得了明显的效果。大型电炉采用兑铁水工艺比全废钢工艺平均降低冶炼电耗每吨钢约 67kW·h，缩短冶炼周期 10min，减少电极消耗 35%，降低生产成本约 200 元/t。2003 年安阳钢铁集团公司 100t 电炉采用兑铁水工艺后，最高日产炉数达到 37 炉，平均冶炼周期 41min，冶炼电耗 220kW·h，达到国际先进水平。

电炉采用兑铁水冶炼工艺不仅仅是增加了铁水的物理热，更重要的是改变了废钢的熔化方式，基本解决了传统电炉熔池缺乏搅拌，炉渣上部供热充足，电炉上、下部热量传递困难的主要弊病，见表 13-3。由表可知，电炉采用兑铁水冶炼后，废钢的熔化由高温传热转为碳扩散溶解，使炉料的熔化温度和过热度降低，有利于提高废钢的熔化速度，减少炉衬和电极损耗，全面提高电炉生产的技术经济指标。

表 13-3　两种电炉冶炼工艺的技术比较

冶炼工艺	炉料结构	炉料融化温度/℃	炉料融化机理	炉料融化过热度/℃	冶炼周期/min	电耗/kW·h·t⁻¹	电极消耗/kg·t⁻¹
全废钢冶炼	100%废钢或 70%废钢+30%海绵铁	≥1400	高温传热	>100	60	400	1.3（直流）1.7（交流）
兑铁水冶炼	30%铁+70%废钢	1300~1400	碳扩散降低熔点	20~50	50	220~280	0.8

13.2.4　节能与环保技术的发展

钢铁生产的技术进步必须与环境协调发展。就转炉炼钢厂而言，必须采用各种综合节能技术，实现"负能"炼钢。为消除对大气环境的污染，必须进一步做好烟尘处理，积极采用干法除尘技术，节约水资源，实现水资源循环再利用。必须采用各种环保与综合利用措施，将炼钢厂建设成为无污染、零排放与生态平衡的绿色工厂。主要技术措施：（1）采用铁水脱硅工艺，减少炉渣生成量；（2）精炼渣、炼钢炉渣回收，资源循环利用；（3）烟气粉尘回收处理，提倡采用干法除尘工艺，综合利用；（4）推广煤气回收技术，余能发电；（5）不用混铁炉，并控制好各种无序排放物。

为加速新时期国内先进钢铁厂的建设，应加大国内钢铁生产技术的自主创新、原始创新和集成创新力度，不断提高工艺技术装备水平和自动化控制水平，进一步提高钢的质量，并根据市场需求大力开发高附加值产品，使我国炼钢生产技术水平能得到更大的发展。

13.2.5 展望

21 世纪初炼钢生产技术的发展方向是实现大批量、低成本、稳定生产超纯净钢。为实现这一目标要求在 20 世纪现代化炼钢的基础上研究和开发 21 世纪更先进的炼钢技术，其主要内容应包括：

（1）进一步优化国内炼钢生产工艺装备技术，加速实现设备大型化，加快淘汰小转炉、小电炉、小连铸等落后设备。

（2）在设备大型化的基础上研究开发高效化生产工艺技术，推广采用转炉铁水"三脱"预处理工艺、少渣转炉高速吹炼技术、高速短流程连铸技术，使炼钢生产效率大幅度提高。

（3）研究开发转炉全自动吹炼、连铸机无人操作等先进的控制技术，实现生产过程自动化、工艺控制智能化和生产调度信息化。

（4）积极推广转炉负能炼钢、干法除尘、转炉渣集成处理与溅渣、留渣操作等先进工艺，实现炼钢厂"零"排放，无公害化生产。

（5）预测后期电炉发展会有两个阶段。第一阶段，我国废钢铁原料不足、价格偏高，铁水是电炉主要原料，钢厂走高炉（铁水）+电炉的冶炼方式；第二阶段，我国废钢铁出现爆发式增长后，高炉逐步减少，我国开始走与国外相同的道路，即废钢+电炉冶炼方式。

（6）随着钢铁工业去产能逐步深入，会有相当数量炼钢转炉富余、闲置，有条件的钢厂可利用其进行铁水脱磷预处理，采用"脱磷转炉+脱碳转炉"先进炼钢工艺技术。采用此项技术，脱磷转炉须采用大底吹搅拌强度，并注意解决脱碳转炉热量不足问题。

（7）近年来转炉炉气分析吹炼控制技术发展很快，国内钢厂应加强该项技术研发，具备条件钢厂可尝试首先取消副枪"TSO"测定，由炉气分析系统承担终点碳含量控制，在此基础上逐步对炉气分析控制系统进行改进和完善，最终由其承担转炉冶炼控制任务。

（8）未来真空精炼、真空冶金技术将会得到进一步提升，随着科学技术的发展，炉外精炼设备逐步实现多功能化，会将真空冶金工艺、渣洗精炼工艺、搅拌喷粉、加热控温等工艺整合起来，实现多功能冶炼。

——————— 本 章 小 结 ———————

本章介绍了我国炼钢技术的主要发展历史、转炉炼钢工艺的新工艺及创新发展动态，主要包括溅渣护炉、高效吹炼新工艺，以及电弧炉兑铁水高效冶炼工艺的绿色冶金新工艺。

复习思考题

13-1　目前钢铁工业的新技术有哪些？

13-2　实现负能炼钢需要采取哪些工艺措施？

参 考 文 献

[1] 姜钧普. 钢铁生产短流程新技术——沙钢的实践　炼钢篇 [M]. 北京：冶金工业出版社，2000.

[2] 刘浏. 中国炼钢技术的发展、创新与展望 [J]. 炼钢，2007（2）：1~6.

[3] 刘浏. 中国转炉"负能炼钢"技术的发展与展望 [J]. 中国冶金，2009（11）：36~42.

[4] 刘超. 中国转炉炼钢技术的发展、创新与展望 [J]. 特钢技术，2013（4）:6~9.

[5] 杨婷. 我国转炉炼钢技术发展现状与趋势 [N]. 世界金属导报，2015-04-21（B03）.

[6] 崔红. 中国电炉炼钢发展现状及发展趋势变化 [N/OL]. 卓创资讯，2014-11-10. http：// steel. sci99. com/news/16263619. html.

[7] 王新华. 转型发展形势下的转炉炼钢科技进步 [C]//. 2016 年全国炼钢-连铸生产技术会，2016.

第三篇

轧 钢 生 产

 14 轧钢生产概述

本章学习要点

　　本章主要了解钢铁生产中的最后轧钢环节的钢材如何分类、有什么用途、轧钢生产系统是什么、我国轧钢生产现状以及轧钢技术的发展趋势。

　　轧钢生产是将液态金属、半固态金属、钢坯或钢锭轧制（铸轧）成有一定断面形状材料的生产环节。用轧制方法生产工业用钢材，它具有生产效率高，生产成本低，生产集中度高，整体生产过程易实现连续自动化、综合利用、环境保护的优点。因此，轧钢生产方法比锻造、挤压、拉拔等工艺得到更为广泛的应用，工业用钢材绝大部分是采用轧钢生产方法获得的。

14.1　钢材品种和用途

　　为了满足国民经济各部门对钢材的要求，据不完全统计，钢材断面品种大约有上万种之多。但是，总体分类可以分为板带材、管材、型材和线材四大类。

14.1.1　板带材

　　板带材是指宽厚比很大的矩形断面金属材料，通常板带材轧成块供应的称为板材、轧成卷供应的称为带材，它们主要用轧制方法生产获得，用途极为广泛，其钢材分类可以按照下面几种方法进行分类。

　　（1）按厚度分类：薄板（0.1~4mm）、中板（4~25mm）、厚板（25~60mm）、特厚板（>60mm）。而对 0.1~4mm 的冷轧和热轧板带，单片的称为薄板，成卷的称为带钢。宽度在 650mm 以上的称为宽带钢、不足 650mm 的称为窄带钢。厚度 4~60mm、宽度在 200mm 以下的热轧钢材在我国称为扁钢。0.02~0.1mm 的冷轧带钢称为薄带。0.02mm 以下的带材称为箔材，钢铁箔材习惯也称为超薄带。

（2）按生产方法分类：热轧钢板（在再结晶温度以上轧制成型的钢板）、冷轧钢板（金属在结晶温度下轧制成型的钢板）。

（3）按表面特征分类：镀锌板、镀锡板、复合钢板和彩色涂层钢板。

1）镀锌板是指表面镀有一层锌的钢板，镀锌是一种经常采用的经济而有效的防腐方法，镀锌板又分为热镀锌板、电镀锌板和合金、复合镀锌钢板。

2）镀锡板（俗称马口铁）是指表面镀有一薄层金属锡的钢板。镀锡板是将低碳钢带轧制成约 2mm 厚或更薄的钢带，经酸洗、冷轧、电解清洗退火、平整、剪边加工，再经清洗、电镀、软熔、钝化处理、涂油后剪切成镀锡板板材成品。

3）复合钢板的种类很多，按其组合类型可分为两大类，即金属复合钢板和非金属复合钢板。

4）彩色涂层钢板是以冷轧钢板、电镀锌钢板、热镀锌钢板或镀铝锌钢板为基板经过表面脱脂、磷化、络酸盐处理后，涂上有机涂料经烘烤而制成的产品。

（4）按用途分类：桥梁钢板、锅炉钢板、造船钢板、装甲钢板、汽车钢板、屋面钢板、结构钢板、电工钢板、弹簧钢板和管线钢板。

1）桥梁钢板是专用于架造铁路或公路桥梁的钢板，使用专用钢种桥梁建筑用碳素钢和低合金钢制造，钢号末尾标有 q（桥）字。要求有较高的强度、韧性以及承受机车车辆的载荷和冲击，且要有良好的抗疲劳性、一定的低温韧性和耐大气腐蚀性。

2）锅炉钢板主要是指用来制造过热器、主蒸汽管和锅炉火室受热面用的热轧中厚板材料，主要材质有优质结构钢及低合金耐热钢。

3）造船钢板是指用造船专用结构钢生产的钢板，用于制造远洋、沿海和内河航行的船舶的船体结构的钢板。造船用结构钢包括碳素钢和低合金钢，钢号的末尾标有 C（船）。

4）装甲钢板是特殊用途的合金结构钢板。装甲钢板分铸造装甲钢板和轧制装甲钢板、厚装甲钢板和薄装甲钢板、均质装甲钢板与非均质装甲钢板；车辆用的可焊接装甲钢板和飞机、火炮等用的非焊接装甲钢板等。由于使用要求不同、工艺不同，钢种也不同。

5）汽车钢板在常规车中钢板占 50% 以上。汽车钢板按生产工艺不同可分为热轧板（热轧薄板、中厚板）和冷轧板（普冷板、镀层板）；按钢板强度不同，可分为以深冲钢（无间隙原子钢）为代表的具有超深冲性能的软钢系列和以 TRIP（相变诱发塑性钢）钢为代表的高强度钢系列。

6）屋面钢板是主要房屋、厂房的屋顶和墙面用钢板，一般使用轻型金属压型钢板，是采用彩色涂层钢板经自动成型生产线辊轧而成的屋面和墙面材料钢板。

7）结构钢板（机械工程用材）主要包括碳素结构钢板和合金结构钢板，是指符合特定强度和可成型性等级的钢板。

8）电工钢板（又称硅钢片、矽钢片）是电力、电子和军事工业不可缺少的重要软磁合金，主要用作各种电动机、发电机和变压器的铁心。

9）弹簧钢板是扁平长方形的钢板呈弯曲形，以数片叠成的底盘用弹簧，一端以梢子安装在吊架上，另一端使用吊耳连接到大梁上，使弹簧能伸缩。

10）管线钢板专门用来制作油气输送管线使用的钢板，即用于制作石油、天然气输送管道。

14.1.2　管材

管材一般指中空断面的一种高效轧材，大量用作输送流体的管道，如输送石油、天然气、煤气、水及某些固体物料的管道等，也可以制作结构零件，管材占到钢材总量的6%～15%，用途极为广泛，其管材类型可以按照下面几种方法进行分类。

（1）按生产方法分类。钢管按生产方法分为无缝钢管和焊接钢管。无缝钢管按生产方法不同可分为热轧管、冷轧管、冷拔管、挤压管和顶管等。焊接钢管按工艺分为电弧焊管、电阻焊管（高频、低频）、气焊管、炉焊管；按焊缝分为直缝焊管和螺旋焊管。

（2）按断面形状分类。钢管按断面形状分为简单断面钢管和复杂断面钢管。简单断面钢管包括圆形钢管、方形钢管、椭圆形钢管、三角形钢管、六角形钢管、菱形钢管、八角形钢管、半圆形钢管及其他断面钢管。复杂断面钢管包括不等边六角形钢管、五瓣梅花形钢管、双凸形钢管、双凹形钢管、瓜子形钢管、圆锥形钢管、波纹形钢管、表壳钢管等。

（3）按用途分类。钢管按用途分为管道用钢管、热工设备用钢管、机械工业用钢管、石油、地质钻探用钢管、容器钢管、化学工业用钢管、特殊用途钢管等。

1）管道用管，如水、煤气管，蒸汽管道用无缝管，石油输送管，石油天然气干线用管，农业灌溉用水龙头带管和喷灌用管等。

2）热工设备用管，如一般锅炉用的沸水管、过热蒸汽管，机车锅炉用的过热管、大烟管、小烟管、拱砖管以及高温高压锅炉管等。

3）机械工业用管，如航空航天结构管（圆管、椭圆管、平椭圆管）、汽车半轴管、车轴管、汽车拖拉机结构管、拖拉机的油冷却器用管、农机用方形管与矩形管、变压器用管以及轴承用管等。

4）石油地质钻探用管，如石油钻探管、石油钻杆（方钻杆与六角钻杆）、钻挺、石油油管、石油套管及各种管接头、地质钻探管（岩心管、套管、主动钻杆、钻挺、按箍及销接头等）。

5）化学工业用管，如石油裂化管、化工设备热交换器及管道用管、不锈耐酸管、化肥用高压管以及输送化工介质用管等。

6）其他各部门用管，如容器用管（高压气瓶用管与一般容器管）、仪表仪器用管、手表壳用管、注射针头及其医疗器械用管等。

（4）按连接方式分类。钢管按管端连接方式分为光管（管端不带螺纹）和车丝管（管端带有螺纹）。

车丝管又分为普通车丝管和管端加厚车丝管。加厚车丝管还可分为外加厚（带外螺纹）、内加厚（带内螺纹）和内外加厚（带内外螺纹）等车丝管。车丝管若按螺纹型式也可分为普通圆柱或圆锥螺纹和特殊螺纹车丝管。

14.1.3　型材

型材是一种有一定物理特性、截面形状和尺寸的条型钢材（图14-1）。其分类可以按照下面几种方法进行。

（1）按生产方法分类。型材按生产方法分类可分为热轧型钢、挤压型材和冷弯型钢三大类。

138

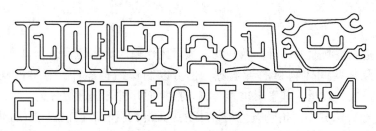

图 14-1 各种型钢断面图

1) 热轧型钢是通过轧钢机连续轧制生产的大中小型条材, 如方钢、圆钢、扁钢、弹簧扁钢、角钢、三角钢、六角钢、弓形钢、椭圆钢、工字钢、槽钢、H 型钢 (宽翼缘 H 型钢 (HK)、窄翼缘 H 型钢 (HZ) 和 H 型钢桩 (HU))、钢轨 (重轨、轻轨、起重机钢轨等)、窗框钢、钢板桩、热弯曲型钢等。

2) 挤压型材是用挤压方法生产的型材。空心型材采用穿孔针挤压和焊合挤压, 实心型材采用正向挤压法、反向挤压法和联合挤压法。

3) 冷弯型钢指用钢板或带钢在冷状态下加工 (冷弯、冷压、冷拔) 弯曲成的各种断面形状的成品钢材 (图 14-2)。冷弯型钢是一种经济断面钢材, 也称为钢制冷弯型材或冷弯型材。与普通热轧钢结构相比较, 可节约钢材 30% ~ 50%。

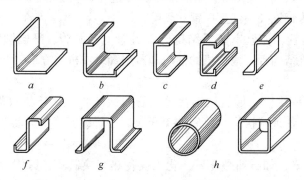

图 14-2 冷弯型钢截面图

a—角钢; b—内卷边角钢; c—槽钢; d—内卷边槽钢; e—Z 型钢; f—卷边 Z 型钢; g—帽形钢; h—专用型钢

冷弯型钢可按照如下分类:

①按尺寸规格分类。冷弯型钢以产品厚度和展开宽度分为大型冷弯型钢、中型冷弯型钢、小型冷弯型钢、宽幅冷弯型钢 4 种。

大型冷弯型钢产品厚度为 6 ~ 16mm、产品展开宽度 600 ~ 2000mm。中型冷弯型钢产品厚度为 3 ~ 6mm、产品展开宽度 200 ~ 600mm。小型冷弯型钢产品厚度为 1.5 ~ 4mm、产品展开宽度 30 ~ 200mm。宽幅冷弯型钢产品厚度为 0.5 ~ 4mm、产品展开宽度 70 ~ 1600mm。

②按形状分类。冷弯型钢按形状分类可分为开口和闭口两类。

通用开口冷弯型钢有等边与不等边的角钢、内卷边与外卷边角钢、等边与不等边槽钢、内卷边或外卷边槽钢、Z 型钢、卷边 Z 型钢、专用异形开口型钢等。

闭口冷弯型钢是经过焊接的闭口断面的冷弯型钢, 按形状有圆形、方形、矩形和异形。

③按用途分类，各行业对冷弯型钢有不同的要求，冷弯型钢的生产厂可满足各行业不同的要求，生产各种专用的冷弯型钢，主要可列出下列各项：汽车制造用冷弯型钢、铁路车辆专用异形冷弯型钢、电梯用冷弯型钢、升降电梯用空心导轨、自动电梯用结构架和其他异形构件用冷弯型钢；货架用冷弯型钢、小型超市货架和大型仓储式超市货架用冷弯型钢；输电铁塔专用的冷弯型钢，工程机械用冷弯型钢，如起重机升降臂、支撑臂、塔式吊车构架用冷弯型钢；电气设备制造工业用冷弯型钢，如电气箱柜、电缆桥架用冷弯型钢；农业机械用冷弯型钢，如拖拉机、犁、耙及收割机用冷弯型钢，农用车辆用冷弯型钢；建筑行业用冷弯型钢，如钢结构（梁，柱）维护结构、屋面、墙面、门窗、装潢用冷弯型钢；家具专用冷弯型钢，如凳、椅、橱、床等为专用冷弯型钢。

（2）按断面形状分类。型钢按断面形状分类可分为简单断面、复杂断面或异形断面和周期断面等 3 种。

简单断面型钢分为方钢（热轧方钢、冷拉方钢）、圆钢（热轧圆钢、锻制圆钢、冷拉圆钢）、扁钢、弹簧扁钢、角钢（等边角钢、不等边角钢）、三角钢、六角钢、弓形钢、椭圆钢。

复杂断面型钢分为工字钢、槽钢、H 型钢（宽翼缘 H 型钢（HK）、窄翼缘 H 型钢（HZ）和 H 型钢桩（HU））、钢轨（重轨、轻轨、起重机钢轨等）、窗框钢、钢板桩、弯曲型钢（冷弯型钢、热弯型钢）等。

周期断面型钢沿钢材长度方向断面的形状和尺寸发生周期性改变，最常见的周期断面型钢可以用纵轧法、斜轧法、横轧和楔横轧法生产。

（3）按金属产品目录分类。型钢按现行金属产品目录又分为大型型钢、中型型钢、小型型钢。

大型型钢中工字钢、槽钢、角钢、扁钢都是热轧的；圆钢、方钢、六角钢除热轧外，还有锻制、冷拉等。中型型钢中工字钢、槽钢、角钢、圆钢、扁钢用途与大型型钢相似。小型型钢包括角钢、槽钢、圆钢、扁钢、T 型钢及球扁钢、窗框钢等。

14.1.4 线材

线材是热轧材中断面最小的一种。按钢种可分为软线、硬线和合金线材。按用途可有热轧状态直接使用和需经二次冷加工的两种。通常把断面直径 5.5～60mm 的成卷供应的材料称为线材，一般高速轧机产品规格的范围为 5.5～30mm。根据轧机的不同可分为高速线材（高线）和普通线材（普线）两种。

14.2 轧钢生产系统

轧钢生产系统为生产特定断面的钢材和达到一定生产规模而建立的相互匹配的多套轧机的组合。按照成品大纲而设计轧制产品的种类，轧钢生产系统可以分为型钢生产系统、钢管生产系统、钢板生产系统、线材生产系统以及由它们组成的混合轧钢生产系统。此外，还有生产合金钢材的合金钢轧钢生产系统。按生产规模的大小，轧钢生产系统又可以分为大型、中型、小型生产系统。此外，由于连铸技术的发展，尤其是连铸连轧技术和带材铸轧技术的发展与应用，轧钢生产和炼钢生产的联系更加紧密，简化了轧钢生产系统中的半成品生产，连铸坯在热状态下可直接供应各类成品轧机，液态金属通过铸轧机+轧机的模式直接生产带材或半成品，为改变原有的轧钢生产系统模式提供了新概念的生产系统。每一种生产系统的车间组成、轧机配置及生产工艺过程又是千差万别的。因此，在此简述一般钢材的生产过程及生产系统的特点。

在设计轧钢生产系统时，要处理好两个关系：一是要处理好半成品生产和成品生产之间的关系，选择好关系全厂发展的供坯环节，要做到各个环节生产能力上的相互平衡，坯料供求关系上的相互适应；二是要处理好车间位置上的相互关系，做到生产流程合理、运输线路畅通、车间布置紧凑，以节省投资费用并有利于今后生产发展。

采用模铸钢锭作原料，用初轧机或开坯轧机将钢锭轧成各种规格的钢坯，然后再通过成品轧机轧成各种所需钢材，这种传统的钢材生产方法直到目前依然存在。通过近 60 年发展起来的连续铸钢技术，将钢水直接通过连铸机铸成一定断面形状和规格的钢坯，甚至铸成接近成品断面的连铸坯（如 H 型钢连铸坯、薄板坯、管坯等），省去了铸锭、初轧开坯等多道工序，大大简化了钢材生产工艺过程。

14.2.1　板带材生产系统

近代板带钢生产由于广泛采用先进的连续轧钢技术，生产规模越来越大。例如，一套现代化的宽带热连轧机年产量达 300~600 万吨；一套宽厚板轧机年产 100~800 万吨。采用连铸板坯作为轧制板带钢的原料已经是目前的主要生产方式，特厚板的坯料采用传统扁钢锭、电渣重熔扁钢锭、单向凝固钢锭、顺序凝固钢锭、超厚连铸坯、板坯复合技术以及坯料锻轧技术。电磁场作用下水冷结晶器顺序凝固技术制造矩形钢锭将成为厚钢板坯料制造的发展趋势。

以 2250mm 热轧带钢生产线为例，其主要工艺为：坯料准备与加热、除鳞、粗轧、热卷取、飞剪、精轧、层流冷却、卷取、精整等。

14.2.2　管材生产系统

热轧无缝钢管的生产工艺过程包括坯料轧前准备、加热、轧制、精整、机械加工和检查包装等几个工艺环节。但是，由于产品断面形状不同、生产机组形式不同，具体设备配置会有所变化。

（1）自动轧管机组。这种热轧无缝钢管生产方式是将加热好的管坯在二辊斜轧穿孔机上一次穿孔，根据需要进行二次穿孔，延伸后送至自动轧管机的圆轧槽和顶头之间构成的孔型内纵轧延伸到接近成品管壁厚而获得毛管，毛管进入二辊（腰鼓形或锥形辊）斜轧均整机实行周向螺旋均壁，最后进入多机架定径机组减小钢管外径，并保证钢管外径尺寸偏差符合相关规定要求，同时改善钢管外表面质量。

（2）周期轧管机组。该机组伸长率大，对管坯要求低，可直接用钢锭作坯料，适合生产大口径钢管，内表面好，能生产异形断面管和长钢管。先将加热的钢锭在水压机上冲孔，冲成的杯形中空坯再加热后，在二辊斜轧穿孔机上进行杯底穿孔和斜轧延伸，毛管插入芯棒在周期式轧管机（皮尔格轧管机）上轧管，抽出芯棒后的荒管再加热进入二辊或三辊纵轧定径，然后上减径机组减径获得成品管。

（3）连轧管机组。该机组适合生产批量大，小口径薄壁长钢管，特点是速度快、产量高、品种多、钢管尺寸精度高、内外表面质量好、易于实现机械化和自动化。将加热的管坯在双导盘穿孔机穿孔，毛管穿入芯棒在 5~8 机架连轧管机上轧管，毛管脱芯棒后再加热进入 20 多架张力减径机进行空心减径，再经过必要的精整获得成品管。

（4）三辊轧管机组。该机组适合生产高精度难变形金属中等口径的钢管。特点是钢管尺寸精度高、内外表面质量好、生产效率一般。将加热的管坯在三辊斜轧穿孔机上穿孔，毛管穿入芯棒在三辊斜轧管机上轧管，毛管脱芯棒后再加热进入斜轧定径机组或纵轧二辊定径机组定径，再经过必要的后续精整获得成品管。

（5）顶管机组。该机组适合生产大口径的钢管。特点是内外表面质量较好、生产效率低、使用热轧方坯或连铸方坯作原料。将加热的方坯在立式或卧式水压机上冲成的杯形毛管，再加热后在二辊斜轧管机上延伸，毛管穿入芯棒在顶管机上轧管，借助松棒机松棒，脱棒切杯底，再加热后进行定减径，然后经过必要的后续精整获得成品管。

14.2.3   型材生产系统

型钢生产系统的规模往往并不很大。就其本身规模而言又可分为大型、中型和小型三种生产系统，一般年产 100 万吨以上的可称为大型的系统，年产 30 万~100 万吨的可称为中型的系统，年产 30 万吨以下的可称为小型的系统。H 型钢生产工艺流程如图 14-3 所示。

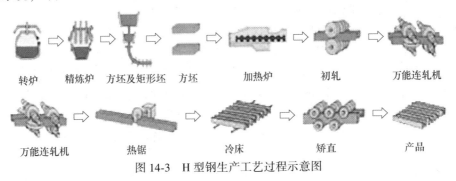

图 14-3   H 型钢生产工艺过程示意图

14.2.4   线材生产系统

一般线材生产系统是通过步进式加热炉将方坯加热至轧制温度以上，加热后的方坯出炉进行高压水除鳞，轧件进入热连轧机组的粗轧机轧制，粗轧后的轧件进入水冷段进行降温，以控制其内部金相组织，离开水冷段后进入中连轧机组和精连轧机组进行下一步轧制，精轧后的轧件由吐丝机吐出形成盘卷状，盘卷状的线材在空冷段中冷却前行，在空冷的末端，线材由集卷器打成卷筒状，送入打捆机打捆，由链式输送机送其进入成品库。

14.2.5   混合生产系统

混合生产系统在一个钢铁企业中可同时生产板带钢、型钢或钢管时，称为混合系统。无论在大型、中型或小型的企业中，混合系统都比较多，其优点是可以满足多品种的需要。但单一的生产系统却有利于产量和质量的提高。

14.2.6   合金钢生产系统

由于合金钢的用途、钢种特性及生产工艺都比较特殊，材料也比较昂贵，产量不大而产品种类繁多，故它常属中型或小型型钢生产系统或混合生产系统。由于有些合金钢塑性较低，故开坯设备除轧机以外还采用锻锤。

现代化的轧钢生产系统向着大型化、连续化、自动化、信息化、计算机化和绿色化的方向发展，原料断面及质量日益增加，生产规模日益增大。但应指出，近年来大型化的趋势已日见消退，而投资省、收效快、生产灵活且经济效果好，如中小型钢厂在不少国家（如欧美及很多发展中国家）却有了较快的发展。

14.3　我国轧钢生产现状及轧钢技术的发展趋势

14.3.1　我国轧钢生产现状

我国钢铁工业近20年来经历了一轮高速发展的阶段，1996年中国的粗钢产量达产1亿吨，而目前全国的粗钢产能已超过12亿吨，2016年粗钢产量超过8亿吨。中国钢铁工业的现状是：一方面产能严重过剩，企业效益大幅下降；另一方面扩大产能的投资还没有完全停息，污染严重、产品质量差的钢铁企业和设备仍然大量存在。加速淘汰落后生产能力，加快提升科技开发与创新能力，发展循环低碳经济，降低消耗，降低成本，增加品种，生产高质量、高附加值的产品，成为钢铁行业发展的必然趋势。

钢铁工业信息化、自动化不仅是现代化的标志，而且是能获得巨大经济效益和高回报的技术。信息化、自动化技术在钢铁发展过程中发挥着越来越重要的作用，这些技术不仅可以大大提高生产效率、提高产品质量、降低一线工人的劳动强度和安全隐患，还可以降低生产成本、增强企业核心竞争力、提升企业形象。钢铁行业信息化、自动化技术的发展轨迹既遵从信息化、自动化学科自身的发展规律，也与钢铁工业的发展，包括工艺路线的改进、冶金装备的更新、生产流程和组织方式的优化、企业运营模式的改革和进步密切相关。

钢铁行业存在的问题主要体现在钢铁行业未来在数量和质量两方面的发展存在的问题。

在产能增加方面：首先是资源缺乏的矛盾日益突出，如按目前的消耗水平，现有冶金矿产资源将很难保证21世纪内生产的需求；其次，能源结构不合理，二次能源利用还很不充分，和国际先进水平比能耗高；第三，推行高效、低耗、优质、污染少的绿色清洁生产虽已有了初步成效，但从总体上看还处于初始阶段。

在品种质量方面：首先是淘汰落后工艺装备的任务还未完成，流程的全面优化和工艺装备的进一步优化还受各种条件的制约，大型关键设备依赖进口，特别是薄板连铸连轧生产线全套设备还需引进，在新品种开发方面，自主原创性不多，产品质量的保障体系还需要不断完善。

14.3.2　轧钢技术的发展趋势

随着计算机自动控制技术的广泛应用和整体科学技术水平的提高，轧钢生产技术也有着飞跃的发展，总的看来其发展的主要趋向有以下几方面。

（1）生产过程日趋连续化，带钢和线材生产过程连续化更加完善，出现了连续钢管轧机和连续型钢轧机。像无头轧制这样的完全连续式作业线，由线材生产推广应用于冷轧带钢及连续焊管生产。近年还出现了包括电解脱脂、退火、冷却、平整及卷取等多个工序的连续精整作业线，使生产效率大为提高。

（2）轧制速度不断提高、检测技术和执行元器件精度水平的提高、生产过程的连续化为提高作业速度创造了条件，各种轧机的轧制速度不断提高。目前线材轧制速度已达140m/s，带钢冷轧速度达41.7m/s，钢管张力减径速度达20m/s以上，冷轧带肋钢筋轧制速度达到16m/s。随着连续化、自动化的发展，各种作业速度仍在不断提高。

（3）生产过程自动化日益完善，生产过程自动化不仅是提高轧机生产能力的重要条件，而且是提高产品质量、节省劳力、降低消耗的重要前提。电子计算机技术在轧钢生产中已得到日益普遍的应用，尤其在带钢连轧机和线材连轧机上应用得最为全面。目前采用的多层计算机控制系统，不仅实现了过程控制和数字直接控制，而且使计算机技术在企业管理方面也得到了广泛应用。许多工厂正将电子计算机自动控制技术扩大应用到钢材精整、热处理及无损探伤等多个方面。

（4）生产过程日趋大型化。炼铁、炼钢生产能力的大幅度提高，促使轧钢生产规模的扩大。板坯初轧机最高年产能力从350万吨增至600万吨，带钢热连轧机从300万吨增至600万吨。初轧钢锭重达100~200t，热轧板坯重达200t，冷轧板卷重达60t。主电机容量初轧机达2×14000kW，宽厚板轧机达2×10000kW。最大轧辊质量286t，牌坊质量达500余吨，轧制压力超过万吨。厚板、薄板、大型H型钢、巨型管线等生产设备都在日趋重型化，生产规模越来越大。

（5）生产趋向专业化。为了满足产量和质量的要求，往往把轧机分为大批量专业化轧机和小批量多品种轧机两类。前者为主要力量，采用专用设备及专用加工线进行生产，以利于提高产量、质量和降低成本。为此将各类轧机进行机组配套及专业分工，形成钢板、钢管或型钢生产系统，其中又分为厚板、薄板、硅钢、轨梁、H型钢及线材轧机等专业化工厂，以从事专门冶金装备的大量生产。

（6）采用自动控制不断提高产品精度、质量。计算机自动控制大大提高了对钢材尺寸、形状的控制精度和内部质量、表面质量的控制。例如，能使厚5mm以下的热轧宽带钢的厚度精度控制到±0.025mm，冷轧带钢厚度精度控制到±0.004mm，使带钢宽度公差控制到2mm；能使盘重达5t的线材直径精度控制在0.1mm甚至到0.05mm以内，冷加工钢管外径偏差达±0.05mm，壁厚偏差达±0.01mm，表面粗糙度达0.04~0.08mm。

（7）发展合金钢种与控制轧制工艺以提高钢材性能质量。利用锰、硅、铌、钛、钒等微量合金元素生产低合金钢种，配合控制轧制或形变热处理工艺，可以显著提高钢材性能，延长使用寿命。近年来，由于工业发展的需要，对石油钻采专用管、造船钢板、深冲钢板和硅钢带材等生产技术的提高特别显著。

（8）不断扩大钢材品种规格及增加板带钢和钢管的产品比重，钢材品种规格已达数万种以上。现已能生产1200×530H型钢、78kg重轨、直径1.6m以上的管线钢，宽5m以上的钢板，薄至0.01mm以下的镀锡板等。近年来，经济钢材（包括经济断面钢材和异形少无切削钢材和冷弯型材）的生产发展非常成熟。H型钢在几个主要国家已占大型钢材产量的30%~45%，可使金属节约30%~40%。各种特殊断面及变断面钢材、各种镀层、复层及涂层钢材都有很大的发展。在钢材总产量中，板带钢和钢管产量所占比重不断增大。

（9）连铸钢坯取代初轧钢坯。采用连铸钢坯可大大提高成材率、简化工艺过程、降低生产成本等许多优点，故近年得到迅速发展。我国连铸坯约占钢坯总量的98%以上。各国对于直接采用连铸坯轧管及连铸坯穿孔的新工艺也极为重视，并取得了显著成效。

（10）无头轧制技术。无头轧制技术是在一个换辊周期内，轧件长度无限延长不间断的轧制方法。轧件无限延长的方法可用连铸机连续供坯、用焊接方法将加热好的钢坯首尾对焊起来或热轧中间带坯的剪切-压合连接技术。首先应用于高速线材轧制技术，主要优点在于可提高成材率、降低消耗并使轧制过程中各项参数处于稳定状态、张力波动减小、减少了切头切尾、提高了轧制效率、减少了头尾频繁冲击、降低了轧辊的辊耗。在带材的无头轧制生产中，可实现连续酸洗、动态变规格、连续退火和精整的带钢全连续冷轧带材生产线上。连续稳定的轧制过程为整个生产过程的自动控制创造了条件。

（11）轧制生产方式日趋减量化。由于能源和资源的限制、减排的压力和环境的要求，特别是由于我国钢铁工业缺少创新，在数量上过量发展，目前钢铁工业面临巨大的困难，作为钢铁生产工艺流程主要环节的材料加工工序，如何在新一代钢铁工艺流程中实现减量化，生产节约型钢铁材料，促进可持续发展。我国钢铁行业的科技工作者在减量化生产技术发展方面做出了巨大的贡献，主要体现在以下几个方面：

1）新一代TMCP（控轧控冷）技术。针对中厚板首先提出超快冷+层流冷却的设计概念，以充分利用现有的层流冷却这一系统，对现有中厚板轧机进行改造，采用倾斜式UFC+管层流ACC进一步在中厚板轧机上应用，实现了钢材成分减量化和生产工艺减量化。在成分减量化方面，体现在碳锰钢、工程机械用钢、容器板、桥梁板、船板、管线钢生产方面发挥了良好的减量化效果。特别是管线钢的生产，不仅成分减量化，而且解决了钢板的板形质量问题，为管线钢的高质量、低成本生产提供了强力手段。在工艺减量化方面，采用在线淬火、UFC-B等技术，进行在线热处理，减少离线热处理的火次，实现工艺减量化。

2）H型钢超快冷系统的应用，开发减量化、高效化的热轧过程。多个钢种性能提高70MPa以上或者强度级别不变，减少微合金元素和主要合金元素用量20%以上。

3）新一代TMCP技术目前正在拓展其应用领域，正在向管材、线材、窄带钢等品种推广应用，有望得到很好的减量化效果。在管材生产中，改变了过去单纯依靠添加合金和离线热处理的传统思路，通过冷却控制实现减量化。在线材生产中，着力推广线材的在线汽雾冷却，代替离线的DLP处理，得到超细的索氏体组织。这一技术在应用到特钢方面具有独特的优势，从目前已经进行的工作来看，在轴承钢、弹簧钢、不锈钢、硅钢等方面已经显示出良好的应用效果。

控制轧制技术TMCP技术的重要方面，其核心在于进行控制冷却的组织准备，即获得硬化状态的奥氏体，以便在随后的奥氏体向铁素体相变的过程中，形成大量的铁素体的核心，从而细化铁素体的晶粒。温度控制对控制轧制十分重要。因此，在轧机上，为了按照控制轧制要求，实现各道次温度的即时、精确控制，粗轧机和精轧机均可安装机架式超快冷装置，实现控温轧制这一措施对于提高控轧质量和提高轧机的生产效率十分有效。

4）氧化铁皮控制技术在中薄板坯连铸连轧（ASP）生产线上，开发热轧带卷表面氧化铁皮控制技术，掌握了抑制Fe_2O_3生成的轧制、冷却和卷取等关键工艺和技术，使氧化铁皮的结构改善、可塑性增强、厚度减少，从而提高了热轧带钢的表面质量，解决了后续加工冲压时起粉和脱落等问题，满足了后续加工对钢材性能和环保的要求。

5）集约化轧制技术。我国钢铁企业普遍存在钢种过多的问题，造成炼钢和连铸工序的管理压力，引发产品质量下降、生产效率降低。采用集约化技术，在炼钢连铸工序通过钢种归并实现大规模生产；在轧制阶段优化轧制和热处理工艺，实现针对用户需求的"定制生产"模式。这种生产方式的转变，在简化炼钢、连铸生产和降低管理难度的前提下，通过集约化生产方式实现"一钢多能"的目标，减少钢种的数量和种类。该技术以组织性能预测技术为基础，同时应用人工智能技术进行调优，进行轧制过程参数的反向优化。该技术包括钢种归并规则、"同系列相邻级别"钢种集约化生产规则、"跨系列同级别"钢种集约化生产规则等集约化生产的原则和具体实施、优化方法，并建立钢种归并的智能化系统。

世界轧钢工业和技术的进步主要集中在生产工艺流程的缩短和简化，近终形连铸、轧材性能高品质化、品种规格多样化、控制管理的计算机化，使轧钢生产转入质量型和低成本的轨道上。

轧钢生产工艺流程将更加紧凑，并趋向于铸轧一体化生产。在新世纪，以辊轧为特征的轧钢工艺虽然不会发生重大变革，但轧钢前后工序的衔接技术必将有长足的进步。由于连铸特别是近终形连铸的发展，已经实现轧钢行业淘汰了初轧工序。而即将投入生产的薄带钢连铸，将使连铸与热轧工序合二为一，从而取消了传统板带材生产的热轧工序，将连铸的薄带钢直接进行冷轧。

轧钢过程的清洁化生产（绿色生产技术）。在新世纪要求钢铁工业技术发展重点转到可持续发展的要求上，即环境友好和资源再生上，在保证满足社会环保的严格要求下，达到钢材生产的高品质和低成本，如热轧工序的节能与无氧化加热，蓄热式加热炉的低氧燃烧技术，冷加工原料的无酸除鳞。酸洗除鳞是冷轧生产中最大的污染源，曾探索过喷丸除鳞、水流喷砂除鳞、电解除鳞等，但均未能实现低成本工业化应用。

轧制生产过程日趋化的柔性化生产。目前，轧钢生产规格尺寸的柔性化技术有很大进展，如板带热连轧生产中压力调宽技术和板形控制技术的应用，实现了板宽的自由规程轧制。棒、线材生产的粗、中轧平辊轧制技术的应用，实现了部分规格的自由轧制。此外，冷弯和焊管机也可实现自由规格生产。

─────── **本 章 小 结** ───────

本章主要介绍了轧钢环节的钢材的分类方法、各种钢材的用途、什么是轧钢生产系统、我国轧钢生产现状以及轧钢技术的发展趋势。

复习思考题

14-1 简述我国钢铁工业现状及发展趋势。

14-2 简述钢铁成品分类。

14-3 什么是轧钢生产系统？

14-4 简述板、管、型、线材的典型生产工艺流程。

14-5 新一代 TMCP（控轧控冷）技术主要应用在哪些领域？

参 考 文 献

[1] 孙一康. 钢铁生产控制及管理系统 [M]. 北京：冶金工业出版社，2014.

[2] 耿明山，刘艳，黄衍林. 大型特厚板坯料制造技术现状和发展趋势 [J]. 中国冶金，2014，24（8）：10~17.

[3] 薛正良. 钢铁冶金概论 [M]. 北京：冶金工业出版社，2008.

[4] 黄庆学，肖宏，孙斌煜. 轧钢机械设计 [M]. 北京：冶金工业出版社，2007.

[5] 孙斌煜. 板带铸轧理论与技术 [M]. 北京：冶金工业出版社，2002.

[6] 孙斌煜，张芳萍. 张力减径技术 [M]. 北京：国防工业出版社，2012.

[7] ［澳］Michael Ferry. 金属及合金带材铸轧工艺 [M]. 孙斌煜，译. 北京：国防工业出版社，2014.

[8] 王廷溥. 轧钢工艺学 [M]. 北京：冶金工业出版社，1981.

[9] 康永林，朱国明. 世界热轧板带无头轧制技术发展趋势 [N]. 中国冶金报，2012-7-7（B03）.

[10] 王国栋. 减量化轧制技术与研究进展 [C]//全国轧钢生产技术会，2012.

[11] 康永林. 2008-2009 冶金工程技术学科发展报告 [M]. 北京：中国科学技术出版社，2009.

[12] 康永林. 2012-2013 冶金工程技术学科发展报告 [M]. 北京：中国科学技术出版社，2014.

[13] 卢于述. 热轧钢管生产问答 [M]. 北京：冶金工业出版社，1991.

[14] 张树堂，周积智. 未来轧钢技术创新的展望 [J]. 轧钢，2003，20（1）：1~3.

15 轧 制 原 理

本章学习要点

本章主要学习轧制时金属的流动及轧制过程的建立。要求掌握轧制过程的基本概念和特点；掌握咬入条件和稳定轧制条件，并能对咬入条件和稳定轧制条件进行比较；熟悉前滑和后滑的概念及影响因素；了解轧件的工程常用变形系数及轧制过程的宽展。

轧制过程是靠反向旋转的轧辊与轧件之间的摩擦力将轧件拖进辊缝之间，并使轧件受到压缩产生塑性变形的过程。轧制过程除使轧件获得一定形状和尺寸外，还必须使其组织和性能得到一定程度的改善。为了了解和控制轧制过程，必须对轧制过程形成的变形区及金属流动规律进行了解。

15.1　变形区主要参数

实际生产中使用的轧机结构形式多种多样，为了掌握它们之间的共性问题，轧制原理首先讲述简单轧制过程。所谓简单轧制过程，就是指轧制过程上下轧辊直径相等、转速相同，且都为主动辊，轧制过程对两个轧辊完全对称，轧辊为刚性，轧件除受轧辊作用外，不受其他任何外力作用，轧件在入辊处和出辊处速度均匀，轧件的力学性能均匀。

理想的简单轧制过程在实际中很难找到，但有时为了讨论问题的方便，常常把复杂的轧制过程简化成简单轧制过程。

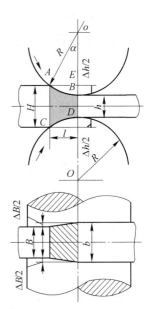

图 15-1　简单轧制过程示意图

15.1.1　轧制变形区及其主要参数

轧件承受轧辊作用发生变形的部分，称为轧制变形区，即从轧件入辊的垂直平面到轧件出辊的垂直平面所围成的区域 *ABCD*（图 15-1），该区域也称为几何变形区。实际上，在几何变形区前、后不大的局部区域内，多少会有塑性变形产生，这两个区域称为非接触变形区。轧制变形区主要参数有咬入角（α）、接触弧长度（l）及轧件在入口和出口处的高度（H 和 h）和宽度（B 和 b）。

15.1.1.1　咬入角（α）

如图 15-1 所示，轧件与轧辊相接触的圆弧所对应的圆心角称为咬入角。绝对压下量与轧辊直径及咬入角之间存在如下关系：

$$\Delta h = 2(R - R\cos\alpha) = 2R(1 - \cos\alpha) \tag{15-1}$$

由此可得

$$\cos\alpha = 1 - \frac{\Delta h}{2R} \tag{15-2}$$

在咬入角较小时（$\alpha < 10° \sim 15°$），由于：

$$1 - \cos\alpha = 2\sin^2\frac{\alpha}{2} \approx \frac{\alpha^2}{2}$$

式（15-2）可简化为：

$$\alpha = \sqrt{\frac{\Delta h}{R}} \tag{15-3}$$

式中　R ——轧辊的半径，mm；

　　　Δh ——绝对压下量，mm。

变形区内任一断面的高度 h_x，可按下式计算：

$$h_x = \Delta h_x + h = 2R(1 - \cos\alpha_x) + h \tag{15-4}$$

或

$$h_x = H - (\Delta h - \Delta h_x)$$
$$= H - [2R(1 - \cos\alpha) - 2R(1 - \cos\alpha_x)]$$
$$= H - 2R(\cos\alpha_x - \cos\alpha) \tag{15-5}$$

由式（15-2）和式（15-3）可以看出，在轧辊直径 $2R$ 一定的情况下，绝对压下量 Δh 越大，咬入角 α 越大；在绝对压下 Δh 量一定的情况下，轧辊直径 $2R$ 越大，咬入角 α 越小。

15.1.1.2　接触弧长度（l）

轧件与轧辊相接触的圆弧的水平投影长度，称为接触弧长度，也称咬入弧长度，即图 15-1 中的 AE 线段，也被称为变形区长度。

（1）两轧辊直径相等时的接触弧长度。由图 15-1 中的几何关系可知：

$$l^2 = R^2 - \left(R - \frac{\Delta h}{2}\right)^2$$

所以

$$l = \sqrt{R\Delta h - \frac{\Delta h^2}{4}} \tag{15-6}$$

由于式（15-6）根号中的第二项比第一项小得多，因此可以忽略不计，则接触弧长的公式变为：

$$l = \sqrt{R\Delta h} \tag{15-7}$$

（2）轧辊直径不相等时的接触弧长度。此时可按下式确定接触弧长度：

$$l = \sqrt{\frac{2R_1R_2}{R_1 + R_2}\Delta h} \tag{15-8}$$

式（15-8a）是假设两个轧辊的接触弧长度相等而导出的，即：

$$l = \sqrt{2R_1\Delta h_1} = \sqrt{2R_2\Delta h_2} \tag{15-9a}$$

式中　R_1，R_2——上、下轧辊半径，mm；

　　　Δh_1，Δh_2——上、下轧辊对金属的绝对压下量，mm。

$$\Delta h = \Delta h_1 + \Delta h_2 \tag{15-9b}$$

由式（15-9a）和式（15-9b）可得出式（15-8）。

15. 1. 2　轧制变形的表示方法

轧制变形的表示方法有：

（1）用绝对变形量表示。用轧制前、后轧件绝对尺寸之差表示的变形量，称为绝对变形量。

绝对压下量：轧制前、后轧件厚度 H、h 之差，即 $\Delta h = H - h$。

绝对宽展量：轧制前、后轧件宽度 B、b 之差，即 $\Delta b = b - B$。

绝对延伸量：轧制前、后轧件长度 L、l 之差，即 $\Delta l = l - L$。

用绝对变形量不能正确地说明变形量的大小，但由于习惯，前两种变形量常使用，而绝对延伸量一般情况下不使用。

（2）用相对变形量表示。用轧制前、后轧件尺寸的相对变化表示的变形量，称为相对变形量。

相对压下量　$\dfrac{H-h}{H} \times 100\%$，$\dfrac{H-h}{h} \times 100\%$，$\ln \dfrac{h}{H}$

相对宽展量　$\dfrac{b-B}{B} \times 100\%$，$\dfrac{b-B}{b} \times 100\%$，$\ln \dfrac{b}{B}$

相对延伸量　$\dfrac{l-L}{L} \times 100\%$，$\dfrac{l-L}{l} \times 100\%$，$\ln \dfrac{l}{L}$

前两种表示方法只能近似地反映变形的大小，但较绝对变形表示方法已进了一步，后一种方法来自移动体积的概念，故能够正确地反映变形的大小，所以相对延伸量也称为真变形。

（3）用变形系数表示。用轧制前、后轧件尺寸的比值表示变形程度，称为变形系数。变形系数包括：

压下系数　　　　　　　　　　　$\eta = \dfrac{H}{h}$

宽展系数　　　　　　　　　　　$\beta = \dfrac{b}{B}$

延伸系数　　　　　　　　　　　$\lambda = \dfrac{l}{L}$

根据体积不变条件，三者之间存在如下关系，即 $\eta = \lambda \beta$。变形系数能够简单而正确地反映变形的大小，因此在轧制变形方面得到了广泛的应用。

15. 2　咬入条件

依靠回转的轧辊与轧件之间的摩擦力，轧辊将轧件拖入轧辊之间的现象称为咬入。为使轧件进入轧辊之间实现塑性变形，轧辊对轧件必须有与轧制方向相同的水平作用力。下面分析轧辊对轧件的作用力。

首先将轧件送向反向旋转的一对轧辊，使轧件与旋转的轧辊母线相接触（图 15-2 中表示为 A 和 B 点相接触），则每个轧辊均将对轧件作用一径向正压力 N，同时由于轧辊相对轧件有切向滑动，因此在轧件上作用有与正压力相垂直的摩擦力 T。

显然，正压力 N 的水平分量和摩擦力 T 的水平分量对轧制过程的建立起着不同的作用，正压力 N 的水平分量将轧件推出辊缝，而摩擦力 T 的水平分量是将轧件拖入辊缝。因此，在轧件上没有附加外力作用的情况下，这两个力的大小就决定了轧辊是否能咬入轧件。欲使轧辊咬入轧件，必须使摩擦力 T 的水平分量大于正压力 N 的水平分量，即满足条件：

$$T\cos\alpha > N\sin\alpha \qquad (15\text{-}10)$$

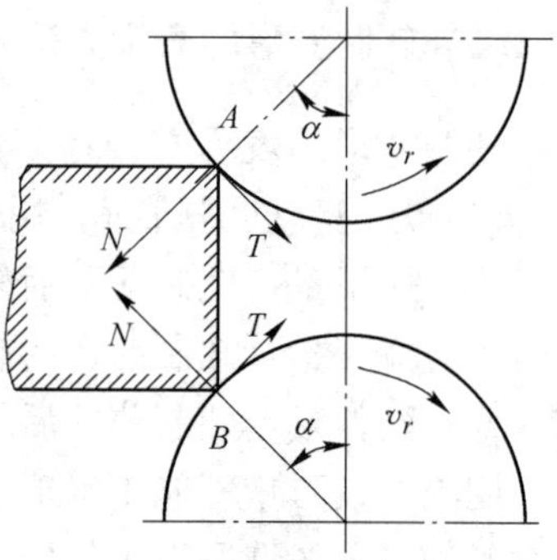

随着咬入角 α 的增大（如在辊缝不变的条件下增大轧件的高度 H），正压力 N 的水平分量增大，而摩擦力的水平分量减小。当咬入角增大到一定的数值后，轧辊将不能把轧件拖入辊缝。

图 15-2　咬入时轧件受力图

根据干摩擦定律，摩擦力 T 可能达到的最大数值为：

$$T = \mu_b N$$

式中　μ_b——咬入摩擦系数。

将 T 值代入式（15-9）中，可得轧制过程的咬入条件：

$$\mu_b > \tan\alpha \quad \text{或} \quad \beta_b > \alpha \qquad (15\text{-}11)$$

式中　β_b——咬入时的摩擦角。

由此可得，欲使轧辊能自由咬入轧件（不对轧件施加其他外力）必须使摩擦系数大于咬入角的正切值，或者，必须使摩擦角大于咬入角。

15.3　轧制过程的建立

在轧辊咬入轧件后，随着轧辊的转动轧件被拖入辊缝（变形区）内。这时轧件进入变形区内的部分，由于在高度方向上被压缩，金属要向纵向及横向流动，从而要相对轧辊表面产生滑动（或有产生滑动的趋势）。

金属在变形区内相对于轧辊表面的运动状态，决定于轧件的静力平衡条件。随着金属向变形区内的充入，合力 N 的作用角将减小，从而阻碍轧件进入辊缝的正压力 N 的水平分量将相对减小，而拖引轧件进入辊缝的摩擦力 T 的水平分量将相对增大，使轧制过程较咬入时趋于稳定。从动力学角度来看，这必然引起金属流动速度的加快，结果使变形区内前端的金属力图相对轧辊表面产生前滑。这样在变形区内沿接触弧就分成两个区域：前滑区和后滑区。在后滑区内金属力图相对轧辊表面向后滑动，摩擦力的方向不变，仍为将轧件拖入辊缝的主动作用力。而在前滑区内，由于金属力图相对轧辊表面向前滑动，摩擦力将改变方向，成为轧件进入辊缝的阻力，从而抵消一部分后滑区摩擦力的作用。结果使摩擦力的合力 T 相对减小，使轧制过程趋于达到新的平衡。

随着轧制过程的发展，轧件前端走出出口断面，轧制过程达到稳定轧制阶段。这时合力作用角将最终减到最小值，而前滑区将相对增至最大值，轧制过程更趋稳定。

15.4　金属在变形区内各不同横断面上的流动速度

当金属由轧前高度 H 轧制到轧后高度 h 时，由于进入变形区轧件高度逐渐减小，根据塑性变形时材料不可压缩假设，可认为轧制时轧件的体积不变。因此在单位时间内通过变形区内任一横断面的金属流量（体积）应该为一常数。

用 Q_0、Q_1 及 Q_x 表示每秒钟通过入口断面、出口断面及变形区内任一横断面的金属流量，则有：

$$Q_0 = Q_x = Q_1 = 常数$$

金属的秒流量等于轧件的横断面积与断面上质点的平均流动速度的乘积：

$$Q_0 = F_0 v_0 , \quad Q_x = F_x v_x , \quad Q_1 = F_1 v_1$$

故有
$$F_0 v_0 = F_x v_x = F_1 v_1 = 常数 \tag{15-12}$$

式中　F_0，F_1，F_x——入口断面、出口断面及变形区内任一断面的面积，mm^2；

　　　v_0，v_1，v_x——在入口断面、出口断面及任一断面上的金属平均流动速度，mm/s。

根据式（15-12）可求得：

$$\frac{v_0}{v_1} = \frac{F_1}{F_0} = \frac{1}{\lambda} \tag{15-13}$$

式中　λ——轧件的延伸系数，$\lambda = \dfrac{F_0}{F_1}$。

金属的入口速度与出口速度之比等于出口断面的面积与入口断面的面积之比，等于延伸系数的倒数。如果不计轧件的宽展（近似地认为 $b_1 = b_0$），根据式（15-13）则有：

$$\frac{v_0}{v_1} = \frac{F_1}{F_0} = \frac{h_1 b_1}{h_0 b_0} = \frac{h_1}{h_0} \tag{15-14}$$

根据关系式（15-12）求得任意断面的速度与出口断面的速度有下列关系：

$$\frac{v_x}{v_1} = \frac{F_1}{F_x}$$

所以
$$v_x = v_1 \frac{F_1}{F_x} \tag{15-15}$$

在不计宽展时，则有：

$$v_x = v_1 \frac{F_1}{F_x} = v_1 \frac{h_1}{h_x} \tag{15-16}$$

研究轧制过程中的轧件与轧辊的相对运动速度有很大意义，如对连续式轧机欲保持两机架间张力不变，很重要的条件就是要维持前机架轧件的秒流量和后机架的秒流量相等。

15.5　中性角的确定

中性角是决定变形区内金属相对轧辊运动速度的一个参数。

根据式（15-16），若不计轧件的宽展，则在变形区内之任一横断面上，金属沿断面高度的平均流动速度：

$$v_x = v_1 \frac{h_1}{h_x} = \frac{v_1 h_1}{h_1 + 2R(1 - \cos\alpha_x)}$$

在变形区内之任一横断面上，轧辊圆周速度的水平分量：

$$v_{rx} = v_r \cos\alpha_x$$

式中　v_r——轧辊的圆周速度，mm/s。

　　根据公式可知，在变形区内速度 v_x 和 v_{rx} 按不同函数关系单调变化（图 15-3），这两条速度曲线在变形区内相交于一点，交点的位置决定于轧件的平衡条件。交点所对应的断面将变形区分为两个部分：前滑区和后滑区，该断面在轧制理论中称为中性面。由中性面与接触弧的交点 n 所引的半径与轧辊中心连线的夹角 γ 称为中性角。

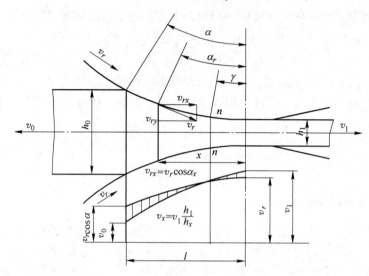

图 15-3　变形区内金属流动速度的变化

　　在中性面和入口断面间的后滑区内，任一断面上金属沿断面高度的平均流动速度小于轧辊圆周速度的水平分量，金属力图相对轧辊表面向后滑动；在中性面和出口断面间的前滑区内，任一断面上金属沿断面高度的平均流动速度大于轧辊圆周速度的水平分量，金属力图相对轧辊表面向前滑动；在中性面上，金属沿断面高度的平均流动速度等于轧辊圆周速度的水平分量。由于在前、后滑区内金属力图相对轧辊表面产生滑动的方向不同，因此摩擦力的方向也不同。在前、后滑区内作用在轧件表面上的摩擦力的方向都指向中性面。

　　为了确定中性面的位置（即确定中性角的大小），首先研究轧件在变形区内的受力情况，如图 15-4 所示。用 p_x 表示轧辊作用在轧件表面上的单位正压力值，用 τ 表示作用在轧件表面上的单位摩擦力值，用 Q_1 表示前张力，用 Q_0 表示后张力。根据轧件的受力平衡条件，轧制时作用力的水平分量之和为零，得：

$$-\int_0^\alpha p_x\sin\alpha_x Rd\alpha_x + \int_\gamma^\alpha \tau\cos\alpha_x Rd\alpha_x - \int_0^\gamma \tau\cos\alpha_x Rd\alpha_x + \frac{Q_1 - Q_0}{2\bar{b}} = 0$$

式中　p_x——单位压力，Pa；

　　　　τ——单位摩擦力，Pa；

　　　　$\bar{b}$——轧件的平均宽度，$\bar{b} = \dfrac{B + b}{2}$，mm；

　Q_1，Q_0——作用在轧件上的前、后张力，N；

　　　　R——轧辊的半径，mm；

　　　　α——咬入角，（°）；

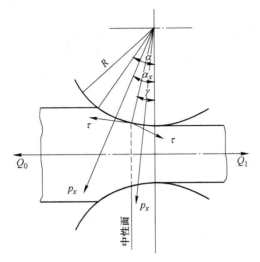

图 15-4　单位压力 p_x 及单位摩擦力 τ 的作用方向图示

　　α_x——任意断面的咬入角度（接触弧角度），（°）。

　　假设单位压力沿整个接触弧等于常数，即 $p_x = p$；摩擦力：

$$\tau = \mu_s p$$

式中　　μ_s——稳定轧制时的摩擦系数。

　　对平衡方程式积分，假定 $Q_1 = Q_0 = 0$ 的情况下，进一步简化得：

$$\gamma = \frac{1}{2}\sqrt{\frac{\Delta h}{R}}\left(1 - \frac{1}{2\mu_s}\frac{\sqrt{\Delta h}}{R}\right) \tag{15-17}$$

15.6　稳定轧制条件

　　轧件被轧辊咬入后开始逐渐充填辊缝，在轧件充填辊缝的过程中，轧件前端与轧辊轴心连线间的夹角 δ 不断地减小，如图 15-5 所示，当轧件完全充满辊缝时，$\delta = 0$，即开始了稳定轧制阶段。

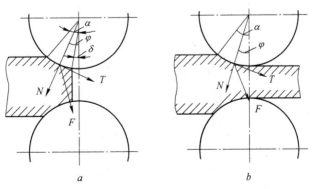

图 15-5　金属充填辊缝过程中作用力条件的变化图解

a—充填辊缝过程；*b*—稳定轧制阶段

下面进行轧制作用力分析，如图 15-5a 所示，δ 角随轧件不断充填变形区而逐渐减小，开始咬入时，$\delta = \alpha$；在金属完全充满辊缝后，$\delta = 0$。随着金属逐渐充填变形区，合力作用角由开始咬入的 α 角变成 φ 角。假设压力沿接触弧分布均匀，则 φ 角的大小为：

$$\varphi = \frac{\alpha - \delta}{2} + \delta = \frac{\alpha + \delta}{2}$$

式中，随着 δ 角由 α 变到 0，φ 角由 α 变到 $\frac{\alpha}{2}$。

当 $\varphi = \alpha$ 时，金属开始咬入；当 $\varphi = \frac{\alpha}{2}$ 时，金属充填满整个变形区，此时轧件进入稳定轧制阶段。

当金属进入到变形区中某一位置时，N_x 与 T_x 也在不断变化。随着 φ 角的减小，T_x 增大，N_x 减小，此两个力的变化更有利于轧件的咬入。

当金属充满辊缝后，φ 角由开始咬入时的 α 变为 $\frac{\alpha}{2}$，继续进行轧制的条件，仍为 $T_x > N_x$，由于：

$$N_x = N\sin\varphi = N\sin\frac{\alpha}{2}$$

$$T_x = T\cos\varphi = N\mu_s\cos\frac{\alpha}{2}, \quad \tan\beta_s = \mu_s$$

根据 $T_x > N_x$，得：

$$\mu_s > \tan\frac{\alpha}{2} \quad \text{或} \quad \beta_s > \frac{\alpha}{2} \tag{15-18}$$

式中 μ_s，β_s——稳定轧制阶段的摩擦系数和摩擦角。

由式（15-11）和式（15-18）可以看出，稳定轧制条件对摩擦力的要求比咬入条件低，这就是为什么在不能自由咬入时，实行强迫咬入后轧件仍能稳定轧制的原因。

15.7 前滑和后滑

15.7.1 轧制时的前滑与后滑

轧制过程中，轧件在高度方向受到压缩，被压缩的金属一部分向纵向流动，使轧件产生延伸；而另一部分金属向横向流动，使轧件产生宽展。轧件的延伸是被压缩金属向轧辊入口和出口两个方向流动的结果。轧制时，轧件的出口速度大于轧辊圆周速度的现象称为前滑；而轧件进入轧辊的速度小于轧辊在该处圆周速度的水平分量的现象称为后滑。前滑值可用下式表示，即：

$$S_h = \frac{v_h - v_r}{v_r} \times 100\% \tag{15-19}$$

式中 S_h——前滑值；

v_h——轧件出口处的速度，mm/s；

v_r——轧辊的圆周线速度，mm/s。

同理，后滑值可用下式表示，即：

$$S_H = \frac{v_r\cos\alpha - v_H}{v_r\cos\alpha} \times 100\%$$ （15-20）

式中　S_H——后滑值；

　　　v_H——轧件的入口速度，mm/s。

按秒流量相等的条件，则：

$$F_H v_H = F_h v_h \quad 或 \quad v_H = \frac{F_h}{F_H}v_h = \frac{v_h}{\lambda}$$

式中　F_H，F_h——轧件入口断面、出口断面的面积，mm^2。

将式（15-19）改写成：

$$v_h = v_r(1 + S_h)$$ （15-21）

将式（15-21）代入 $v_H = \frac{v_h}{\lambda}$ 中，得：

$$v_H = \frac{v_r}{\lambda}(1 + S_h)$$ （15-22）

由式（15-20）可知：

$$S_H = 1 - \frac{v_H}{v_r\cos\alpha} = 1 - \frac{v_r(1 + S_h)}{\lambda v_r\cos\alpha}$$

或 $$\lambda = \frac{1 + S_h}{(1 - S_H)\cos\alpha}$$ （15-23）

前滑值与后滑值之间存在上述关系，所以弄清楚前滑问题，对后滑也就清楚了，因此本节只讨论前滑问题。

15.7.2　影响前滑值的因素

根据前滑值计算公式可以看出，影响前滑值的主要因素有以下几个：中性角越大，则前滑值越大；轧辊半径 R 越大，则前滑值越大；压下量 Δh 越大，则前滑值越大；摩擦系数 μ 越大，则前滑值越大；轧制后轧件厚度 h 越小，则前滑值越大。

一般在带材的多机架连轧和周期断面产品的生产中，在设计制定这类工艺制度时，都要考虑前滑的大小，否则轧制过程不能正常进行。

15.8　轧制过程的宽展

15.8.1　宽展及其实际意义

轧制时，沿轧件宽度方向的变形即横向尺寸的变化称为宽展。习惯上，通常将轧件在宽度方向线尺寸的变化，即绝对宽展直接称为宽展。虽然用绝对宽展不能正确反映变形的大小，但是由于它简单，明确，在生产实践中得到极广泛的应用。

轧制中的宽展可能是希望的，也可能是不希望的，视轧制产品的断面特点而定。当从窄的坯轧成宽成品时希望有宽展，如用宽度较小的钢坯轧成宽度较大的成品，则必须设法增大宽展。若是从大断面坯轧成小断面成品时，则不希望有宽展，因消耗于横变形功是多余的，在这种情况下，应该力求以最小的宽展轧制。

纵轧的目的是为得到延伸，除特殊情况外，应该尽量减小宽展，降低轧制功的消耗，提高轧机生产率。不论在哪种情况下，希望或不希望有宽展，都必须掌握宽展变化规律以及正确计算宽展，尤其在孔型中轧制则宽展计算更为重要。

正确估计轧制中的宽展是保证断面质量的重要一环，若计算宽展大于实际宽展，孔型充填不满，造成很大的椭圆度，如图 15-6a 所示；若计算宽展小于实际宽展，孔型充填过满，形成耳子，如图 15-6b 所示。若出现这两种情况都会造成轧件报废。

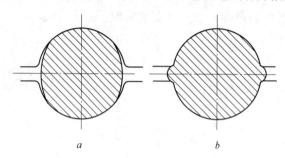

图 15-6　由于宽展估计不足产生的缺陷
a—未充满，椭圆度大；b—过充满，产生耳子

因此，正确地估计宽展对提高产品质量，改善生产技术经济指标有着重要的作用。

15.8.2　宽展分类

在不同的轧制条件下，坯料在轧制过程中的宽展形式是不同的。根据金属质点横向流动受阻碍情况，可将宽展分为自由宽展、限制宽展和强迫宽展。

（1）自由宽展。金属质点在沿横向流动过程中除受接触面上的摩擦阻力外，不受其他阻碍和限制，如孔型侧壁、立辊等，结果明确地表现出轧件宽度上线尺寸的增加，这种情况为自由宽展。

（2）限制宽展。金属质点在沿横向流动过程中除受接触摩擦阻力外，还受到某种额外限制（如孔型侧壁的限制）而产生的宽展。

（3）强迫宽展。金属质点横向移动时，不仅不受任何阻碍，且受强烈的推动作用，使轧件宽度产生附加的增长，此时产生的宽展称为强迫宽展，由于出现有利于金属质点横向流动的条件，因此强迫宽展大于自然宽展。

15.8.3　影响宽展的因素

影响金属在变形区内沿纵向及横向流动的数量关系的因素很多，但这些因素都是建立在最小阻力定律及体积不变定律的基础上的。经过综合分析，影响宽展诸因素的实质可归纳为两方面：一是高度方向移动体积；二是变形区内轧件变形的纵横阻力比，即变形区内轧件应力状态中的 σ_3/σ_2 关系（σ_3 为纵向压缩主应力，σ_2 为横向压缩主应力）。根据分析，变形区内轧件的应力状态取决于多种因素。凡是能影响变形区形状和轧辊形状的各种因素都将影响变形区内金属流动的纵横阻力比，自然也影响变形区内的纵向延伸和横向的宽展。下面分析各种因素对宽展的具体影响。

（1）相对压下量的影响。压下量是形成宽展的主要因素之一，随着压下量的增加，宽展量也增加。随着压下量的增加，变形区长度增加，变形区形状参数 l/h 增大，因而使金属纵向流动阻力增加，使纵向压缩主应力值增大。根据金属流动最小阻力定律，金属沿横向运动的趋势增大，因而使宽展加大。

（2）轧辊直径的影响。由实验可知，在其他条件（如轧件宽度、材料、温度、摩擦系数、压下量等）不变的情况下，随着轧辊直径 D 的增大，绝对宽展量 Δb 增大。这是因为当 D 增大时，变形区长度增大，由接触摩擦力所引起的纵向流动阻力增大，所以金属容易向宽度方向流动，以增大宽展。

（3）轧件宽度的影响。根据金属流动的最小阻力定律，可将接触表面金属流动分成四个区域，即前、后滑区和左、右宽展区。用它可以说明轧件宽度对宽展的影响。假设变形区长度 l 一定，当轧件宽度 B 逐渐增加时，由 $l_1 > B_1$ 到 $l_2 = B_2$，如图 15-7 所示，宽展区是逐渐增加的，因而宽展也是逐渐增加的。当 $l_2 = B_2$ 到 $l_3 < B_3$ 时，宽展区变化不大，而延伸区逐渐增加，因此从绝对变形量上来讲，宽展的变化也是先增加，后趋于不变。这已被实验所证实。

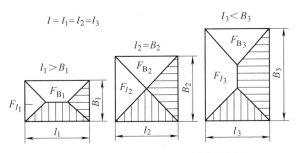

图 15-7 轧件宽度对变形区划分的影响

（4）摩擦系数的影响。实验证明，当其他条件相同时，随着摩擦系数的增大，宽展也增大，因为随着摩擦系数的增大，轧辊的工具形状系数增大，因此使 σ_3/σ_2 比值增大，相应地使延伸减小，宽展增大。

（5）轧制道次对宽展的影响。实验证明，在总压下量不变的前提下，轧制道次越多，宽展越小。在前 5 道次，宽展量随道次的变化最为明显，当道次大于 5 道以上时，再增加道次对宽展量的影响就不明显了。其原因是，道次越多，则每道次的压下量越小，在一定轧制条件下，每道次轧制的咬入弧也越短，即金属纵向流动阻力越小，这样宽度增大的趋势就减小。

（6）后张力对宽展的影响。实验证明，后张力对宽展有很大影响，而前张力对宽展影响较小，这是因为轧件变形主要产生在后滑区。

—————————— 本 章 小 结 ——————————

轧制过程是靠旋转的轧辊与轧件之间的摩擦力将轧件拖进辊缝之间，并使轧件受到压缩产生塑性变形的过程。

轧制变形区主要参数有咬入角（α）、接触弧长度（l）及轧件在入口和出口处的高度（H 和 h）和宽度（B 和 b）。

随着轧制过程的建立，变形区分为前滑区和后滑区，分界面为中性面，并由中性角来确定中性面的位置。

复习思考题

15-1　轧制变形区的基本概念是什么？试推导变形区长度的计算公式。

15-2　轧制变形有哪些表示方法？

15-3　试推导轧制时的咬入条件和稳定轧制条件，并进行比较。

15-4　轧制过程是如何建立起来的？

15-5　推导金属在变形区内各不同横断面上的流动速度。

15-6　推导中性角的确定公式。

15-7　什么是前滑？什么是后滑？如何计算前滑值？

15-8　影响前滑值的主要因素及如何影响前滑值？

15-9　什么是宽展？根据金属质点横向流动受阻碍情况，宽展可分为哪几种？

15-10　轧制过程中影响宽展的因素有哪些？这些因素对宽展产生怎样的影响？

参 考 文 献

[1] 张小平，秦建平. 轧制理论 [M]. 北京：冶金工业出版社，2006：127~170.

[2] 曹鸿德. 塑性变形力学基础与轧制原理 [M]. 北京：机械工业出版社，1981：151~159.

[3] 陆济民. 轧制原理 [M]. 北京：冶金工业出版社，1993：9~18.

[4] 吕立华. 金属塑性变形与轧制原理 [M]. 北京：化学工业出版社，2015：107~114，132~138.

[5] 赵志业. 金属塑性变形与轧制理论 [M]. 2 版. 北京：冶金工业出版社，1996：248~268.

[6] 任汉恩. 金属塑性变形与轧制原理 [M]. 2 版. 北京：冶金工业出版社，2015：110~130.

16　钢 管 生 产

本章学习要点

　　本章主要学习无缝钢管和焊接钢管的生产工艺。要求熟悉三辊轧管生产工艺、周期轧管生产工艺和挤压管的生产工艺，了解直缝焊管和螺旋焊管的生产工艺，掌握自动轧管生产工艺、连续轧管生产工艺。

　　钢管是一种经济断面钢材，是一种用钢制作的具有中空截面而长度远大于外径（或边长）的一种金属材料。截面通常为圆形，但也可呈扁形、方形和异形等。钢管广泛应用于日用、交通、建筑、石油、化工、农业、工程机械、国防以及机器制造工业等各都门，所以被称为工业的"血管"，通常占轧材总量的 6% ~ 15%。

　　钢管按照生产方法可分为无缝钢管和焊接钢管（以下简称焊管）两大类。

　　(1) 无缝钢管根据生产方法，可分为热轧管、冷轧管、冷拔管、挤压管、顶管等。按断面形状，可分为圆形管和异形管两种，异形管有方形、椭圆形、三角形、六角形、瓜子形、S 形、带翅管等多种复杂形状。钢管的最大外径达 1400mm（扩径管），最小直径为0.1mm（冷拔管）。根据用途不同，有薄壁管和厚壁管，最小壁厚 0.0001mm。无缝钢管主要用做石油地质钻探管、石油化工用裂化管、锅炉管以及汽车、拖拉机、航空高精度结构管。

　　(2) 焊接钢管根据焊接方法不同，有电焊管（电弧焊管、高频或低频电阻焊管和感应焊管等）、气焊管、炉焊管和多层焊管等。按照焊缝可分为直缝焊管和螺旋焊管。炉焊管用于管线；电焊管用于石油钻采和机械制造业；大直径直缝焊管用于高压油气输送；螺旋焊管用作管桩、桥墩等；多层焊管（邦迪管）用于汽车、冰箱的导液、导气管。焊管外径为 10 ~ 3300mm，壁厚为 0.1 ~ 25.4mm。焊管比无缝管生产率高、成本低。因此，焊管在钢管总产量中比例不断增加。以我国 2015 年为例，共生产钢管 9827 万吨，其中焊管达到 6969 万吨，占钢管总量的约 71%。

16.1　无缝钢管生产工艺

　　无缝钢管生产工艺有自动轧管生产工艺、连续轧管生产工艺、三辊轧管生产工艺、周期轧管生产工艺和挤压管生产工艺等。

16.1.1　自动轧管生产工艺

　　自动轧管机组生产热轧无缝钢管是常用方法之一，生产主要设备由加热炉、穿孔机、自动轧管机、均整机、定径机和减径机等组成。其生产工艺流程为：

$$管坯→剪断→加热→热定心→斜轧穿孔→自动轧管→均整→\begin{cases}定径→\\再加热→减径\end{cases}$$
（冷定心）

→冷却→矫直→切管→检查→（水压试验）→涂油→包装入库

　　热轧管用的管坯有铸锭、连铸坯、轧坯、锻坯和空心铸坯。其基本工序是：（1）在穿孔机上将管坯穿成空心厚壁毛管。（2）在自动轧管机上将毛管管壁轧薄，延伸成为接近成品管壁厚的荒管。（3）荒管在均整机上消除壁厚不均和管子的椭圆度。均整机的结构和工作过程与穿孔机相似，但变形量很小，轧制速度较慢，故一般配置2台，以均衡生产线的生产能力。（4）均整后的钢管经过定径机轧制，以获得直径准确、外形圆整的钢管。（5）最后经过冷却、矫直、切管、检查等工序获得成品管。自动轧管机组生产热轧无缝钢管工艺流程示意图如图16-1所示。

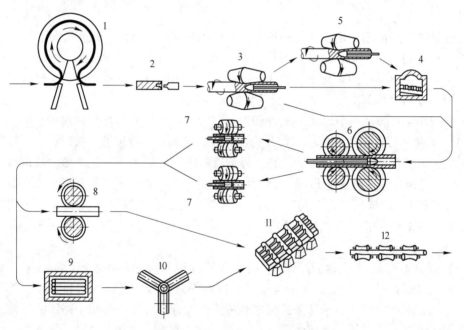

图16-1　自动轧管机组工艺流程

1—坯料加热；2—定心；3—斜轧穿孔；4—毛管预热；5—二次穿孔；6—轧制毛管；7—均整；
8—定径；9—中间加热；10—减径；11—冷却；12—矫直

16.1.2　连续轧管生产工艺

　　在热轧无缝钢管生产中，采用连续轧管机作为中间延伸机来完成轧管工序并配有张力减径机的整套机组，称为连续轧管机组。

　　连续轧管机组是一种生产小口径无缝管的高效率轧机，也是生产小口径薄壁管的一种经济、合理的方法。它具有高产、优质、低消耗、多品种、能轧制长钢管、便于实现全线机械化、自动化及电子计算机控制等一系列优点。

　　连续轧管机（又称芯棒轧机，即M.M.轧机）是7~9个机架顺列式布置，且相邻机架辊缝互成90°的两辊式单孔型轧管机。通常，每一机架轧辊中心线与水平面呈45°，相邻机架互为90°交叉布置。此外，也有水平-垂直交替布置的连续轧管机，如图16-2所示。

在全浮动长芯棒连续轧管机上，毛管中插入一根涂有润滑剂（重油和石墨）的长芯棒，并将毛管与芯棒一起喂入8机架连续轧制，加工成长 20~33m 的荒管。然后，由链式脱棒机将芯棒从荒管中抽出来，而连轧后的荒管经再加热后进入24~28架张力减径机，生产出长 160~185m 的成品钢管。在 $\phi140mm$ 连续轧管机组上生产无缝管的外径为 $\phi21.3$~168mm、壁厚为 2.0~25mm，品种规格多达 300 余种。连续轧管机的伸长率为 4%~6%，最大出口速度为 6~7m/s，生产能力高达 15~60 万吨/a。

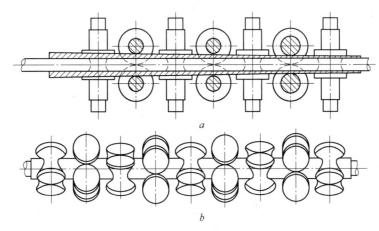

图 16-2 两种连续轧管机轧辊布置方式

a—7 机架水平-垂直交替布置的连续轧管机组；b—9 机架 45°交替布置的连续轧管机组

连续轧管机组生产无缝钢管的工艺流程如图16-3所示。

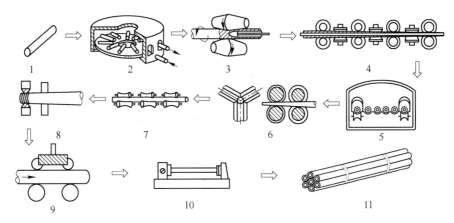

图 16-3 连续轧管机组生产工艺流程示意图

1—管坯；2—环形加热炉加热；3—斜轧穿孔；4—连轧管机组连轧；5—中间加热；6—张力减径；7—毛管矫直；
8—切头；9—无损探伤；10—水压试验；11—打捆包装

连续轧管机经历了浮动芯棒到限动芯棒连续轧管机（MPM）、多机架连轧到少机架、机械压下到液压小舱压下连轧、MPM 二辊连轧到 PQF（FQM）三辊连轧的发展过程。限动芯棒轧制时外力强制芯棒以小于钢管速度运动，可改善金属流动条件，用短芯棒轧制长

162

管和大口径钢管。φ180mmTCM 连轧管机组是我国国产首套拥有完全自主知识产权的三辊限动芯棒连轧管机组，如图16-4所示。其年产各类热轧无缝钢管40万吨，品种包括油井管、锅炉用管、结构用管、液压支柱用管、船舶用管、流体输送用管、汽车用管等专用管材。

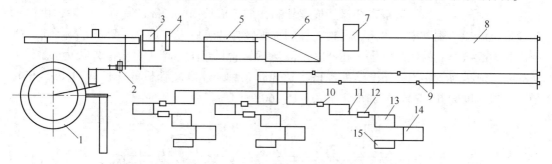

图 16-4 φ180mmTCM 连轧管机组生产线工艺平面布置图

1—环形加热炉；2—锥形辊穿孔机；3—三辊限动芯棒连轧管机；4—脱管机；5—再加热炉前设备；
6—步进式再加热炉；7—24 机架张力减径机；8—步进式冷床；9—排管锯；10—矫直机；11—吹吸灰装置；
12—探伤装置；13—人工检查站；14—测长称重、喷标涂漆装置；15—收集装置

限动芯棒就是轧制时芯棒以限定速度控制运行。穿孔毛管送至连轧管机前台后，将涂好润滑剂的芯棒快速插入毛管，再穿过连轧机组直至芯棒前端达到成品前机架中心线，然后推入毛管轧制，芯棒按限定恒速运行。毛管轧出成品机架后，直接进入与它相连的脱管机脱管，当毛管后端离开成品机架时，芯棒即快速返回前台，更换芯棒准备下一周期轧制。生产时只需6~7根芯棒为一组循环即可。

16.1.3 三辊轧管生产工艺

为了生产高精度的厚壁管（如轴承管），穿孔和轧管工序采用三辊轧管机的整套机组，叫做三辊轧管机组。三辊轧管机（又称阿塞尔（Assel）轧机）是一种带长芯棒的三辊斜轧延伸机（图16-5）。

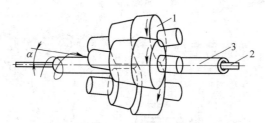

图 16-5 阿塞尔轧管机工作示意图

1—轧辊；2—浮动芯棒；3—毛管

三辊轧管机由在垂直毛管中心线的平面内的三个互相间隔120°的斜置轧辊所组成。三个轧辊旋转方向相同，轧机中心线与轧制线相一致。在通过轧辊轴线和毛管中心线的平面内，每一个轧辊中心线与毛管中心线成7°交角，称为辗轧角；在与上述平面垂直的平面内，轧辊中心线与毛管中心线间成3°~9°交角，称为送进角。这样，轧制时毛管既旋转又前进，呈螺旋运动。送进角的大小决定毛管前进速度的大小。辗轧角的大小决定长芯棒与轧辊表面间的孔型尺寸，即可调整变形过程和钢管尺寸。三辊轧管机靠三个轧辊与圆柱形

长芯棒构成封闭孔型来轧管，毛管在轧制过程中增多了与轧辊接触机会，而无上下导板的作用，其轧管的椭圆度较小，直径公差不超过±0.5%，壁厚公差为±3%，比其他方法生产的热轧无缝钢管精度提高1~1.5倍。三辊轧管生产工艺流程是：

管坯→剪断→加热→热定心→三辊式斜轧穿孔→插芯棒→三辊轧管→抽出芯棒→荒管再加热→斜轧定径（或二辊式定径）→冷却→矫直→切管→检查→涂油→包装→入库。

16.1.4　周期轧管生产工艺

这种轧机又称皮尔格轧机，1891年由曼乃斯曼兄弟发明，其工作过程见图16-6。该轧机操作的基本特点是：锻轧轧辊旋转方向与轧件送进方向相反，轧辊孔型沿圆周为变断面，轧制时轧件反送进方向运行。当轧辊轧制一周时，毛管被再次送进，同时被翻转90°，送料由做往复运动的芯棒送进机构完成。

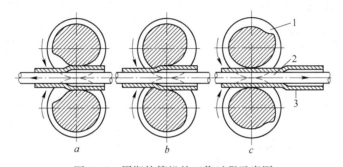

图16-6　周期轧管机的工作过程示意图

a—送进坯料阶段，中心箭头为送进方向；b—咬入阶段；c—轧制阶段，中心箭头为轧件运行方向

1—轧辊；2—芯棒；3—毛管

这种轧制的延伸系数为7~15，可用钢锭直接生产，目前主要用于生产大直径厚壁管、异形管，利用锻轧的特点还可生产合金钢管。这种机型生产的规格范围外径为114~660mm、壁厚2.5~100mm，轧后长度可达40m。该轧机的缺点是：效率低，辅助操作时间占整个周期的25%；孔型不易加工；芯棒长，生产规格不宜过多。周期轧管机均采用线外插芯棒锻头，再送往主机轧制，以减少辅助操作时间。为减少周期轧管机加工的规格数，有的配以张力减径来满足机组生产规格范围的要求。

周期式轧管机是一台带有送料机构的二辊式不可逆轧机。在周期式轧管机的上下轧辊上对称地刻有变断面的轧槽。整个轧槽的孔型纵截面由两个主要区域组成：空轧区（非工作带）和辗轧区。空轧区居于非工作带，相当于轧辊的所谓"开口"。这一段轧槽保证未经过轧管机轧制的毛管不与轧辊接触，使毛管顺利通过由两个轧辊所构成的孔型，以便于毛管翻转送进或后退。辗轧区是一段轧管工作带，由工作锥、压光（定径）段和出口区等所组成。毛管主要在辗轧区中进行变形。工作锥担负着周期式轧管机的主要变形任务，在这段变形区中依靠变直径、变断面的轧槽将带有长芯棒的毛管进行辗轧，随着孔型（轧槽）半径的减小，而管壁受的径向压缩量增大，从而达到减径减壁的工艺目的。压光（定径）段的主要作用是把工作锥压缩过的毛管进一步研磨压光，使钢管达到接近于成品的尺寸要求。这一段轧槽底部直径是不变的。出口区的作用是使轧辊的表面逐渐而平稳地脱开钢管。周期式轧管生产工艺流程是：

钢锭（或锻轧合金坯）→加热→除鳞→水压机冲孔→杯形冲孔坯再加热→杯底穿孔及斜轧延伸→插入芯棒→周期式轧管→抽出芯棒（冷却芯棒→芯棒涂油→返回再用）→荒管再加热→定减径→冷却→矫直→切管→检验→涂油→包装→入库。

16.1.5 挤压管生产工艺

用热挤压法生产无缝钢管的整套机组，称为钢管挤压机组。与其他生产无缝钢管的方法相比，热挤压法的特点是金属在三向压缩应力状态下变形，这有利于低塑性、难变形的合金与高合金钢管的加工，可以生产各种复杂断面的异形管材、复合金属管与有色管材等，具有小批量、多品种、机动灵活的生产特点。钢管挤压机组的工艺流程见图16-7。

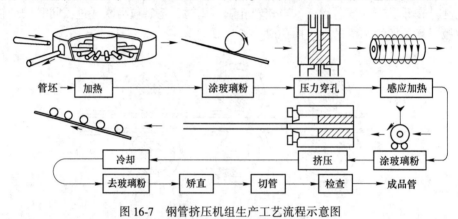

图 16-7 钢管挤压机组生产工艺流程示意图

16.2 焊管生产

16.2.1 直缝焊管生产工艺

直缝焊管是用钢板或钢带经过逐渐弯曲成型，然后经焊接制成钢管。直缝焊管生产工艺简单、生产效率高、成本低。由于高频感应焊接具有焊缝质量高、焊接速度快等优点，所以是目前生产中、小口径直缝焊管的主要方法（图16-8）。

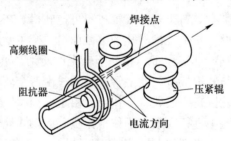

图 16-8 直缝焊管高频感应焊接原理示意图

16.2.2 螺旋焊管生产工艺

螺旋焊管机组是生产大直径焊管的主要方式之一。螺旋焊管是将低碳碳素结构钢或低合金结构钢钢带按一定的螺旋线的角度（成型角）卷成管坯，然后将管缝焊接起来。使用同一宽度的带钢能够生产出不同直径的钢管，尤其是可用窄带钢生产大直径的钢管。螺旋焊管的抗裂性和耐压性优于直缝钢管，其生产工艺流程如图16-9所示。

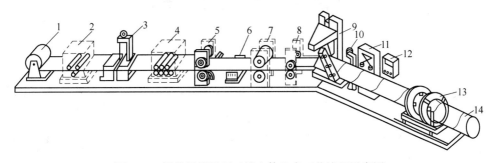

图16-9 螺旋焊管机组三维立体生产工艺流程示意图

1—拆卷机；2—端头矫平机；3—对焊机；4—矫平机；5—切边机；6—刮边机；7—递送辊；8—弯边机；
9—成型机；10—内焊机；11—外焊机；12—超声波探伤仪；13—飞切机；14—螺旋焊管

螺旋焊管广泛应用于天然气、石油、化工、电力、热力、给排水、水电站用压力管道、火力发电、水源等长距离输送管线及打桩、疏浚、桥梁、钢结构等工程领域。

———— 本 章 小 结 ————

本章主要介绍了无缝钢管生产工艺，即自动轧管生产工艺、连续轧管生产工艺、三辊轧管生产工艺、周期轧管生产工艺和挤压管的生产工艺，以及直缝焊管和螺旋焊管的生产工艺及设备组成。

复习思考题

16-1 简述自动轧管机组生产无缝钢管的生产工艺流程。

16-2 简述连轧管机组生产无缝钢管的生产工艺流程。

16-3 连轧管机组限动芯棒比全浮动芯棒生产无缝钢管优点在哪里？

16-4 直缝焊管和螺旋焊管的区别和各自的特点？

16-5 螺旋焊管机组由哪些设备组成？

参 考 文 献

[1] 王明海. 冶金生产概论 [M]. 北京：冶金工业出版社，2008.

[2] 卢于述. 热轧钢管生产问答 [M]. 北京：冶金工业出版社，1991.

[3] 严泽生. 现代热连轧无缝钢管生产 [M]. 北京：冶金工业出版社，2009.

[4] 王爱国，冯世云. φ180mmTCM 三辊限动芯棒连轧管机组的工艺装备特点 [J]. 钢管，2014，43（6）：34~37.

[5] 薛正良. 钢铁冶金概论 [M]. 北京：冶金工业出版社，2010.

[6] 杜长坤. 冶金工程概论 [M]. 北京：冶金工业出版社，2012.

板带钢生产

本章学习要点

本章主要学习热轧和冷轧板带钢的生产工艺；要求熟悉中厚板的基本分类和生产工艺流程、中厚板热处理的生产工艺流程，熟悉热轧带钢生产各个环节的主要任务；了解各种冷轧带钢生产线的设备组成和各个环节的主要任务。

板带钢按厚度一般可分为中厚板（包括中板、厚板及特厚板）、薄板和极薄带材等三大类。我国一般称厚度在 4.0mm 以上的为中厚板（其中 4~20mm 为中板、20~60mm 为厚板、60mm 以上为特厚板），0.2~4.0mm 的为薄板，0.2mm 以下为极薄带材或箔材。目前，箔材最薄可达 0.001mm，而特厚板厚度可达 700mm、板宽可达 5350mm。板宽大于4000mm 的板材又称为宽厚板，主要用于造船、石油平台、锅炉、压力容器、管线、建筑桥梁、机械及重型汽车等行业。

板带材生产工艺按生产方法及产品品种的不同，分为中厚板生产、热轧带钢生产与冷轧带钢生产。

17.1　中厚板生产

中厚板是一个国家国民经济发展所依赖的重要钢铁材料，占到钢材总量的 5%~6%，是工业化进程和发展过程中不可缺少的钢铁品种，主要用作机械结构、建筑、车辆、压力容器、桥梁、造船、输送管道用钢。

17.1.1　轧机类型及配置

中厚板轧机从机架结构来看，有二辊可逆式、三辊劳特式、四辊可逆式、万能式和复合式等几种型式（图 17-1）。从机架布置来看，有单机架、顺列或并列双机架及多机架连续式或半连续式轧机之分。

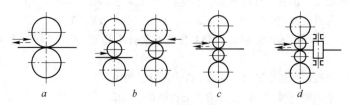

图 17-1　中厚板轧机类型示意图
a—二辊可逆式；*b*—三辊劳特式；*c*—四辊可逆式；*d*—四辊万能式

出于对生产组织考虑最终规模不同，各厂家在粗轧机组的配置选择上各异，目前有单机四辊可逆、二辊不可逆+四辊可逆、二辊可逆+四辊可逆、双机四辊可逆 4 种配置型式（图 17-2），各种配置型式在生产能力、粗精轧机组能力匹配等方面各具特点，从应用方面看后两种配置型式为主流。

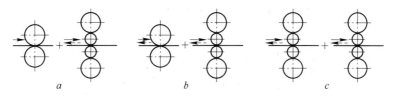

图 17-2　中厚板轧机配置类型示意图

a—二辊不可逆+四辊可逆；*b*—二辊可逆+四辊可逆；*c*—双机四辊可逆

为了提高中厚板轧机的效率，提高钢板的尺寸精度和更好地控制板形，现已开发出带板形控制的交叉辊 PC（pair cross）、高精度辊型 HCW（high crown work）和连续可变凸度 CVC（continue variable crown）的中厚板轧机（图 17-3）。

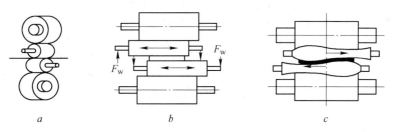

图 17-3　中厚板轧机板形控制示意图

a—双交叉辊 PC；*b*—高精度辊型 HCW；*c*—连续可变凸度 CVC

日本君津厚板厂开发的第一套 4724mm PC 中厚板轧机于 1991 年投入生产。该轧机将工作辊和支承辊做成可以成对交叉形式，同时还设有工作辊弯辊装置，其特点是：（1）轧机工作辊和支承辊成对交叉，最大交叉角为 1°，设定精度为 0.003°，有效地控制了板形和板凸度。（2）由于 PC 轧机采用调整上下轧辊的交叉角，调整上下轧辊的等效凸度，控制板形和板凸度，不再需要控制轧辊曲线，也无需在精轧最后阶段的轧制道次限制轧制负荷，轧机可以实现高压下率的自由轧制，减少轧制道次，提高了轧机效率。

日本福山钢铁厂于 1985 年制造了一台 4700mm HCW 中厚板轧机，其特点是：（1）工作辊做成可以轴向移动的形式，轧制时工作辊作定期移动调整，可以使轧辊磨损均匀，使局部磨损减小到最小，这样可以连续不断地改变宽度规格，生产出各种规格钢板，实现在轧制周期中任何宽度尺寸规格的自由轧制，增加了轧机的灵活性，有效地提高了轧机的效率。（2）将工作辊的一端做成有一定长度的锥形段，根据不同板宽要求，对上下工作辊进行轴向移动，实行锥形段的位置设定，可以有效地控制钢板的边部，减薄及控制板形。

瑞典奥斯陆厚板厂改造成世界第一台可板形控制的 CVC 中厚板轧机，并于 1998 年 10 月投产。

17.1.2　中厚板生产工艺

中厚板的生产工艺流程根据每个厂的生产线布置情况、车间内物流的走向以及其主要产品品种和交货状态的不同而具有其各自的特点，但加热、轧制、冷却和精整剪切仍是中厚板生产工艺流程的核心部分。随着用户不断提高要求，国内大部分中厚板厂增加了热处理生产线。下面是某中厚板厂的工艺平面布置图和热处理生产线。

17.1.2.1　中厚板轧制生产工艺

我国某中厚板轧制生产的工艺平面布置图见图 17-4。

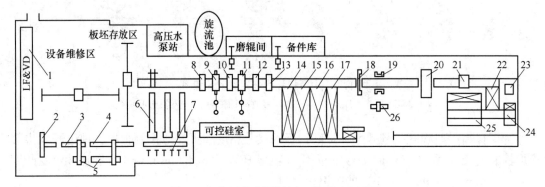

图 17-4　我国某中厚板厂工艺平面布置图

1—LF 精炼炉和 VD 真空炉；2—板坯连铸机；3——次切割机辊道；4—二次切割机辊道；5—移坯机及辊道；
6—步进式加热炉；7—推钢机；8—高压水除鳞箱；9—四辊粗轧机；10—水幕冷却装置；11—四辊精轧机；
12—在线加速冷却装置；13—热矫直机；14—1 号冷床；15—2 号冷床；16—3 号冷床及翻板机；17—4 号冷床及翻板机；
18—1 号横剪；19—滚切式双边剪；20—2 号横剪；21—在线超声波探伤装置；22—检查台；23—自动喷印打印机；
24—13.5m 磁吊及垛板台；25—21.5m 磁吊及垛板台；26—液压压力矫直机

其主要工序是：

（1）板坯准备。板坯上料是根据轧制计划表中所规定的顺序，由起重机吊到上料辊道上，再由上料人员负责根据计划核对板坯，并通过相应的指令完成对板坯的识别。

（2）板坯加热。板坯由原料输送辊道 3 和 4 输送到炉后，由推钢机 7 推进加热炉 6。原料加热的目的是使原料在轧制时具有良好的塑性和低的变形抗力。现代中厚板生产常用的加热炉是步进式加热炉。

（3）除鳞。由加热炉 6 出来的坯料，通过输送辊道送入除鳞箱 8 进行除鳞。除鳞的目的是将坯料在加热时产生的氧化铁皮通过高压水的作用去除干净，以免压入钢板表面而造成表面的缺陷。

（4）粗轧。板坯经过可逆式四辊粗轧机 9 进行反复轧制。粗轧阶段的主要任务是将板坯展宽到所需的宽度和得到精轧机所需要的中间坯厚度，粗轧后中间坯的宽度和厚度由测宽仪和测厚仪来测得。粗轧阶段，在满足轧机的强度条件和咬入条件的情况下应尽量采用大压下量，以此来细化晶粒，提高产品的性能。

（5）中间坯水幕冷却。对于一些有特殊性能要求的板材，需要严格控制其精轧的开、终轧温度，此时需要用水幕冷却装置 10 对中间坯进行降温。

（6）精轧。中间坯经过高压水除去二次氧化铁皮后，进入精轧机 11 进行进一步的轧制。精轧机一般采用低速咬入、高速轧制、低速抛出的梯形速度制度。精轧机出口处设有测厚仪和测温仪，以便精确控制产品的质量。精轧阶段的主要任务是质量控制，包括厚度、板形、表面质量控制。

（7）矫直。热矫直是使板形平直、保证板材表面质量不可缺少的工序。现代中厚板生产线都采用四重式 9~11 辊强力热矫直机 13，矫直终了温度一般在 600~750℃。若矫直温度过高，则矫直后钢板在冷床上冷却时可能会发生翘曲；若矫直温度过低，则矫直效果不好，矫直后钢板表面的残余应力高，降低了钢板的性能。

（8）冷却。钢板轧后冷却可分为工艺冷却和自然冷却。工艺冷却即强制冷却，通过层流冷却、水幕式或汽雾的方式来降低钢板的温度。自然冷却是使钢板在冷床上于空气中冷却。

（9）精整。精整工序包括钢板的表面质量检查、划线、剪切、打印等工序。钢板的边部通过双边剪 19（厚度为 30~50mm）或圆盘剪（厚度不大于 30mm）切边，而切头尾与切定尺（厚度不大于 50mm）可通过定尺剪 18 来完成。

（10）压力矫直。对于厚度大于 100mm 的钢板或热矫直机已无法矫直的钢板，可以用液压压力矫直机 26 进行矫直。

17.1.2.2 中厚板热处理生产工艺

大多数产品通过轧制或在线控制轧制与轧后控制冷却可以达到性能要求。当对中厚板的性能有特殊要求或中厚板轧后的有关性能达不到用户要求时，通常需要将成品钢板装入辊底式常化炉进行处理，以提高产品的综合力学性能等。图 17-5 是我国某厂中厚板厂热处理工艺流程示意图。

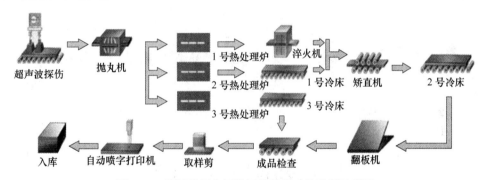

图 17-5 我国某厂中厚板厂热处理工艺流程示意图

（1）探伤。探伤一般可安排在热处理之前，这样探伤不合格可直接改判以节省热处理费用，但正火通过再结晶细化均匀组织，对于某些微小的探伤缺陷有改善作用，尤其是合金含量较高的钢种。因此，有些品种可安排在热处理之后探伤。但是，热处理对于大的分层和夹杂物造成的探伤缺陷基本无能为力。

（2）抛丸处理。钢板进入热处理炉前要进行表面抛丸处理，去掉附着在钢板表面的氧化铁皮，以防带入炉内造成炉底辊结瘤，划伤钢板表面，影响钢板表面质量。因此，抛丸机组工作正常与否对热处理钢板的表面质量影响很大。

（3）热处理。中厚钢板热处理的主要方式有正火、调质（淬火+高温回火）、正火+控冷、正火+回火、回火、退火、直接淬火（DQ）、直接淬火+回火等。其中，处理量最大的是正火板，包括正火+回火，占所有热处理产品的 70% 左右；其次是调质板，占 15% 左右；其他，如回火等占 15%。热处理炉采用辐射管加热无氧化辊底式炉。该炉型为连续辊底式，炉内通惰性气体保护，全辐射管加热，这种炉子温度均匀，炉温波动可以小于 5℃，钢板性能稳定均匀、表面质量好、自动化程度高。淬火机大体可分为连续式和间歇式两种。辊压连续式淬火机将是中厚板钢厂热处理线的首选。

（4）矫直。厚度 20mm 以上的热轧钢板若板形良好，正火后一般不需要矫直。对热处理后板形不好的钢板、调质板等要用强力冷热矫直机矫直。由于热处理的钢板很多是高强钢和厚板，还可根据需要配套压平机。

（5）冷却。钢板轧后冷却可分为工艺冷却和自然冷却。工艺冷却即强制冷却，通过层流冷却、水幕式或汽雾的方式来降低钢板的温度。自然冷却是使钢板在冷床上于空气中冷却。

（6）喷字打印。钢板喷印标志是国家标准 GB/T 247—2008 规定的一项重要内容，也是钢板生产过程中必不可少的一个工序，标志要清晰、牢固、内容齐全。喷印内容有商标、厂名、日期、班次、操作号、许可证号、钢种、国标 1、国标 2、批号、规格和合同号，共计 12 项内容。打印内容有钢种和批号，要求喷印打印清晰牢固。

17.1.2.3　中厚板在线热处理生产工艺

在线热处理技术的另一重要进展，是实现了中厚板材的在线淬火和回火工艺。日本 JFE 公司通过将超快冷却技术 Super-OLAC（super on-line accelerated cooling）与电磁感应加热技术相结合，实现了中厚板在线淬火+回火工艺（HOP）。图 17-6 是日本 JFE 公司中厚板在线热处理工艺流程示意图。

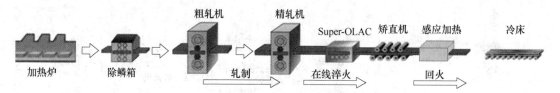

图 17-6　日本 JFE 公司中厚板在线热处理工艺流程示意图

17.2　热轧带钢生产工艺

热轧带钢生产主要有带钢热连轧生产工艺、炉卷轧制生产工艺和行星轧制生产工艺三种方式，其中热连轧带钢生产方式是目前世界上生产带钢的主要型式，带钢厚度为 1.0~25.4mm，绝大多数的带钢（厚度 4mm 以下）是采用这种方式生产的。现代化的带钢热连轧生产工艺以高产、优质、低耗、自动化程度高等特点，代表了当今带钢轧制技术的新水平。图 17-7 是我国最先进的 2250mm 热连轧带钢生产工艺流程示意图。

热轧带钢生产工艺过程，主要包括原料准备、加热、粗轧、剪切、精轧、冷却及卷取等主要工序。

（1）原料准备。原料一般采用连铸板坯，本环节主要对炼钢厂发来的连铸坯的炉号、材质、规格及质量按照生产计划进行逐一核对。对于连铸板坯表面要进行修磨，特别是不锈钢连铸板坯要在专用设备上进行扒皮处理。

（2）板坯加热：由板坯夹钳起重机将修磨好的连铸板坯吊放到上料辊道，输送到核对辊道上进行核对后，按预定计划被运送到加热炉前按布料图进行定位、装炉。通过推钢机

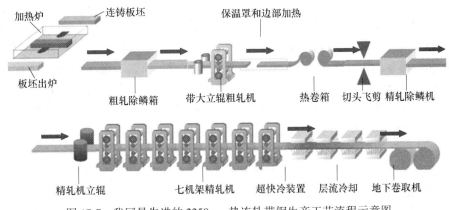

图 17-7 我国最先进的 2250mm 热连轧带钢生产工艺流程示意图

推入步进式加热炉加热。为了保证热轧带钢生产线设备的充分利用，一般设有 3~4 座加热炉。板坯规格厚度为 180~250mm，长度为 4800~12000mm，单件坯重可达 40t，加热生产能力达 450t/h。为保证坯料加热质量，采用 8 个炉温自动控制段（每段 8 个烧嘴）的步进式加热炉。

（3）粗轧除鳞。粗轧前原料表面氧化铁皮要进行高压水（压力 18~30MPa）除鳞，以提高轧坯表面质量，防止氧化铁皮压入。

（4）粗轧。2250mm 热连轧带钢生产线属于 3/4 连续式热带钢生产工艺，粗轧机组由带立辊的四辊可逆轧机组成。板坯进入可逆万能式粗轧机进行往复轧制，通常进行 5~7 个道次，使中间带坯厚度达到 30~40（60）mm。立辊的作用是为了控制板坯的宽度尺寸及再次使没有脱落的氧化铁皮疏松，进入轧机前用高压水清除干净。2250mm 热连轧带钢生产线见图 17-8。

图 17-8 2250mm 热连轧带钢生产线

（5）保温和边部加热。保温和边部加热器的作用是将中间带坯的边部温度加热补偿到与中部温度一致。带坯在轧制过程中，边部温降大于中部温降，温差大约为 100℃。边部温降大，在带钢横断面上晶粒组织不均匀，性能差异大，同时，还将造成轧制中边部裂纹和对轧辊严重的不均匀磨损。边部加热器的形式有两大类：一类是保温罩带煤气烧嘴的火焰型边部加热器，主要用于硅钢的热带带钢精轧机组前；另一类是电磁感应型边部加热器,这种边部加热器应用效果更好,加热温度可以调节,适用各类钢种。边部加热器加热的钢种主要有冷轧深冲钢、硅钢、不锈钢、合金钢等。

(6)热卷曲。热卷箱安装于粗轧机的延伸辊道和切头飞剪之间,将粗轧机轧制成的中间带坯卷成热钢卷,然后通过其中的开卷机构将热钢卷的头部(粗轧机最后道次的尾部)引入夹送辊进行压平矫直,并使带坯的头部能顺利地通过切头飞剪和精轧前除鳞箱后送入到精轧机组。热卷箱具有消除带坯头/尾温差、降低精轧机组能耗、缩短轧线距离以及良好的机械破鳞效果、改变轧件上下表面位置等优点,同时由于热卷箱配置了板坯卷重新加热设备,当精轧区域发生故障时,热卷箱可对粗轧中间坯进行卷取和短时间保温,因此可减少因后工序出事故而使中间坯报废的情况。

(7)精轧前准备。精轧前设有转筒式飞剪与除鳞箱等设备。飞剪剪切带坯头部的目的是,剪掉温度较低且形状不规整的头部,使带坯正确喂入精轧机组;飞剪剪切带坯尾部的目的是,剪掉温度偏低的带钢尾部且带有鱼尾形或舌头形等缺陷,保证精轧机组轧制稳定性和后续生产卷曲的安全性。除鳞箱主要是清除掉二次氧化铁皮。

(8)精轧。精轧机组一般由6架或7架四辊轧机组成,各机架之间装有活套装置,以保证各机架之间的微张力恒定和秒流量相等,建立起稳定的连轧关系。精轧机组工作辊全部采用连续可变凸度(CVC)板形控制技术,并设置工作辊正弯和平直度控制系统;精轧机组还采用了厚度自动控制系统(AGC),实现了对带钢板形、平直度和厚度精度的精确控制。

(9)冷却。带钢出精轧机组后,需要对带钢温度进行控制,以使带钢头部在进入卷取机前温度降到相变温度以下进行卷取,以保证带钢的综合力学性能等。带钢温度控制工艺目前采用超快速冷却、层流冷却和超快冷+层流冷却工艺。对于超级钢、双相钢、热轧TRIP(相变诱发塑性变形)钢、管线钢和IF(超低碳无间隙原子)钢要求将带钢温度在某一规定的时间内降到目标温度,层流冷却工艺由于冷却速率不高已经无法满足,而对于超快冷厚度4mm以下的薄带钢,其最大冷却速度(短时间内)可达$300 \sim 400 ℃/s$,占地长度仅$7 \sim 12m$,可以在短时间内冷却,以满足上述钢种的组织性能要求。而层状水流在线控制冷却工艺是将数个层流集管安装在精轧机组输出辊道的上方,组成一条冷却带,带钢热轧后通过冷却带进行加速冷却。对于不同种类的钢种采用不同的冷却制度。

(10)卷取。卷取机的任务是将超长的带钢卷绕成卷,以便运输、存储和满足后续生产的要求。卷取机一般设置3台,两用一备。带材的卷取操作必须与热输出辊道及精轧机架同步运行,以保证高速稳定地轧制与卷取。卷取后的热轧带卷经过打捆、称重和标记后通过运输机传送至中间库冷却,除一部分供冷轧带钢厂做原料外,还通过精整作业线加工成商品定尺板或成品卷。

17.3　冷轧带钢生产工艺

冷轧带钢生产是利用热轧带钢做原料,在再结晶温度条件下进行轧制变形生产出尺寸更薄、尺寸精度更高产品的工艺。与热轧带钢产品相比,冷轧带钢产品的厚度更薄、尺寸精度和板形质量更高,产品性能的均匀性因为不受加工变形温度的影响而更好,其由于具有高深冲性能以及可通过表面处理提高抗腐性能而获得更广泛的应用。

17.3.1　冷轧板带钢生产方法

冷轧板带钢生产方法分为单片轧制、成卷轧制两种方法。

17.3.1.1　单片轧制

单片轧制采用二辊式轧机和四辊式冷轧机。四辊冷轧机按其轧辊运转方向可分为可逆式和不可逆式。采用不可逆式四辊轧机进行单片生产时，轧制操作是由人工逐张将钢板喂入轧机，整垛钢板轧完一道次后，用吊车将板垛运送到轧机前，进行下一道次的轧制，如此循环进行，直到轧成规定的成品尺寸为止。

17.3.1.2　成卷轧制

冷轧带钢成卷轧制又分为单机架成卷轧制和多机架成卷轧制，而多机架连续式轧制又分为常规连续式成卷轧制、全连续成卷轧制和酸洗—冷连轧—退火联合成卷轧制三种。

A　常规连续式成卷轧制

常规连续式成卷轧制机组（图17-9）是较早时期的一种连轧形式。轧机入口设置两台开卷机，生产时一台在工作，另一台装载好钢卷处在准备开卷位置。由于每个钢卷都必须经过穿带、加速和甩尾降速过程，带钢厚度和板形的控制精度因此而受到限制，同时带尾频繁甩尾容易损坏轧辊表面。由于生产节奏慢，产能受到一定的限制。

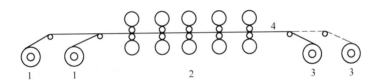

图 17-9　常规多机架连续式成卷轧制布置示意图

1—开卷机；2—五机架四辊可逆连轧机组；3—卷取机；4—带材

B　全连续成卷轧制（图17-10）

原料带卷经酸洗机组处理后送至开卷机1，拆卷后经头部矫平机13矫平及端部剪切机4剪切，带卷在高速闪光对焊机3中进行首尾对焊。在焊卷期间为保证轧机机组仍能按原速轧制，配置了专门的活套仓7。在活套仓的入口与出口处装有焊缝检测仪11，若

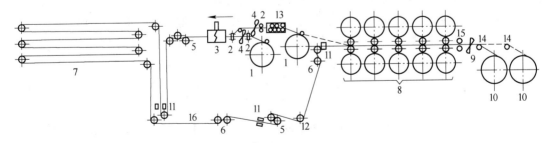

图 17-10　某厂 2030mm 5 机架全连续式冷连轧机组布置示意图

1—开卷机；2—夹送辊；3—闪光对焊机；4—端部剪切机；5—张力辊；6—控制辊；7—活套仓；

8—5 机架连轧机组；9—横切飞剪；10—卷取机；11—焊缝检测仪；12—跳动辊；

13—头部矫平机；14—导向辊；15—特殊夹送辊；16—原料带材

在焊缝前后有厚度的变化时，则由该检测仪给计算机发出信号，以便对轧机8做出相应的调整。

在冷连轧机组末架（第5机架）与两台张力卷取之间装有一套特殊的夹送辊15与回转式横切飞剪9。夹送辊的用途是当带钢一旦被切断而尚未进入第二个张力卷取之前，维持第5机架一定的前张力。在通常情况下，夹送辊不与带钢相接触。横切飞剪用于分卷，设置两台卷取机以便于交替卷取带钢。全连续式冷连轧机即使在换辊时，带钢仍然停留在轧机内。换辊结束，轧机8可立即进行轧制。

与常规冷连轧相比较，全连续式冷轧的优点是：（1）工时利用率大为提高，因此消除了穿带过程所引起的工时损失，减少了换辊次数，节省了加减速时间；（2）提高了成材率，减少带卷头尾厚度超差及头尾剪切损失；（3）轧辊使用条件改善，减少了因穿带轧折与脱尾冲击而引起辊面损伤；（4）节省劳动力。

17.3.2　冷轧带钢联合机组

酸洗—冷连轧—退火联合成卷轧制（FIPL）将酸洗机组3、5机架连轧机组5和连续退火机组6连接起来，加上平整、检查的所有生产工序都连接起来，使整个冷轧生产过程全连续无头作业（图17-11），这是人们一直向往的冷轧技术的理想模式。

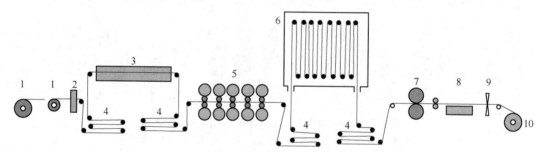

图 17-11　酸洗—冷连轧—退火联合机组（FIPL）布置示意图

1—开卷机；2—对焊机；3—酸洗机组；4—活套；5—5机架连轧机组；6—连续退火机组；

7—平整机；8—表面检查横切分卷；9—飞剪；10—卷取机

（1）酸洗。冷轧带钢表面氧化物的去除过程称为除鳞。除鳞的方法有酸洗、碱洗及机械除鳞等。采用较多的是酸洗方法，碱洗常用于特殊钢种的除鳞。

（2）冷轧。除鳞后的热轧带材在冷轧机上轧制到成品的厚度，一般不经中间退火。冷连轧过程采用大张力方式轧制，并强化工艺润滑，保证轧辊与轧件间摩擦力足够小，这可使轧制力降低。在轧机的工作辊一般采用可变凸度控制系统（CVC）、正负弯辊装置，修正轧制过程中轧辊凸度的变化，保证良好的板形。为了控制带钢厚度精度，每一架轧机都装有厚度控制系统（AGC）。

（3）退火。退火的目的在于消除冷轧加工硬化，使带钢加热到再结晶温度以上 150~200℃，并保温一定时间，使力学性能软化，从而具有良好的再加工塑性。

（4）平整。平整是指压下率 0.3%~3% 的轻微冷轧。平整的目的是：防止带钢拉伸发生明显的屈服台阶，并得到必要的力学性能；改善带钢的板形，提高带材的平直度；达到所要求的表面光洁度。

（5）精整。一般冷轧带材经平整后送剪切机组剪切。纵剪用于剖分剪切，切成不同宽度的条材；横剪是将带材切成定尺长度的单张板材。剪切后的成品带材经检验分类后（或在线自动化分选包装），涂防锈油包装入库。

───────── 本 章 小 结 ─────────

本章主要介绍了中厚板的基本分类和生产工艺、中厚板的热处理生产工艺以及各个环节的任务和设备组成。热轧带钢生产工艺过程主要包括原料准备、加热、粗轧、剪切、精轧、冷却及卷取等主要工序。冷轧板带钢生产方法分为单片轧制、成卷轧制两种方法，带钢成卷轧制又分为单机架成卷轧制和多机架成卷轧制，而多机架连续式轧制又分为常规连续式成卷轧制、全连续成卷轧制和酸洗—冷连轧—退火联合成卷轧制三种。

复习思考题

17-1　中厚板按照板厚如何进行分类的？
17-2　简述中厚板的生产工艺流程和热处理流程。
17-3　热连轧带钢包括哪些生产环节？
17-4　什么叫冷轧？冷连轧带钢有哪些优点？
17-5　简述酸洗—冷连轧—退火联合成卷轧制生产工艺过程。

参 考 文 献

[1] 王明海. 冶金生产概论 [M]. 北京：冶金工业出版社，2008.
[2] 许石民，孙登月. 板带材生产工艺及设备 [M]. 北京：冶金工业出版社，2008.
[3] 黄庆学，秦建平，梁爱生，等. 轧钢生产实用技术 [M]. 北京：冶金工业出版社，2004.
[4] 张景进. 中厚板生产 [M]. 北京：冶金工业出版社，2005.
[5] 邵正伟. 国内中厚板热处理工艺与设备发展现状及展望 [J]. 轧钢，2006，23（4）：37~39.
[6] 王国栋. 均匀化冷却技术与板带材板形控制 [J]. 上海金属，2007，29（6）：1~5.
[7] 袁国，王国栋，王日清，等. 中厚钢板热处理技术及设备发展概况 [J]. 钢铁研究学报，2009，21（5）：1~7.
[8] 张斌. 1780mm 生产线上无芯轴隔热屏热卷箱及其功能 [J]. 宝钢技术，2004（5）：11~14.
[9] 袁国，王国栋，刘相华. 带钢超快速冷却条件下的换热过程 [J]. 钢铁研究学报，2007，19（5）：37~40.
[10] 赵家俊，魏立群. 冷轧带钢生产问答 [M]. 2版. 北京：冶金工业出版社，2004.
[11] 杜长坤. 冶金工程概论 [M]. 北京：冶金工业出版社，2012.

型钢和线材生产

本章学习要点

本章主要学习热轧和冷轧型钢、冷弯型钢和冷轧（拔）型钢、高速线材的基本概念及生产工艺。要求熟悉型钢的基本分类和生产工艺流程、高速线材的生产工艺流程，熟悉热轧型钢和高速线材生产工艺各个环节的主要任务和应用领域；了解热弯型钢、冷轧型钢生产线的设备组成和各个环节的主要任务；了解冷轧带肋钢筋生产工艺及其用途。

型钢按生产方法分为热轧型钢、热弯型钢、冷弯型钢和冷轧（拔）型钢。冷弯型钢产品按断面形状分为开口断面型钢（成型简单，易于制造）和闭口断面型钢（接缝处需要焊接）两大类。本章主要介绍热轧型钢和冷弯型钢的生产方法及一般的工艺过程。

线材是热轧断面最小的一种，一般把直径 5.0~25.4mm（甚至达 60mm）细而长的热轧圆断面（或异形断面）称作线材，由于其一般是成卷交货，故又称盘条。

18.1 型钢生产工艺

型钢品种、规格繁多（图 18-1），用途广泛，在国民经济发展过程中有着十分重要的地位，在轧材总量中型钢占有较大比例，是国防科工委和科技发展所依赖的重要钢铁材料。它主要用作机械结构、军工、建筑、车辆、轨道、桥梁、造船、工程机械等用钢。

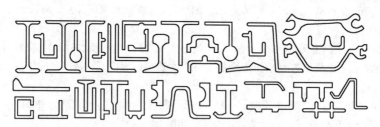

图 18-1 各种型钢断面图

18.1.1 型钢生产的特点

型钢生产的特点如下：

（1）产品断面比较复杂，除方、圆、扁断面的产品外，大多都是异型断面产品，这就给金属在孔型内的变形带来不利影响：1）在轧制过程中存在严重的不均匀变形；轧机调整、导卫装置设计和安装也较为复杂。2）由于断面复杂，轧后冷却收缩不均，造成轧件内部残余应力和成品形状、尺寸的扭曲变化。3）由于断面复杂，在连轧时，不能像带钢和线材那样产生较大的活套，也不能用较大的张力进行轧制，因此，轧制过程易产生堆钢或拉钢，给成型过程造成不利影响。

（2）产品品种多，除少数专业化型钢轧机外，大多数轧机都进行多品种规格的生产。因此，轧辊储备量大，换辊较频繁，管理工作比较繁杂。

（3）轧机类别多，采取哪种轧机和生产方式、布置方式，需视生产品种、规模及产品技术条件而定。一般应将轧机分为大批量、专业化轧机和小批量、多品种轧机两类，以便发挥各类轧机之所长。专业化轧机可包括 H 型钢轧机、重轨轧机、特殊型钢轧机等。

18.1.2　型钢生产的方法

18.1.2.1　热轧型钢生产工艺

A　概述

热轧型钢的轧制方法有孔型轧制法、多辊轧制法和特殊轧制法。孔型轧制法主要生产简单断面型钢和异形断面型钢，简单断面型钢有方、圆、六方、三角、半圆及椭圆等断面形式；异形断面型钢有工字钢、H 型钢、槽钢、角钢、梯形钢、钢轨等。它们的基本工艺是：坯料选择、坯料加热、除鳞、轧制、热锯切（或冷锯）、冷却、矫直、喷印、检查、打捆、入库。多辊轧制法主要生产大中型 H 型钢、槽钢、钢轨；特殊轧制法主要生产火车轮、轮毂、钢球、齿轮、钻头、周期断面零件和非周期断面零件等。

B　生产工艺

坯料选择：型钢产品的特点是品种、规格多，因此一套轧机需多种断面形状和尺寸的坯料。随着连续铸钢技术和型钢轧制技术的发展，目前型钢坯料可全部选用连铸坯和连铸异形坯，坯料断面尺寸根据产品尺寸、轧制程序和压缩比要求选择。

坯料加热：加热炉有推钢式和步进式两种。目前，热轧型钢生产中多用步进式连续加热炉。炉内设有可摆动轨道和固定轨道，彼此平行。可摆动轨道由四连杆机构（或液压缸）带动，在边上升时可向前移动，边下降时可向后退，如此反复动作，坯料便在固定轨道上按顺序向前送进。由于坯料在炉内彼此有固定间距，故加热较均匀，也不易产生划伤、黑印等缺陷。坯料的出炉温度因钢种而异，一般是 1150~1250℃。

型钢的轧制：型钢轧机的布置有组合式、串列式、半连续式和连续式等几种布置形式。组合式和串列式布置由粗轧机、万能粗轧机组及万能精轧机组组成。半连续和连续式布置由 1~4 个粗轧机和 4~7 个万能轧机及相应数量的轧边机组成。大型型钢轧钢厂优选串列式布置，老车间改造可选组合式布置；中型型钢轧钢厂视规模不同可选半连续式或连续式布置。热轧型钢的轧制方法有孔型轧制法和多辊轧制法。前者是将加热好的坯料送到具有不同孔型的多架轧机依次轧制若干道次，制成具有一定断面形状和几何尺寸的型钢；后者是采用数个各种孔型的轧辊，同时对轧件的几个表面进行轧制（图 18-2）。

近年来，控制轧制已成为普遍采用的新工艺。它是在热轧过程中通过对金属加热制度、变形制度和温度制度的合理控制，使热塑性变形与固态相交结合，以获得细小的晶粒组织，使钢材具有优异的综合力学性能的轧制新工艺。

锯切：按工艺要求选择冷、热锯机。轧件上冷床前需切成定尺的选用热锯机，轧件长

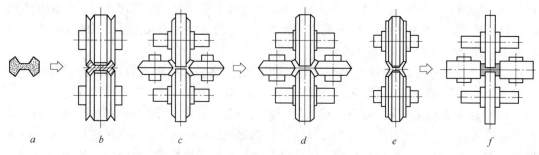

图 18-2　多辊轧制法轧制 H 型钢

a—异形坯；*b*，*c*—粗轧机组（*b* 为轧边机架，*c* 为万能机架）；
d，*e*—中轧机组（*d* 为万能机架，*e* 为轧边机架）；*f*—万能精轧机

倍尺冷却、长倍尺矫直后锯切可选用冷锯机。如大型 H 型钢轧钢车间一般设热锯机，中型 H 型钢轧钢车间按轧件冷却方式设热锯或冷锯机。锯切目的是为了切头尾、切定尺，以获得断面整齐而等长的产品，便于后续打捆、存放、销售。

冷却：冷床有绳式、链式牵引和步进梁式三种形式。由于绳式、链式冷床爪距不变，冷床面积利用率低，钢材易被划伤，现已被步进梁式冷床替代。步进梁式冷床步距可变，可根据钢材冷却工艺要求改变步距和调节冷却时间，冷床面积利用率高，不易划伤钢材，但投资较高。为满足冷却工艺操作要求，冷却大型型钢的冷床进出口侧需设翻钢机，长倍尺冷却的中型型钢冷床进出口侧可不设翻钢机。

因为型钢断面复杂，在冷床上自然冷却过程中断面各部分温差大，导致残余应力大，易扭曲。以 H 型钢为例，一般 H 型钢翼缘较厚，腹板较薄，腹板冷却较快，翼缘冷却较慢，因而，冷却到常温后在腹板易形成残余压应力，在翼缘形成残余拉应力。根据实测最大温差可达 150℃。所以，现在都采用控制冷却技术，这种新工艺是控制轧后钢材的冷却速度，以达到改善钢材组织和性能的目的。

控制轧制和控制冷却相结合能将热轧钢材的两种强化效果产生叠加效应，进一步提高钢材的强韧性和获得合理的综合力学性能。

矫直：矫直机有固定辊距、变辊距辊式矫直机和压力矫直机等三种形式。因型钢轧钢厂的产品尺寸及断面模数范围宽，一般设变辊距矫直机和压力矫直机组成矫直线。大型型钢产品选用 7 辊矫直机矫直，中型型钢产品选用 7~9 辊矫直机矫直，特大型型钢产品选用压力矫直机矫直。可根据产品断面模数选择辊式矫直机的辊距和压力矫直机的能力。型钢矫直是为了消除型钢在轧制过程中因各种原因造成的弯曲、扭曲等缺陷，而实施的加工手段，同时也可消除部分在冷却过程中存在的残余应力。

精整：主要包括喷印、检查、打捆等工序。喷印内容主要有商标、厂名、生产日期、班次、钢种、批号、规格尺寸和许可证号等。检查环节主要是检查产品表面质量、尺寸精度和组织性能指标是否达标，产品表面质量不达标的可以通过修复达标；尺寸精度和组织性能指标不达标的就要通知炼钢、加热和轧制环节，及时对相关工艺加以调整改进。

18.1.2.2　热弯轧法生产工艺

这种轧法的特点是：它的前半部分孔型是将坯料热轧成扁带或接近成品断面的形状，然后在后续孔型中趁热弯曲成型，它可在一般轧机或顺列布置的水平-立式轧机上生产，

并可得到用一般方法得不到的弯折断面型钢，如角钢和槽钢都是采用这种方法生产的。热弯轧法的成型过程如图 18-3 所示。

18.1.2.3　冷弯型钢辊式成型生产工艺

冷弯型钢是一种经济断面型材，其生产方式有冷拔成型、压力成型和辊式连续成型三种方式。以辊式连续成型应用最广，下面介绍辊式连续成型生产工艺。

辊式连续成型（图 18-4）是以热轧和冷轧板带钢为原料，通过带有一定回转槽形的轧辊，使板带钢承受该向弯曲变形而获得所需断面形状的钢材。

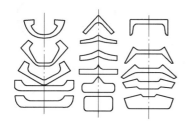

图 18-3　热弯型钢成型过程

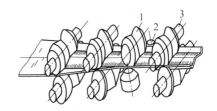

图 18-4　冷弯型钢辊式成型过程示意图
1—主成型辊；2—侧辅助辊；3—上辅助辊

通用冷弯型钢机组既可生产断面较简单的非焊接的开口冷弯型钢产品（图 18-5a），又可生产焊接的闭口冷弯型钢产品（图 18-5b），如圆管、方矩形管或其他异形断面管材。通用冷弯型钢机组一般都是采用连续成型生产工艺，其机组设备组成一般包括开卷机、矫直机、带钢剪切对焊机、贮料器、成型机组、高频焊接机、焊接机组及焊缝冷却装置、整型机组、定尺切断设备、收集装置等。成型段（包括成型和整型）机架数多为 14~18 架，以成型机组 10 架、整型机组 4~8 架的布置，这样的布置方式不仅可以满足圆管的成型，也为采用直接成方工艺生产方矩形管提供了必要的设备条件。这样的机组可用于生产方矩形管、圆管、轻型钢板桩、高速公路护板及其他开口型钢产品。

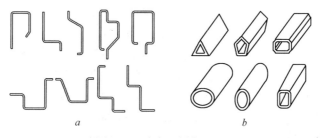

图 18-5　冷弯型钢断面图
a—开口冷弯型钢；b—闭口冷弯型钢

辊式连续弯曲的成型过程如图 18-4 所示。成型轧机由主成型辊 1、辅助成型辊（侧辅助辊 2、上辅助辊 3）及中间导板、出入口导板、芯棒等组成。其中主成型辊为连续布置的几对至十几对水平轧辊，上下辊均为主动，由一台马达集体传动。轧辊可以是整体的，也可以是由辊轴和辊片组合而成的。辅助成型辊安装在主成型辊之间，均为从动辊。其中上辅助辊借机架横梁进行吊挂，其角度可调。导板（图 18-6）除引导轧件出入各轧辊孔型内，也可起一定辅助成型作用。芯棒（图 18-7a）用于要求精确成型控制尺寸，而主辅成型辊均无法触及的部位；或是在成型封闭型型钢时，作为刚性支点（图18-7b）使用。辊式成型机的机架可为悬臂式或封闭式。前者用于较薄、较窄带钢的成型，其操作、调整比较方便。而后者用于较宽、较厚带钢成型，其设备强度及刚性较大，控制尺寸较精确，但调整较困难。辊式成型机按其能力大小不同，分为轻、中、重型三种。

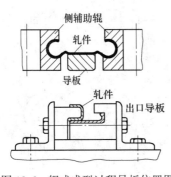

图18-6 辊式成型过程导板位置图

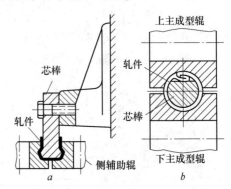

图18-7 辊式成型过程芯棒位置图

冷弯型钢是一种用途非常广泛的经济型断面型材。由于其断面结构合理、品种规格繁多、几何尺寸精确以及现代社会对材料轻量化、截面形状合理化和功能化的使用要求，因而几乎遍及人们日常生活的各个领域。开口截面冷弯型钢有角钢、槽钢（汽车大梁）、Z型钢、帽型钢（铁道货车侧柱）等；闭口截面冷弯型钢在冷弯型钢中占有很大比例，如方矩形管、异型管、门窗型材、汽车型材、建筑模板型材等。冷弯型钢广泛应用到工业厂房、汽车、机械结构件、船舶、工程机械、物流仓储、公共建筑体育馆、商务会所、高铁地铁站台、高层商务楼等领域。

18.1.2.4 冷轧（拔）型钢生产工艺

坯料不经加热在常温下轧（拔）者称为冷轧（拔）材。通过冷轧可以生产高精度丝杠、带肋钢筋和高强度钢，而冷拔可以生产T型钢（电梯导轨）、圆钢丝、方钢丝、六方钢丝和异形断面钢材等。下面重点介绍一下冷轧带肋钢筋生产工艺。

冷轧带肋钢筋是一种经济断面钢材（执行标准GB/T 13788—2008），是国内外20世纪80年代发展起来的钢材新品种。它是以普通低碳钢盘条（含碳0.09%~0.27%）经几道冷轧（或辊拔）减径、最终一道轧螺纹并经消除内应力后形成的一种带有二面或三面月牙形的钢筋。其抗拉强度由原来的380MPa提高到600MPa，伸长率不低于8%，与混凝土有较好的握裹力而得到迅速发展。冷轧带肋钢筋主要用于混凝土公路、机场跑道、隧道、混凝土管内钢筋及混凝土梁、墙和楼板内的配筋。冷轧带肋钢筋尺寸范围为直径4.0~12mm。推荐钢筋公称直径为4mm、5mm、6mm、7mm、8mm、9mm、10mm。比传统热轧钢材节约30%左右钢材。

冷轧带肋钢筋生产工艺的流程是：用热轧盘条作坯料，上料→圆盘条头尾对焊→去除氧化铁皮→涂敷润滑剂（进入冷轧机组）→冷连轧减径（最后一架辊轧刻痕）→消除应力（反复弯曲）→分卷剪切→成品卷取→捆扎→检验→入库。

用冷拔的方法获得的各种断面形状（圆、方、六角、异形）的钢材称为冷拔型钢——冷拔材。它是钢铁材料中的经济断面钢材之一。它具有：（1）力学性能高。由于加工硬化的结果，因此钢材力学性能得到显著提高，特别对某些不能用热处理方法提高强度的钢种，提供了一条提高其强度的有效途径。（2）尺寸精度高。平均公差仅为热轧型钢的 $1/4 \sim 1/5$，且极易获得负公差。表面光洁度好，一般可达到 $3.2 \sim 0.8 \mu m$，因此可代替切削加工，从而节约原材料。（3）可控制脱碳层厚度（一般达1%以下），为了获得薄脱碳层的光亮钢材，可采用冷拔方法。

18.2　线材生产工艺

18.2.1　线材生产的特点

线材的断面尺寸是热轧材中最小的，所使用的轧机规格也是最小的。从钢坯到成品，轧件的总延伸非常大，需要的轧制道次多，所以线材车间的轧机规格最多、战线长、温降大。线材的特点是断面小（$\phi 5 \sim 60mm$）、长度大、单线微张力、高速连续、尺寸精度（执行标准 GB/T 1499.2—2007）和表面质量高。线材生产技术的发展由横列式发展到连续式，并且向着连续化、高速化、无扭控冷化、大盘重、轧机模块化、自动化、高精度化、性能优良的方向发展，主要用于生产不锈钢丝、工具钢丝、金属网丝、合金结构钢丝、轮胎帘线钢丝、钢丝绳钢丝、弹簧钢丝、预应力钢丝、悬索钢绞线（桥梁拉索）、焊丝、电源线、建筑用线、冷镦钢丝（钢球、螺栓、螺钉、钢钉、铆钉）和轴承钢丝等的原料，通过进一步冷拔加工成所需的尺寸规格，达到要求的力学性能。在上面所有用途中建筑用线占到总用量的65%左右。

18.2.2　线材轧机的布置

线材的工艺过程与型钢基本相同。但由于线材断面小、品种单一、成品状态特殊，因此线材生产线又有轧制速度高、机架数目多、专业化程度高的特点。线材轧机明显分为粗轧机组、中轧机组和精轧机组。图18-8是高速线材单线生产顺列式布置示意图。

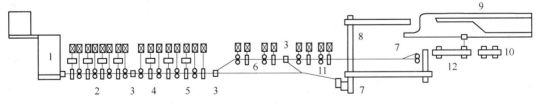

图 18-8　高速线材单线生产顺列式布置示意图

1—加热炉；2—粗轧机组；3—飞剪；4—中间轧制机组；5—预精轧机组；6—第一精轧机组；7—卷线机；
8—链式运输机；9—叉式输送机；10—堆垛机；11—第二精轧机组；12—自动捆扎机

18.2.3　线材生产工艺

线材生产的一般工艺流程如图18-9所示。

下面介绍线材生产过程的每一个环节的作用和任务。

（1）原料准备。线材的坯料入炉前要按照 YB/T 2011—2004 标准进行检验，检验钢坯尺寸偏差、弯曲度、断面平整度、对角线之差等项目不得超差，钢坯表面不得有重接、翻

原料准备→称量→装料→加热→粗轧→切头尾→中轧→切头尾→精轧→定径┐
┌→水冷→成卷吐丝→输送冷却→检查→打捆→收集→称量→入库
└→控制冷却──┘

图 18-9　线材生产的一般工艺流程

皮、夹杂、缩孔、裂纹等缺陷。生产线材的坯料现在都以连铸坯为主，对于某些特殊钢种也有使用初轧坯的情况。为兼顾连铸和初轧坯的生产，目前生产线材的坯料断面形状一般为方形，边长 120~200mm。但是为了保证盘重，生产线材的坯料一般较长，最长达 24m，单重为 2.5~5.5t。目前开始采用连铸连轧或焊接钢坯，将坯料加热后头尾焊接，就像一根无限延长的钢坯，可实现"无头轧制"，以提高成材率和生产率。

（2）加热。现在的线材生产，轧制速度很高（120~140m/s），轧制过程中的温降较小甚至出现升温，故一般线材轧制的加热出炉温度较低。为了减少温降，一般加热炉和粗轧机距离很近，并采用侧进侧出（或端进侧出）的步进式加热炉（图 18-10）。高速线材轧机坯重大、坯料长，钢坯的加热温度是否均匀特别重要。最理想的是钢坯各点到达第一架轧机时其轧制温度始终一致。要做到这一点常将钢坯两

图 18-10　高速线材端进侧出步进式加热炉

端温度提高一些，钢坯头部先接触轧辊，温降大，尾部出炉后在加热炉与第一架轧机之间停留的时间较前端长，要求第一架轧制时温度相同。因此，出炉温度 1000~1100℃，钢坯两端比中部加热温度高 30~50℃。一般钢坯加热温度后端略高于前端。

（3）钢坯除鳞。国内线材生产线钢坯高压水除鳞是近几年才投入使用的，因为以前国内线材产品大多为建筑用材，对表面质量要求不严格，而且线材粗轧都有几架箱型孔，有较好的去除氧化铁皮的效果。随着线材产品的不断升级，对线材产品表面质量的要求不断提高，国内新投产的生产线都配备了高压水除鳞设备。特别是生产合金钢有特殊要求时必须除鳞。

（4）粗、中轧。粗轧机组（图 18-11）是使坯料得到初步压缩和延伸，得到温度合适、断面形状正确、尺寸合格、表面良好、端头规矩、长度适合工艺要求的轧件。通常输送给中轧的轧件断面为 $\phi50$mm。中轧的作用是继续缩减粗轧机组轧出的轧件断面。粗轧机组采用的孔型系统是：箱形→椭圆→近似椭圆→圆→椭圆→圆……，中轧机组采用的孔型系统是：椭圆→圆系统。

粗、中轧阶段采用平-立交替串列式轧机布置，这种布置形式的轧机的轧件可以实现无扭转轧制，特别适合高牌号合金钢线材的生产。因为合金钢的扭转变形抗力大而且塑性差，易于在扭转轧制时出现轧制事故和扭转裂纹而造成轧废，而对于价格较为昂贵、轧制批量又较小的合金钢线材生产，任何轧废将严重影响其经济效益，因此无扭轧制对于合金钢线材的粗、中轧（图 18-12）就显得很必要了。粗、中轧阶段机架间采用小张力轧制。

图 18-11　粗轧机组（平立交替串列式）现场图片　　图 18-12　中轧机组（平立交替短应力轧机）

（5）切头、尾。粗轧后的切头、尾工序是必要的。轧件头尾两端的散热条件不同于中间部位，轧件头尾两端温度较低、塑性较差，同时轧件端部在轧制变形时由于温度较低、宽展较大，同时变形不均造成轧件头部形状不规则，这些在继续轧制时都会导致堵塞入口导卫或不能咬入。为此在经过 7 道次粗轧后必须将端部切去，通常切头、尾长度为 70～200mm。另外，当轧制过程中出现事故时，将已经进入中轧机组的钢坯切断并阻止钢坯继续进入中轧机组，以防止事故扩大。

（6）预精轧。预精轧的作用是继续缩减中轧机组轧出的轧件断面，为精轧机组提供轧制成品线材所需要的断面形状正确、尺寸精确并且沿全长断面尺寸均匀、无内在和表面缺陷的中间坯料。预精轧机组采用的孔型系统是：椭圆→圆系统。

预精轧机组采用高速平-立交替悬臂无扭轧制，轧机机组是以机架间轧辊转速比固定，通过改变来料尺寸和不同的孔型系统生产各种规格线材产品。这种工艺装备和轧制方式决定了精轧的成品的尺寸精度与轧制工艺的稳定性有紧密的依赖关系。实际生产情况表明，预精轧 6～10 个道次的消差能力达到来料尺寸偏差的 50% 左右。在机组前后设置水平活套，机架间设有立式活套，存储多余轧件，应对轧机转速突然升高和降低引起秒流量变化，有效避免堆钢或拉钢的产生，实现无张力轧制。

（7）切头、尾。为保证轧件在精轧机组的顺利咬入和穿轧，预精轧后轧件要切去头、尾冷硬而较粗大的端部，切头长度一般为 500～700mm。当预精轧及其后步工序出现事故时，预精轧前的轧件应被阻断，预精轧机后的轧件要碎断，以防止事故扩大。

（8）中间水冷。在预精轧机之后，装有大约长 5m 的中间水冷箱。箱内装有 4 个冷却喷嘴，1 个清扫喷嘴。冷却水压力为 0.6MPa，清扫水压力为 1.2MPa，降温能力约 50℃。这个水冷箱主要用于降低轧件的温度，以利于精轧机内小断面轧件的顺利穿行，降低中轧温度而改善成品组织性能，分担了轧后水冷段的降温负荷。

（9）精轧。精轧机组（图 18-13）采用集体传动，轧辊直径为 142～210mm，其材质使用碳化钨。碳化钨材料具有良好的耐磨性能，热冲击性能也相当好。孔槽几乎无磨损，保证了生产过程中轧件红坯尺寸的稳定，简化了轧机调整工作。另一个特点是配辊间采用微张力轧制，以小的压下量使轧件渐进减径延伸，使用椭圆→圆孔型系统得到表面质量和尺寸精度高的产品。

无扭悬臂精轧机采用 10 架 45°顶交悬臂无扭重载型摩根轧机，一个整体焊接结构的

图 18-13　高速线材精轧机组（45°顶交悬臂无扭轧机）

10 机架底座。各机架轧辊轴线分别与水平呈正负 45°布置，相邻机架互成 90°，轧件可进行无扭高速轧制。

一般进入精轧机组前轧件的温度为 900℃左右，经 10 道次轧制后由于终轧速度不同，轧件温度升高 100~150℃。

（10）控制冷却。随着线材轧机的不断发展，线材的终轧速度和终轧温度都不断提高，盘重也不断增加。尤其是现代化的连续轧机，其终轧速度在 120m/s 以上，终轧温度高于 1000℃，盘重也由原来的几十公斤增至几百公斤甚至达 2.5~5.5t。在这种情况下，再采用一般的堆积和自然冷却的方法不仅使线材的冷却时间加长、厂房设备增大，而且会加剧盘卷内外温差，导致冷却极不均匀，并将造成金相组织不理想、晶粒粗大、性能不均匀（全长上的性能抗拉强度波动达 240MPa）、断面收缩率波动大（±12%）、氧化铁皮过厚，且多为难以去除的 Fe_3O_4 和 Fe_2O_3，易引起二次脱碳。

在热轧生产中，其生产出来的产品都必须从热轧后的高温状态冷却到常温状态。这一阶段的冷却过程将对产品的质量有着极其重要的影响。因此，如何进行线材的轧后冷却，是整个线材生产过程中产品质量控制的关键环节之一。所谓控制冷却，就是利用轧件热轧后的轧制余热，以一定的控制手段控制其冷却速度，从而获得所需要的组织和性能的冷却方法。此外，控制冷却还可以缩短轧后的冷却时间，提高轧机生产能力。

（11）定径。定径实质是在精轧机组后独立增设双机架减径机和双机架定径机（图18-14），将传统的 10 机架精轧机组改为 8 机架，由于 4 机架减定径机组分担了部分延伸，使 8 机架精轧机组的轧制速度大为降低，相应减少了高速区线材形变带来的急剧温升，使轧件温度得到了控制。经水冷后，进入 4 机架减定径机组的总延伸相对较小，即使轧制速度很高，温升较小，实现了高速控温轧制，确保了产品的尺寸精度和力学性能，提高了金属收得率。

（12）吐丝成卷。为了避免精轧机组轧出线材温度过高，线材头部过软造成在吐丝机内部堆钢。在精轧机机组前设置水冷装置，使精轧机组轧出线材温度不大于 970℃。轧好的线材（温度 920℃±50℃）通过空心轴进入吐丝机（图 18-15）螺旋状的吐丝管，轧件以螺旋旋转运动在吐丝盘内形成直径为 1050~1175mm 的线环，并逐渐散状叠放在冷却运输机的风冷辊道上。

（13）风冷。风冷线位于吐丝机之后，由多段辊道和辊道下 7 台大功率风机组成。这种冷却方式也叫斯泰尔摩冷却工艺。根据工艺规定通过辊道速度、风机开启数量和开启程度控制冷却效果。

图 18-14 高速线材定径机组

图 18-15 高速线材吐丝机

（14）精整。1）修剪头尾。高速无扭线材精轧机组采用微张力轧制，轧制头部和尾部失张段断面尺寸大于公称断面尺寸，而且常常带有耳子、劈裂等缺陷。因此，要把这些超差的头尾切除。2）质量检查。执行标准 GB/T 1499.1—2008，主要检查成品尺寸、外形、力学性能等指标。3）打包。线材从生产线上下来呈散卷状态，为了便于运输，需要打捆，打包设备使用打包机，先将散卷压紧，外形整齐后在径向捆扎 4 道或 8 道。4）称重（电子秤称重、自动记录、打印标牌）、挂牌（出厂标记和生产统计）、入库。

——————— 本 章 小 结 ———————

本章介绍了热轧型钢、热弯型钢、冷弯型钢、冷轧（拔）型钢和高速线材的基本概念和生产工艺。重点介绍了热轧型钢和冷弯型钢的生产方法、详细的工艺过程和各个工艺环节的主要任务和设备配置，冷轧带肋钢筋生产工艺及其用途。型钢主要用作机械结构、军工、建筑、车辆、轨道、桥梁、造船、工程机械等用钢。H 型钢、冷弯型钢、冷轧带肋钢筋均属于经济断面型材。线材用途主要用于建筑、焊丝、弹簧、轴承、线缆、钢帘线及金属制品等。

复习思考题

18-1 型材生产的特点是什么？

18-2 简述冷弯型钢的生产工艺流程。

18-3 线材生产的特点是什么？

18-4 简述高速线材的生产工艺流程和各环节使用的孔型系统。

18-5 简述高速线材的应用领域。

18-6 什么是控制轧制和控制冷却？

18-7 什么是线材？它有何特点？它在国民经济中占有什么地位？

参 考 文 献

[1] 王有铭，李曼云，韦光．钢材的控制轧制和控制冷却 [M]．北京：冶金工业出版社，2009.

[2] 袁志学，杨林浩．高速线材生产 [M]．北京：冶金工业出版社，2005.

[3] 陈莹卷，钱宝华，闵建军，等．高速线材减定径机最新技术特点 [J]．钢铁技术，2011，23（6）：23~25.

[4] 王廷溥．轧钢工艺学 [M]．北京：冶金工业出版社，1981.

[5] 薛正良．钢铁冶金概论 [M]．北京：冶金工业出版社，2010.

[6] 艾正青，刘继英．复杂闭口截面冷弯型钢的成型及焊接工艺设计 [J]．焊管，2008，31（6）：54~58.

19　轧钢生产新技术

本章学习要点

　　本章主要学习轧钢生产新技术。要求了解连铸坯热送热装技术、棒线材直接轧制技术、采用先进的加热炉和加热技术、低温轧制与轧制润滑技术、氧化铁皮控制技术，了解TMCP技术、"μ-TMCP"技术的基本原理，了解无头轧制和半无头轧制新技术，了解板坯复合轧制复合板、厚板技术、钢管生产新技术和轧钢装备有哪些新技术；熟悉薄板坯连铸连轧技术、薄带铸轧技术。

　　随着我国经济建设的高速发展和科学技术的不断进步，淘汰落后产能，提升产业集中度，轧钢生产中涌现出大量的新装备、新技术、新工艺，主要是围绕节约能源、降低成本、提高产品质量、开发新产品、资源循环再利用和生产绿色环保进行的。在节能降耗上，主要技术是连铸坯热送热装技术、薄板坯连铸连轧技术、薄带铸轧技术、先进的节能加热炉等；在提高产品性能、质量上，主要技术是TMCP技术、计算机生产管理技术等；在技术装备上，主要是向着高速、重载、高强度、高刚度、高精度、大型化、连续化、自动化方向发展。

　　在热轧带钢、冷轧带钢的连续化，实现无头轧制、酸轧联合生产、连续退火及板带涂层技术等。这些技术的应用可极大地提高产品的市场竞争能力。

19.1　以节能降耗为目标的新技术

19.1.1　连铸坯热送热装技术

　　提高连铸坯热装温度和热装比是节能减排的重要措施，备受关注。目前我国平均热装温度为500~600℃，最高可达900℃；平均热装比为40%，先进生产线达到75%以上。我国宽厚板轧制生产线连铸板坯热送比为50%~60%，板坯热装率为20%~30%，热装温度大于400℃。日本钢管公司福山厂1780mm热带轧机热装率为65%，直接轧制率为30%，热装温度达到1000℃；住友鹿岛厂1780mm热带连轧机直接轧制率为57%，热装温度大于850℃，热装率为28%。今后我国应提高连铸坯650℃以上的热装比，力争节能25%~35%。

19.1.2　棒线材直接轧制技术

　　连铸坯无加热直接轧制带肋钢筋等棒线材产品，是一项重要的节能技术，长期以来受到广泛的重视。早在 20 世纪 90 年代，我国一批学者开展连铸坯直接轧制带肋钢筋技术的研究，但是受到当时技术水平和企业条件的限制，未能成功应用。近些年，为降低成本、改善环境，一些企业积极开展研究和工业实施。近年来，鞍山、广东、陕西等一批企业针对无加热直接轧制工艺存在的问题，如长度方向的温度不均、晶粒组织粗大、炼钢和轧钢衔接问题，工艺设备的强度及负荷较大，辊道运送钢坯线速度要求升速改造，提高铸速与弱化二冷等，积极加强研究、改造、试验与试产，在全连轧棒材生产线上生产高强度抗震钢筋，直轧率达到 95%以上，成材率提高 1.35%，钢材性能提高约 30MPa，无二次氧化烧损，氮氧化物、二氧化碳、二氧化硫排放为零，节能减排，降低成本，提高质量效果明显。

19.1.3　采用先进的加热炉和加热技术

先进加热技术包括蓄热式加热、燃烧自动控制、低热值燃料的燃烧、低氧化或无氧化加热技术等。据统计，我国约有 330 多座轧钢加热炉采用了蓄热式燃烧技术，节能效果能达到 20%~35%。通过优化燃烧，还可进一步降低能耗。这需要在采用低热值燃料方面开展工作，增加高炉煤气、转炉煤气的应用。

实现气氛控制的低氧化加热技术和气体保护的无氧化加热技术，是降低氧化烧损、提高成材率的重要措施。该项技术甚至还能免去酸洗工序。目前，轧钢加热工序产生的氧化皮为 3~3.5kg/t，全国一年因此的损耗估计约 150 万吨钢材（约 75 亿元人民币）。据欧洲学者计算，酸洗成本为 15~20 欧元/t，若能借其减少酸洗和酸的消耗，对保护环境，减少废酸再生处理压力等有明显作用。

新型蓄热式炉技术能最大限度地回收出炉烟气的热量而大幅度节约燃料、降低成本，还能提高炉子的产量，同时减少二氧化碳和二氧化氮的排放量，有利于环境保护，因此引起普遍重视和迅速推广。新型蓄热式加热炉技术的重大突破主要表现在两个方面：一是蓄热体改为陶瓷小球、蜂窝体等陶瓷质蓄热体，表面积比格子砖大了几十甚至上百倍，因而传热效率很高，蓄热室体积大大减少；二是换向设备的改造和控制技术的提高，使换向时间大大缩短，可靠性增强。

19.1.4　低温轧制与轧制润滑技术

国内有高线厂家采用了低温轧制工艺，其平均出炉温度已达 950℃，最低已降至 910℃，有的新建高线第 1 架轧机的功率已按 850℃开轧温度来设计制造，低温轧制的总能耗比常规轧制降低 10%~15%。据日本鹿岛制铁所热轧厂的统计，降低钢坯出炉温度 80℃，将节能 4.2kJ/t，节能效果为 0.057%。但低温轧制对钢坯加热温度的均匀性要求严格，130~150mm 方坯的全长温差应不大于 20~25℃。

轧制润滑技术可降低轧制力 10%~30%、降低电耗 5%~10%、减少氧化铁皮约 1kg/t，从而可提高成材率 0.5%~1.0%，还可降低酸洗的酸耗 0.3~1.0kg/t。国内多家轧钢厂已成功应用于不锈钢和电工钢的生产，效果良好。今后在大力推广轧制润滑技术的同时，应加强对环保型轧制润滑介质、高效润滑技术和循环利用技术的研发。

19.1.5　氧化铁皮控制技术

东北大学与相关企业合作，全面系统地分析了热轧板氧化铁皮结构和厚度演变规律，开发出热轧过程氧化铁皮厚度演变数学模型，实现了氧化铁皮厚度控制；研究了 FeO 共析转变行为和结构控制技术、氧化铁皮/基体界面结构控制技术，获得了最优氧化铁皮结构及其热轧工艺技术。该技术最先应用于汽车冲压用免酸洗黑皮钢的生产。近年来，该技术拓展应用于薄板坯连铸连轧无取向硅钢冷轧料、供冷轧的减酸洗热轧带钢、免酸洗热浸镀热轧带钢及船板等。此外，棒材企业的实践表明：合理应用氧化铁皮控制技术可以有效改善控冷带肋钢筋的易锈蚀问题，为低成本生产高强钢筋提供了有效措施。

19.2　以提高产品性能、质量为目标的新技术

近年来，轧钢新产品和新技术的研发成绩斐然。值得注意的是，在这些成绩中，许多是与国外先进企业同步的，而对国外成熟钢种牌号和成熟技术的跟踪所占的比重则在逐渐降低。

例如，600MPa 热轧双相钢，800MPa、950MPa 热轧 TRIP 钢，900～1000MPa 热轧多相钢，铁素体轧制冷成型钢板，高级别汽车大梁板等都已研发、试制成功，有的已可批量生产。高强度船板、590MPa 级以上的高强度工程机械用钢板、CORTEN 耐候桥梁钢板、BHW35 高压锅炉板等品种也有重大突破，与国外差距大大缩小。

此外，高级别管线钢，如 X80 管线钢的批量生产和将在西气东输二期中的实际应用，以及 X100，X120 级别管线钢的试制成功，标志着我国已具备了 X52、X56、X60、X65、X70、X80、X100 系列管线钢的生产能力；重轨生产技术中，双频感应加热、压缩空气欠速淬火、二次水冷控制钢轨变形等在线热处理技术及相应装备取得了突破，成功开发出高强、耐候、全珠光体的全长热处理钢轨，100m 长应用于 350km/h 高速铁路的重轨已开始投入试用，产品质量达到国际先进水平。

19.2.1　TMCP 技术

TMCP 技术是通过控制轧制温度和轧后冷却速度、冷却的开始温度和终止温度，来控制钢材高温的奥氏体组织形态以及控制相变过程，最终控制钢材的组织类型、形态和分布，提高钢材的组织和力学性能。通过 TMCP 可以替代正火处理，利用钢材余热可进行在线淬火-回火（离线）处理，取代离线淬火-回火处理，改善钢材的力学性能，大幅度减少热处理能耗。TMCP 技术的核心包括：钢材的成分设计和调整、轧制温度、轧制程序、轧制变形量的控制、冷却速度的控制等；在装备上主要是采用高刚度、大功率的轧机，以及高效的快速冷却系统和相关的控制数学模型。

控轧控冷技术是对钢冷却时奥氏体状态控制及对受控奥氏体进一步发生相变过程的控制，以成分节约化、工艺减量化为原则，低成本条件下获得高性能热轧钢材产品。

针对传统 TMCP 工艺过多消耗资源和对设备、操作要求高等缺点，我国以王国栋院士为代表的轧钢科技工作者提出了以超快速冷却为核心的新一代 TMCP 工艺，通过对钢冷却位置、速度准确合理控制，减量化成分及工艺设计和充分发挥冷却系统的潜力，实现制造业领域提出的"减量化、再利用、再制造、再循环"4R 原则。新一代 TMCP 工艺确立了低成本条件下实现高性能钢铁材料的热轧制并使其大量生产的目标，并获得国家政府部门和相关政策的大力支持，此项技术的研究及应用在未来钢铁工业的发展进程中有其特殊

意义。

19.2.1.1 新一代 TMCP 工艺原理

热轧钢材的冷却速度及随后的奥氏体相变化对于后续产品的组织结构和力学性能有重要影响，轧制过程中对冷却速度和奥氏体相转变过程加以控制是 TMCP 工艺的核心思想。TMCP 工艺有控制轧制和控制冷却两个重要组成部分，控制轧制将钢材塑性形变与固态相变相结合，在未再结晶区获得硬化状态的奥氏体，为后续奥氏体晶粒细化做准备。控制冷却则是对加工硬化的奥氏体快速冷却，实现对奥氏体相变过程的进一步控制，获得晶粒更加细小的铁素体或部分强化相（如珠光体、贝氏体等），晶粒细化既能提高金属材料强度又可改善韧性。

19.2.1.2 新一代 TMCP 工艺对产品组织性能的影响

新一代 TMCP 工艺继续坚持对奥氏体硬化和硬化后对奥氏体相变过程控制的原则，结合细晶强化、相变强化、析出强化、固溶强化等强化手段，促使材料晶粒进一步细化，材料强度、塑性、韧性等性能大大改善，充分挖掘了钢铁材料潜能。细化铁素体及碳氮化物析出强化作用有助于材料强度的提高；减少或不使用微合金元素能有效降低钢铁材料碳当量和裂纹敏感性，提高材料焊接性能；超快冷却设备中喷管的合理分布和设计使材料最终组织、性能达到最佳。归纳起来新一代 TMCP 工艺的特点：（1）控制轧制+UFC（在动态相变点附近终止冷却）+ACC（后续冷却路径控制）；（2）不添加或少添加微合金元素，实现资源减量化；（3）提高轧制温度，减少能源消耗。

19.2.2 "μ-TMCP" 技术的开发与应用

热轧钢材组织调控技术是热轧产品创新、升级的重要手段。近年来，经我国产学研用的合作开发，已经初步建立了热轧钢材组织性能调控一体化技术体系，我国热轧钢材的质量水平稳步提高。中厚板方面，在轧后超快冷装备和控制系统升级优化、标准化的同时，南钢 5000mm 宽厚板轧机、唐钢京唐港 3500mm 中厚板轧机、普阳 3500mm 中厚板生产线建设了机架间或机架上即时冷却系统，此控轧控冷技术被命名为 "μ-TMCP" 技术，"μ" 是精细控制之意，即组织性能的精准、精细、协调控制。根据各企业生产线的特点，在装备标准配置的基础上，实现了 "标准化+α" 的配置模式，在提升整体工艺水平的同时，强化了企业自身特色。即时冷却系统已在沙钢（3500mm 轧机）、舞钢（4200mm 轧机）等推广应用。

在热轧带钢方面，新一代 TMCP 技术已在首钢迁钢 2160mm 轧机、首钢京唐公司 2250mm 轧机、沙钢 1700mm 轧机、包钢 CSP 生产线上应用，正向山钢日照基地 2050mm、攀钢 2050mm 轧机推广应用。超快冷技术在热轧无缝钢管领域的工业化应用已取得突破。作为第一条工业示范线，宝钢烟宝 PQF460 无缝钢管机组在线冷却成套装备已经建成投产，取得了产品性能高、合金用量少及在线淬火（DQ）的优异效果，宝钢正在向其他钢管生产线进一步推广应用。大型 H 型钢快速冷却技术已在河北津西投产，开发了 55C 等高强 H 型钢产品，为我国钢结构用钢的高强化起到了重要的推动作用。轴承钢棒材的快速冷却系统已经应用于我国主力轴承钢生产线，解决了轴承钢网状碳化物的控制难题，为提高轴承钢的质量做出了贡献。

19.3 无头轧制和半无头轧制新技术

19.3.1 概述

无头轧制和半无头轧制技术是近年出现的新技术，无头轧制主要应用在热轧带钢和棒线材生产中，半无头轧制主要应用在薄板坯连铸连轧生产中。传统的分块轧制方式轧机要频繁的咬钢、抛钢，甚至升速降速，钢材头、尾部的质量难以保证，并且轧机作业率低下，尺寸精度的控制也有一定的困难。无头轧制技术是指粗轧后的带坯在进入精轧机前，与前一根带坯的尾部焊接起来，并连续不断地通过精轧机，这种技术扩大了传统热带轧机的轧制范围，可批量生产 0.8mm 的超薄带钢。半无头轧制主要用于薄板坯连铸连轧，该生产线主要是为生产薄规格热轧带钢设计的，其基本设备配置与传统的薄板坯连铸连轧大体相同，但是技术有很大变化，在工艺上称为半无头轧制技术。

19.3.2 薄带钢无头轧制生产线——Arvedi ESP 生产线

由意大利 Giovanni Arvedi 发明，Acciaieria Averdi（阿尔维迪）公司和 Siemens VAI（西门子奥钢联）公司一起实施，在 Cremona（克莱蒙纳厂）共同设计和建造了薄带钢的无头轧制生产线，（简称 Arvedi ESP，图 19-1）。目的是低成本、低能耗、紧凑、高效地生产薄带钢，以热轧薄规格产品取代大部分现在的冷轧带钢，设计能力年产 200 万吨。其中 Siemens VAI 提供设备、电气和控制系统，投入费用 3 亿欧元，两家公司成立合资技术公司 Cremona Engineering Src.，各占 50%股份，向全世界推广 ESP 技术和装备。Arvedi ESP 原计划 2008 年投产，实际于 2009 年 6 月投产，当年 Arvedi ESP 生产线连铸拉速达到 6m/min，连续生产出尺寸精度高、性能优良的 0.8mm×1570mm 的热轧薄带钢卷，实现了高产稳产。2010 年共发生漏钢 5 次，2010 年 9 月后未发生漏钢。2011 年达到每个浇次 10 炉 2500t 生产 100 卷热轧带钢，2011 年 4 月曾经达到 360t/h 的生产纪录（连铸 6t/min）。30%以上的产品厚度在 1.5mm 以下。按照 1.5mm 以下这种规格，Arvedi ESP 可生产出 2500t 重、长度（如不剪断）将达到 150km 以上的热轧薄带钢。生产组织管理好的话，月检修率为 0.06%。Arvedi ESP 生产线的产品尺寸、质量、产量、能耗和生产费用都有一个多赢的结果。

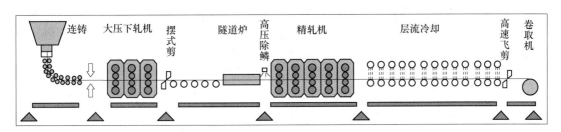

图 19-1 Arvedi ESP 无头轧制带钢生产线工艺流程

2013 年 6 月，Siemens VAI 发布消息，将给中国提供 2 条 Arvedi ESP 超薄热轧带钢生产线，单条线长度 180m。与传统连铸-热轧生产线比较，能耗降低 45%。薄带宽度

1600mm，厚度达到 0.8mm，单卷重 32t，单条线年产量 260 万吨，产品包括碳钢、HSLA 钢、双相钢。这两条线已在 2015 年投产。Siemens VAI 对 Arvedi ESP 工程负责，将提供设备、媒体控制系统、技术包和自动化系统。整条线包含连铸和轧钢在内，由基础自动化和过程自动化两级控制。2014 年 6 月，国内某钢厂与西门子奥钢联签订了 3 条 ESP 生产线合同，已分别在 2015 年 9 月、2016 年 2 月和 2016 年 5 月投产。这三条线连铸拉速 6.5m/min。

ESP 无头带钢生产线拥有众多先进的技术和系统，主要包括：液芯压下以及动态辊缝调宽和轻压下等工艺包，从而确保最佳内部铸流质量。铸机直接与配有 AGC 和辊形控制的 3 机架四辊大压下轧机相连；在单独控制设置点的基础上，感应加热炉可在 1100 ~ 1200℃ 的温度范围内灵活地将传送钢带均匀加热。5 机架精轧机配有 SMART CROWN 辊以确保带钢具有非常好的平直度。钢带在走出最后一个机架后，由层流冷却系统进行冷却，从而根据需要调整带钢的力学性能。钢带经高速剪切机切割之后，由三个地下卷取机中的一个进行卷取，单卷质量可达 32t。

与传统薄板坯连铸连轧工艺相比，ESP 无头带钢生产线所需的能源和水消耗大幅降低。根据最终产品的不同，能量消耗可降低 50% ~ 70%，水消耗可减少 60% ~ 80%。

19.4 薄板坯连铸连轧技术

典型的薄板坯连铸连轧工艺流程由炼钢（电炉或转炉）—炉外精炼—薄板坯连铸—连铸坯加热—热连轧等五个单元工序组成。该工艺将过去的炼钢厂和热轧厂有机地压缩、组合到一起，缩短了生产周期，降低了能量消耗，从而大幅度提高经济效益。

薄板坯连铸连轧工艺与传统钢材生产技术相比，从原料至产品的吨钢投资下降 19% ~ 34%，厂房面积为常规流程的 24%。生产时间可缩短十倍甚至数十倍，金属消耗为常规流程的 2/3，加热能耗是常规流程的 40%，吨材成本降低 500 ~ 700 元。唐钢第一钢轧厂的 1810mm 的薄板坯连铸连轧生产线即为此类生产线。薄板坯连铸连轧厂可以覆盖大多数的热轧带钢的品种范围。此项技术研究工作目前主要集中在低碳和超低碳深冲钢的生产、高牌号管线钢的生产、高强度钢的生产等方面。增加薄板坯连铸连轧品种所采取的主要措施归结起来主要有：（1）改进电炉原料结构，普遍进行铁水预处理，加强钢水精炼，配备真空精炼设备，从根本上改善钢水的纯净度；（2）改进结晶器的结构；（3）二冷普遍采用轻压下技术，并根据钢种、铸速对二冷区域轻压下的起、终点、压下量及压下速率进行智能化控制；（4）加大铸坯厚度以增加压缩比，提高浇铸过程中结晶器液面的稳定性；（5）进行粗轧；（6）多次高压水除鳞进行铁素体轧制等 6 个方面。这样不仅全面提高了热轧薄带卷的质量，而且可扩大产品品种范围。从工艺理论上分析，薄板坯连铸速度高、凝固传热强度大，只要控制低的系统浇铸温度，加上电磁搅拌、轻压下等技术，铸坯质量就可以达到或接近传统板坯连铸的质量。快速边部加热、均热，多道次高压水除鳞，加上新流程的精轧机组配备了最新的技术装备，轧制质量可以优于部分传统热轧机组的轧制质量，在同样的洁净钢生产条件下，新流程生产各种优质薄带材可以达到传统流程的质量水平。目前我国已投产的 14 条薄板坯（含中等厚度板坯）连铸连轧生产线，列于表 19-1。

表 19-1　2016 年中国的薄板坯（含中等厚度板坯）连铸连轧生产线情况

序号	名称	类型	铸机流数	开发商	板坯规格（厚×宽）/mm×mm	成品厚度/mm	设计产能/Mt·a^{-1}	轧机	投产日期
1	珠钢	CSP	2	SMS	(50~60)×(1000~1380)	1.2~12.7	1.80	6CVC	1999-08
2	邯钢	CSP	2	SMS	(60~90)×(900~1680)	1.2~12.7	2.47	1+6CVC	1999-12
3	包钢	CSP	2	SMS	(50~70)×(980~1560)	1.2~20.0	2.0	7CVC	2001-08
4	唐钢	FTSR	2	Danieli	(70~90)×(1235~1600)	0.8~12.7	2.5	2+5PC	2002-12
5	唐钢	FTSR	2	西重所	(150~180)×(850~1500)	1.5~12.7	2.3	1+7PC	2005-12
6	马钢	CSP	2	SMS	(50~90)×(900~1600)	1.0~12.7	2.0	7CVC	2003-09
7	涟钢	CSP	2	SMS	(55~70)×(900~1600)	1.0~12.7	2.4	7CVC	2004-02
8	鞍钢	ASP	2	鞍钢	100/135×(900~2000)	1.5~25.0	2.4	1+6ASP	2000-07
9	鞍钢	ASP	4	鞍钢	135/170×(900~1550)	1.5~25.0	5.0	1+6ASP	2005
10	本钢	FTSR	2	Danieli	(70~85)×(850~1605)	0.8~12.7	2.8	2+5PC	2004-11
11	通钢	FTSR	2	Danieli	(70~90)×(900~1560)	1.0~12.0	2.5	2+5PC	2005-12
12	酒钢	CSP	2	SMS	(52~70)×(850~1680)	1.5~25.0	2.0	6CVC	2005-05
13	济钢	ASP	2	鞍钢	135/150×(900~1550)	1.2~12.7	2.5	1+6ASP	2006-11
14	武钢	CSP	2	SMS	(50~90)×(900~1600)	1.0~12.7	2.53	7CVC	2009-02
合计			30						

CSP（compact strip production）工艺也称紧凑式热带生产工艺。其生产工艺流程及设备一般为：电炉或转炉炼钢→钢包精炼炉→薄板坯连铸机→剪切机→辊底式隧道加热炉（该加热炉集加热、铸坯输送、铸坯储存和生产缓冲于一体）→粗轧机（或没有）→均热炉（或没有）→事故剪→高压水除鳞机→小立辊轧机（或没有）→精轧机→输出辊道和层流冷却→卷取机。

19.5　薄带铸轧技术

与传统的轧制工艺相比，薄带铸轧技术省去了连铸机、加热炉、粗轧机、精轧机、层流冷却等设备，长 1000m 的传统带钢生产线可被压缩至约 50m，钢水可以直接被铸成 1.0~5.0mm 厚的薄带坯，再被轧制成 0.8~4.0mm 厚、一定宽度的薄带钢。其流程紧凑，建设投资、生产成本低，有害气体排放少。薄带铸轧亚快速凝固能够抑制偏析和大颗粒夹杂物的析出，对高合金材料加工组织的改善和性能的提高具有独特的优势。薄带传统生产技术和新的生产工艺技术的比较参见图 19-2。

19.5.1　宝钢薄带铸轧技术

宝钢自 2000 年开始进行薄带铸轧技术的研发，历经基础实验研究、中试研究、工业化机组建设等几个研究阶段，解决了冶炼和连铸工艺、铸轧装备和铸辊、侧封、水口等核

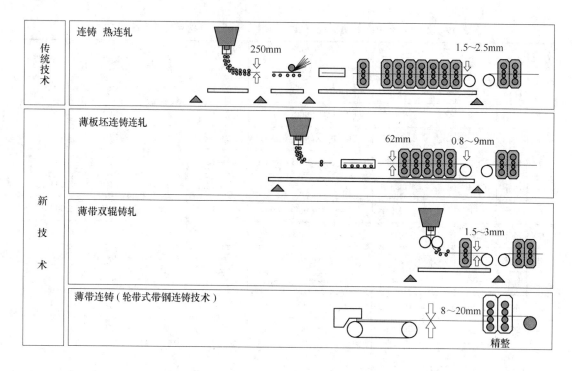

图 19-2　薄带传统生产技术和新的薄带生产工艺技术的比较

心部件、液面检测与控制、板形控制、铸机自动化等一系列关键核心问题。2014 年，建于宁钢的薄带铸轧线建成投入试生产；2015 年，轧制出集装箱板、高速公路护栏板等产品。实际生产表明，机组实现了稳定连续浇铸和轧制，产品的表面质量、板形和力学性能均满足要求。这是世界上第 5 条工业化生产线，产品定位于普通碳素钢，具有完全的自主知识产权。

　　薄带铸轧技术是宝钢十多年来持续开发的重大流程技术创新，是宝钢坚持节约资源、保护环境、走可持续发展道路、实现钢铁与城市相融共生的最佳实践。经过多年积累，宝钢目前已拥有从工艺、设备、控制、产品到技术服务的薄带铸轧产业化全套技术，通过薄带铸轧技术的产业化，已经形成一个人才培养、开放共享的国家级技术创新平台。宝钢薄带铸轧项目获得了 2016 年冶金科技特等奖。

19.5.2　东北大学薄带铸轧技术

　　东北大学的研究工作更多是侧重于利用薄带铸轧技术的快速凝固优势，用于生产常规流程加工困难的特殊钢种和有色金属合金。在实验室条件下，已经制备出高性能的系列取向和无取向电工钢，磁性能显著优于常规流程产品，后续冷轧与热处理生产流程简单、高效、低成本。目前，东北大学正在与河北敬业集团合作，开发生产最大宽度 1350mm，厚度 1~3mm 的取向和无取向电工钢铸轧薄带坯生产线。在薄带铸轧高硅钢（$w(Si) = 6.5\%$）方面，东北大学提出了薄带铸轧过程中的新理论和新的组织控制方法，在实验室条件下制备出 0.18mm 厚的取向硅钢，磁感 $B8$ 大于 1.74T，是目前国际上报道的最高水平。目前，东北大学与武钢合作，正在建设生产 600mm 宽、Si 质量分数 6.5% 的高硅钢半工业生产铸轧线。在极薄取向硅钢的研究方面，已经利用薄带铸轧技术制备出 0.08mm 厚、Si 质量分数 3.0% 的高磁感取向硅钢，磁感 $B8$ 大于 1.94T，显著高于日本同规格产品 1.84T 的水平。这些工作为我国关键高端软磁材料的产业化和应用奠定了坚实基础。

19.6　板坯复合轧制复合板、厚板技术

目前，我国已能生产钢-不锈钢、钢-耐磨钢、钢-耐蚀合金、钢-钛合金复合板。宝钢利用其碳钢、不锈钢、特殊合金材料、技术、生产和检验设备，以及开发轧制复合技术平台的优势，开发了厚板、热连轧、冷轧等系列产品，包括高合金、大厚度、更均质、大单重同质复合厚板，奥氏体、超级奥氏体、铁素体、双相、马氏体等不锈钢类异质复合厚板，镍基合金、钛合金等特殊合金类异质复合厚板，特殊碳钢类异质复合厚板，单面或双面异质复合热轧卷，极薄、高表面、高强耐蚀、超高强易成形冷轧复合卷等。南钢开发了真空轧制复合（VRC）装备，研制出具有完全自主知识产权的多项关键工艺技术，实现了最大厚度 400mm 特厚钢板的批量化生产，开发出幅宽 2000mm 的高品质 825 镍基合金/X65 管线钢复合板以及幅宽 1800m 的钛/钢复合板，满足了国家重大装备和重点工程的需求。

19.7　钢管生产新技术

19.7.1　三辊联合穿轧新工艺

由太原科技大学研制的世界上第一套 ϕ50mm 三辊联合穿轧机组在山西襄汾钢管厂投产（图 19-3~图 19-5）。三辊联合穿轧机是在一台三辊斜轧机上用一道次获得内外表面质量及尺寸精度均合格的热轧成品管，即在一个道次里完成通常生产热轧成品管所需要的穿孔、轧管、均整三道工序，是一种紧凑式短流程技术。该生产工艺占地小、效率高、能耗低、投资少，是对无缝管传统生产工艺的一次重大突破，适合生产热塑性较差、难变形、高合金的无缝钢管。

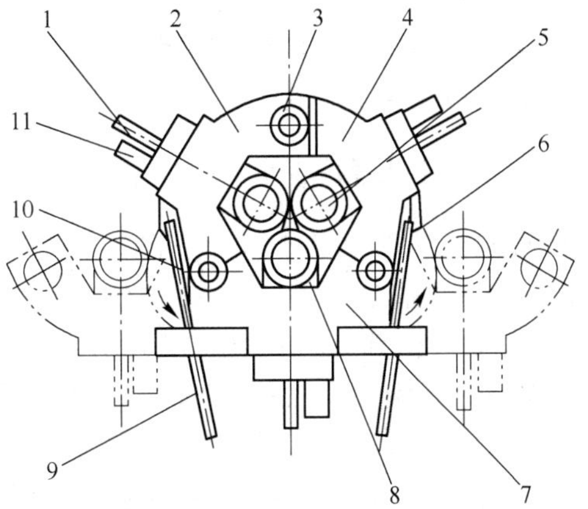

图 19-3　ϕ50mm 三辊联合穿轧机主机座

1—平衡油缸；2—左机架；3—上锁紧油缸；4—右机架；
5—轧辊；6—拉杆；7—下机架；8—转鼓；9—翻转油缸；
10—下锁紧油缸；11—压下液压马达

19.7.2　三辊斜连轧新工艺

传统的生产无缝钢管和长径比高的无缝钢管的生产工艺是斜轧穿孔或曼内斯曼工艺，

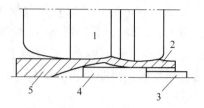

图 19-4 三辊联合穿轧机辊形示意图

1—轧辊；2—荒管；3—顶杆；4—顶头芯棒；5—管坯

图 19-5 世界上第一套用于工业生产的 φ50mm 三辊联合穿轧机组

实践证明是生产无缝钢管成材率高、优质高效及成本低的生产工艺。人们不间断地探索无缝钢管生产中节能、环保、短流程的新工艺、新方法。太原科技大学发明了三辊斜连轧新工艺，将传统斜轧生产无缝钢管工艺中的穿孔和轧制延伸分别成型的方法进行了创新，直接由管坯穿轧成荒管，实现了穿孔+轧制延伸、穿孔+二次穿孔、多道次大塑性变形的合二为一的一火成材，缩短了无缝钢管的生产流程，大大提高了生产效率和管坯成材率，降低了生产成本，同时对于热塑性较差、难变形、高合金的无缝钢管的生产具有重要的现实意义，目前已经完成了实验样机的研制和工艺可行性实验。

19.7.3 三辊连轧管机组生产线技术开发

2003 年 9 月，中国的钢管公司和德国 SMS Meer 公司合作建成了世界上第一套 PQF（prime quality finishing）三辊连轧管机组（168），该机组投产后，成功地轧制出了 T91、13Cr、Super13Cr、304、316 等产品。168 PQF 三辊连轧管机组 2008 年的产量达到了 67 万吨。

168PQF 三辊连轧管机组的主要特点有：（1）大大改善了金属在轧制过程中的不均匀变形，大幅度减少了裂孔、拉凹缺陷；提高了壁厚精度和表面质量；轧辊和芯棒消耗显著降低，金属收得率提高。（2）采用了在线脱管/芯棒前行循环技术，可提高小规格连轧管机组产能 20%~25%；（3）液压伺服压下系统功能的开发，实现了温度补偿、咬入冲击补偿、锥形芯棒伺服和头尾消薄等功能，减少了钢管切头尾长度；（4）热轧线配备了在线常化工艺设备和装置，使部分套管、管线产品省去了离线热处理工序，节省了大量能耗、降低生产成本。

近年来，国内外新建和筹建的连轧管机组中大多采用了三辊连轧管工艺，目前全球已经建成的三辊连轧管机已超过了 20 套。

19.8 轧钢装备现代化

19.8.1 我国自主开发大型宽带钢冷轧生产线工艺装备技术

在重大关键技术装备方面，鞍钢 1780mm 大型宽带钢冷轧生产线工艺装备技术荣获 2006 年国家科技进步一等奖。这是我国第一次依靠自己的技术力量、通过自主研制、开发和集成建设的大型冷轧宽带钢生产线。投产后不仅陆续批量、稳定地生产出产品大纲中的所有产品，而且还开发出轿车外板、硅钢原板、家电板等产品，实物质量和技术经济指标均达到了国际先进水平；产品板形、厚度、表面质量、成材率、能耗、劳动生产率等指标均达到或超过国际先进水平。该生产线的建设投产表明，我国已经掌握了大型冷轧成套设备制造技术和工艺生产控制两大核心技术，为我国冶金重大装备国产化作出了重要贡献。

此外，在技术装备方面，冷、热连轧机组的控制系统也在多条生产线上实现了自主集成式创新，改变了一直依靠国外技术的历史。3500mm 强力中厚板轧机及轧后控冷技术和装备、大型热镀锌机组、PDF 三辊连轧管生产线、先进的连轧棒材和线材生产线的国内自行设计、自主开发和国产化都取得了成功。这些生产线已经顺利投产并经受了长期运行的考验。

拥有以高端或顶级产品和重大关键技术装备为代表的核心技术是钢铁强国的重要表征。近年来，我国轧钢技术实现了卓有成效的自主集成与创新和国产化，一改以仅对单个工序和装备进行技术革新为主的历史，是我国轧钢领域技术进步内涵出现的重要变化。这说明，自主创新能力的提升在国内外都是引人瞩目的。

19.8.2 计算机生产过程管理技术

炼钢、连铸、轧钢是钢铁生产流程中不可缺少的三大关键工序。它们之间呈现顺序加工关系，不仅存在物流平衡和资源平衡问题，而且由于高温作业，还存在着能量平衡和时间平衡问题。钢水要保质保量并按一定节奏送交连铸工序，以实现更多炉次的连铸，连铸高温坯的运送要与热轧的轧制计划有机结合，争取更高的装炉温度和热装比。这就要求将这三道工序视为一个整体，实现一体化管理，做到前后工序计划同步，物流运行准时化，充分利用高温潜热，取消或减少再加热过程，降低能耗，减少烧损，缩短生产周期，减少制品库存。一体化管理是指炼钢—连铸—热轧生产的一体化管理，统一计划，统一调度，以此指导炼钢—连铸—轧钢的生产，使物流连续高效运作，其核心就是在生产过程中使用计算机管理与调度系统进行管理。

19.8.3 我国自主开发的钢板滚切剪技术

滚切式剪切机（简称滚切剪）是钢铁企业中厚板和宽厚板生产线上的重要设备，主要用于对轧制后的钢板进行切头尾、定尺和取样剪切。目前我国中厚板和宽厚板生产线上的滚切剪多数为引进国外产品，部分为引进国外技术生产的产品。我国太原科技大学和太原重工联合攻关研制出了具有自主知识产权的宽厚板机械式滚切剪、液压滚切剪和双边滚切剪，广泛应用于我国大型钢铁企业十多家中厚板和宽厚板生产线上，于 2008 年获得国家技术发明二等奖。

19.8.3.1 单轴双偏心空间机构机械式钢板滚切剪

单轴双偏心空间机构机械式钢板滚切剪剪切机组的设备包括滚切剪本体和相应辅助设备。滚切剪（图19-6，图19-7）本体由传动装置、机架装配、上刀架、下刃台、压紧装置、上刀架平衡装置、剪刃间隙调整装置、液压系统、气动系统、润滑系统和电气与控制系统等组成。辅助设备有剪前对中装置、夹送辊装置、定尺装置、摆动辊道、料头输送装置、快速换刀装置、拨料装置等。电气控制系统主要执行对主电机等传动系统的调速控制。

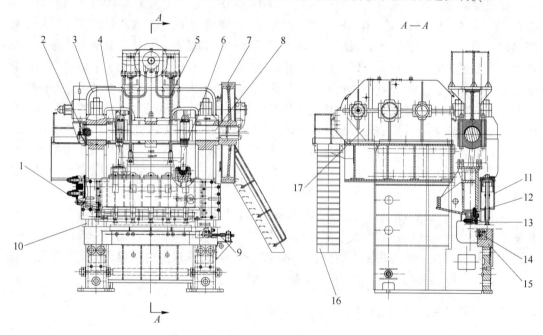

图 19-6　单轴双偏心空间机构的机械式钢板滚切剪

1—弹性导向杆；2—曲轴转角编码器；3—上横梁；4—左连杆；5—平衡气缸；6—右连杆；7—大齿轮；
8—曲轴；9—剪刃间隙调整装置；10—机架；11—压紧装置；12—上刀架；13—圆弧上剪刃；14—下剪刃；
15—下刃台；16—走台扶梯；17—减速机

图 19-7　装配中的单轴双偏心空间机构机械式钢板滚切剪

　　该设备同时满足重载力学特性和运动学特性双重要求，剪切机构受力合理，剪切过程可实现纯滚动剪切，大大提高了钢板剪切质量和效率；为了减少剪切力有害分量和增加剪切力有效分量，采用了滚切剪非对称结构及其设计理论和相关技术，确保了剪切板形质量，并提高了剪切效率；滚切剪负偏置结构在强大的剪切力冲击下剪刃间隙始终保持恒定，从根本上保证了剪切厚钢板的剪切断面质量，并有效地减少了剪切机构的磨损。该装备具有运动和力学特性好、结构简单、安装调试时间短、剪切质量好及生产效率高等特点，深受大型钢铁企业的欢迎。

　　剪切过程：由电机带动减速机，减速机输出轴的小齿轮同大齿轮咬合，驱动曲轴一起转动，曲轴带动存在相位差的左右两连杆运动，左右两连杆通过球铰带动上刀架运动，带动安装在其上的圆弧形上剪刃作摆动及滚切的复合运动，在剪切中受弹性导向杆的限位作用。在上剪刃同下剪刃滚切重合的过程中，就顺利地完成了钢板的剪切功能。

19.8.3.2　液压式钢板滚切剪

　　太原科技大学在单轴双偏心空间机构的机械式钢板滚切剪研究的基础上，进一步开发研制了全液压钢板滚切剪（图19-8），先后推广到国内多家大型钢铁企业宽厚板生产线。该滚切剪的最大特点是除具有上述单轴双偏心空间机构机械式钢板滚切剪的优点外，整体质量比机械式钢板滚切剪降低一半、造价节省三分之一、占地面积小、能耗低，是世界上首台全液压钢板滚切剪。2012年获得中国机械工业联合会科学技术一等奖和山西省科技发明一等奖。

图19-8　全液压钢板滚切剪

19.8.3.3　双边液压式钢板滚切剪

　　双边液压钢板式滚切剪主要用于剪切钢板纵向边部的剪切设备。当钢板厚度大于或等于30mm后，用双边圆盘剪就无能为力了，使用传统的双边斜刃剪易使前后两次剪切接口处钢板边部变形，造成废品。采用双边钢板液压滚切剪切口垂直度好、剪刃重叠量小且基本能保持一个常数，因此，前后两次剪切接口处钢板边部不变形，保持板形良好，深受用户好评。图19-9是太原科技大学和江海集团共同开发研制的世界第一套4300mm宽厚板生产线上的全液压双边钢板滚切剪，具有剪切50mm厚钢板的生产能力。

图 19-9　世界第一套 4300mm 宽厚板生产线上的全液压双边钢板滚切剪

本 章 小 结

本章主要介绍了连铸坯热送热装技术，我国平均热装温度为 500~600℃，最高可达 900℃；平均热装比为 40%，先进生产线达到 75% 以上。连铸坯无加热直接轧制带肋钢筋等棒线材产品，这是在热装热送基础上的进一步发展。先进的加热炉和加热技术，它包括蓄热式加热、燃烧自动控制、低热值燃料的燃烧、低氧化或无氧化加热技术等。

低温轧制与轧制润滑技术，其平均出炉温度已达 950℃，总能耗比常规轧制降低 10%~15%。氧化铁皮控制技术实现了氧化铁皮厚度控制，获得了最优氧化铁皮结构及其热轧工艺技术。合理应用氧化铁皮控制技术可以有效改善控冷带肋钢筋的易锈蚀问题。

TMCP 技术和 "μ-TMCP" 技术，以成分节约化、工艺减量化为原则，低成本条件下获得高性能热轧钢材产品。

无头轧制新技术是指粗轧后的带坯在进入精轧机前，与前一根带坯（轧坯）的尾部焊接起来，并连续不断地通过精轧机轧制的技术。我国已能生产钢-不锈钢、钢-耐磨钢、钢-耐蚀合金、钢-钛合金复合板，满足了国家重大装备和重点工程的需求。

薄板坯连铸连轧技术是由炼钢（电炉或转炉）—炉外精炼—薄板坯连铸—连铸坯加热—热连轧等 5 个单元工序组成。该工艺缩短了生产周期，降低了能量消耗，从而大幅度提高经济效益。薄带铸轧技术省去了连铸机、加热炉、粗轧机、精轧机、层流冷却等设备，它是将金属液直接浇入两个内有冷却水转向相反的铸轧辊和侧封板围成的熔池，通过凝固轧制变形生产出带材的一种工艺。

轧钢装备新技术主要介绍了三辊联合穿轧新工艺、三辊斜连轧新工艺和三辊连轧管机组生产线技术开发（PQF 工艺）。我国自主开发了大型宽带钢冷轧生产线工艺装备技术、计算机生产过程管理技术；单轴双偏心空间机构的机械式钢板滚切剪技术、全液压钢板滚切剪和液压式钢板双边滚切剪技术。

复习思考题

19-1　简述连铸坯热送热装技术。

19-2　简述 TMCP 技术和 "μ-TMCP" 技术。

19-3　棒线材坯料直接轧制技术的意义在哪里？

19-4 为什么要控制钢坯的氧化铁皮？

19-5 无头轧制新技术的优点有哪些？

19-6 生产复合板的意义在哪里？

19-7 简述薄板坯连铸连轧技术的特点和基本工艺。

19-8 什么是三辊连轧管生产工艺（PQF 工艺）？

19-9 我国自主开发的大型宽带钢冷轧生产线工艺装备技术都应用在哪些企业？

19-10 简述全液压钢板滚切剪的特点。

参 考 文 献

[1] 王国栋. 近年我国轧制技术的发展现状和前景 [J]. 轧钢，2017，34（1）：1~8.

[2] 翁宇庆，康永林. 近 10 年中国轧钢的技术进步 [J]. 中国冶金，2010，20（10）：11~23.

[3] 刘杰. 轧钢技术的发展趋势 [C].//2008 年河北省轧钢技术与学术年会论文集，2008：38~39.

[4] 郗九生，刘全明，张朝晖，等. 新一代 TMCP 技术发展及应用 [J]. 甘肃冶金，2014，36（2）：41~44.

[5] 范建文. 薄带钢无头轧制生产线 Arvedi ESP 生产线介绍 [DB/OL]. （2015-08-18）[2017-04-09]. http：//news. emat. com. cn/a/weixinyuan/2015/0617/5062. html.

[6] 孙斌煜，等. 三辊液压定心装置在穿孔机上的应用 [J]. 钢管，2006，35（3）：36~38.

[7] 孙斌煜，等. 三辊轧管过程避免轧卡的新工艺 [J]. 中国机械工程，2002，13（15）：1270~1272.

[8] 孙斌煜，李国祯，申宝成. 三辊联合穿轧机新结构 [J]. 冶金设备，1998（2）：32~36.

[9] 孙斌煜，张芳萍. 张力减径技术 [M]. 北京：国防工业出版社，2012.

冶金工业出版社部分图书推荐

书　名	作　者	定价（元）
冶金概论	孙丽达　范兴祥	46.00
钒钢板带材国内外标准手册	杨才福　等	168.00
中国新材料产业发展年度报告（2020）	国家新材料产业发展专家咨询委员会	268.00
功能材料制备及应用	崔节虎　杜秀红	88.00
钢铁全流程超低排放关键技术	李新创	98.00
碳基复合材料的制备及其在能源存储中的应用	曾晓苑	113.00
中国废钢铁	中国废钢铁应用协会	279.00
中国特殊钢	钱　刚	358.00
中国不锈钢	李建民　梁剑雄　刘艳平	269.00
中国螺纹钢	杨海峰	298.00
轧钢过程节能减排先进技术	康永林　唐荻	136.00
钢铁原辅料生产节能减排先进技术	李红霞	125.00
钢铁工业绿色制造节能减排技术进展	王新东　于勇　苍大强	116.00
钢铁轨迹	于勇	115.00
钢铁材料及热处理技术	张文莉　杨朝聪	38.00
磁致伸缩材料与传感器	王博文　翁玲　黄文美　等	118.00
金属功能材料	王新林	189.00
金属热处理原理及工艺	刘宗昌　冯佃臣　李涛	42.00
稀土晶体材料	任国浩　孙敦陆　潘世烈　等	85.00
材料结构与物性研究	孙霄霄　张丹	36.00
块体纳米/亚微米晶钢的制备	杜林秀　吴红艳　蓝慧芳　等	86.00
双碳背景下能源与动力工程综合实验	杜涛　叶竹	47.00
金属带材中残余应力分析与控制	陈银莉　苏岚　韦贺	110.00
金属固态相变教程（第3版）	刘宗昌　计云萍　任慧平	39.00
金属力学性能及工程应用	张梅　张恒华　等	47.00